基于容错的可信计算在变电站
自动化系统中的应用

张其林 著

中国水利水电出版社
www.waterpub.com.cn
·北京·

内 容 提 要

　　本书将可信计算引入变电站自动化系统，根据基于容错的可信内涵与智能电网的需求，在深入分析变电站自动化系统可信性属性的基础上，从保障系统可信性的措施——故障防止、故障容忍、故障抑制与故障预报出发，研究了构建可信变电站自动化系统的一系列问题。

　　本书可供信息技术、自动化、电力系统自动化等学科的研究生、教师阅读，也可供从事相关方向的研究人员参考。

图书在版编目（Ｃ Ｉ Ｐ）数据

基于容错的可信计算在变电站自动化系统中的应用 /
张其林著. -- 北京：中国水利水电出版社，2018.9（2025.4重印）
ISBN 978-7-5170-6830-3

Ⅰ. ①基… Ⅱ. ①张… Ⅲ. ①容错技术－应用－变电
所－自动化系统 Ⅳ. ①TM63

中国版本图书馆CIP数据核字(2018)第209166号

策划编辑：石永峰　责任编辑：张玉玲　加工编辑：孙　丹　封面设计：李　佳

书　　名	基于容错的可信计算在变电站自动化系统中的应用 JIYU RONGCUO DE KEXIN JISUAN ZAI BIANDIANZHAN ZIDONGHUA XITONG ZHONG DE YINGYONG
作　　者	张其林　著
出版发行	中国水利水电出版社 （北京市海淀区玉渊潭南路 1 号 D 座　100038） 网址：www.waterpub.com.cn E-mail：mchannel@263.net（万水） 　　　　　sales@waterpub.com.cn 电话：（010）68367658（营销中心）、82562819（万水）
经　　售	全国各地新华书店和相关出版物销售网点
排　　版	北京万水电子信息有限公司
印　　刷	三河市兴国印务有限公司
规　　格	170mm×240mm　16 开本　18.75 印张　290 千字
版　　次	2018 年 10 月第 1 版　2025 年 4 月第 3 次印刷
印　　数	0001—2000 册
定　　价	75.00 元

　　凡购买我社图书，如有缺页、倒页、脱页的，本社营销中心负责调换

前　　言

　　智能电网是传统电网向高效、经济、清洁、互动的现代电网的升级和跨越，代表着电网未来发展的方向。智能电网的坚强（即不脆弱）是指电网必须具有自愈性、鲁棒性、生存性等主要特征。然而，诸多事故表明，构建坚强的智能电网，需要坚强的电力自动化技术作支撑。如四川二滩水电厂"10·13"事故，控制系统与办公自动化系统的直接互联是其中的不安全因素之一；2003年北美大停电蔓延和扩大的基本原因之一就是监控系统中EMS发生故障，电力系统失去可观测性和可控性，进而导致整系统陷于瘫痪瓦解；2008年2月27日，美国中央情报局披露，犯罪者通过网络入侵计算机控制系统，切断了多个城市的电力系统网络；2015年12月23日，乌克兰伊万诺-弗兰科夫斯克地区7个110kV变电站和23个35kV变电站出现故障，导致该地区数十万人断电，这是一起网络攻击导致的大停电事故。这一系列事故暴露出电力自动化系统与装置的以下缺陷：

　　（1）各种自动化系统中的偶然因素，如软件故障、硬件故障及人为的操作错误常常威胁电力系统的安全运行。

　　（2）电力系统中运行的各种监测控制系统并不完全值得信任。

　　（3）缺少对电力系统遭受到的偶然性威胁和恶意攻击进行鉴别的能力。

　　（4）相关的安全防御措施已不能完全抵御目前的风险威胁。

　　变电站是智能电网的关键节点。变电站自动化系统是通过计算机网络、现代通信技术、自动控制、传感装置等实现变电站运行状态的自动监测与控制的系统。为满足智能电网的需求，变电站自动化系统必须为电网及用户提供可信赖的服务，是一个可信的系统。

　　传统的可信性（Credibility）理论是一种基于概率统计的研究具有模糊不确定现象的数学方法。随着信息技术的发展，计算机系统应用呈现出日益广泛而深入的发展态势。可信计算的含义不断地拓展，由侧重于硬件的可靠性、可用性到针对硬件平台、软件系统、服务的综合可信，适应了Internet上应用系统不断拓展的发展需要。基于网络的分布式计算系统及开放式网络环境增加了系统的复杂度、故障率和不安全因素，这种形势促使人们不得不对计算机系统的性能和服务质量提出严格以致苛刻的高要求，那就是高质量和低风险以致无风险的可信赖服务，而传统的"可靠性（Reliability）"已不足以描述这种性质。1985年法国人Jean-Claude Laprie和美国人Algirdas Avizienis提出可信计算（Dependable Computing）的概念。容错专家们自1999年将容错计算会议改名为可信计算会议（PRDC）后，便致力于可信计算的研究。

基于容错的可信计算更强调计算系统的可靠性、可用性和可维护性，而且强调可信的可论证性。系统必须能够抵御系统的本征故障、人为故障和恶意攻击，强调系统对攻击的抵抗能力、识别能力、恢复能力和系统的学习能力，包括可靠性、安全性、可用性、机密性、完整性以及可维护性等属性。

变电站自动化系统就是一种特殊的信息系统。为了保证提供可信赖的服务，该系统必须具备以下特点：

（1）典型的实时系统，系统在高效的网络通信支撑下，必须在规定的时间内将规定的数据送到规定的地方。

（2）系统中的部件（包括硬件、软件）必须是可靠的，保证能够 24 小时不间断地运行。

（3）必须保证从传感器（CT、VT）获取的数据的可用性、完整性和机密性，才能保证向调度中心送出的数据是可信任的。

（4）系统某个部件在面对随机或蓄意攻击时必须是鲁棒的，且因遭受攻击而出现故障后，故障的波及面尽可能小，并在可接受的时间内得到维护。

（5）具有相应的保护措施，系统的运行不应对人及物造成危害。

在上述背景下，本书将基于容错的可信计算方法引入到变电站自动化系统中，在分析变电站自动化系统可信性的基础上，分别针对故障防止、故障容忍、故障预报、故障排除等方面提出相应的解决方法，为智能电网环境下的变电站自动化设计与建设提供参考。本书的出版得到"机电汽车"湖北省优势特色学科群建设项目的资助。

鉴于作者水平有限，书中难免存在错误之处，敬请读者批评、指正。

作　者
2018 年 7 月

目　　录

第1章　绪论

1.1　背景与意义

国家电网有限公司在 2009 年 5 月召开的特高压输电技术国际会议上宣布,中国将加快建设以特高压电网为骨干网架,各级电网协调发展,具有信息化、数字化、自动化、互动化特征的统一的坚强智能电网。

智能电网的坚强即不脆弱,就是电网必须具有自愈性、鲁棒性、生存性等主要特征。然而,诸多事故表明,构建坚强的智能电网,需要坚强的电力自动化技术作支撑。如四川二滩水电厂"10·13"事故[1],控制系统与办公自动化系统的直接互联是其中的不安全因素之一;2003 年北美大停电蔓延和扩大的基本原因之一就是监控系统中 EMS 发生故障,电网调度人员失去对电力系统的可观测性和可控性,进而导致整系统陷于瘫痪瓦解[2];2008 年 2 月 27 日,美国中央情报局披露,犯罪者通过网络入侵计算机控制系统,切断了多个城市的电力系统网络。这一系列事故暴露出电力自动化系统与装置的以下缺陷:

(1)各种自动化系统中的偶然因素,如软件故障、硬件故障及人为的操作错误常常威胁电力系统的安全运行。

(2)电力系统中运行的各种监测控制系统并不完全值得信任。

(3)缺少对电力系统遭受到的偶然性威胁和恶意攻击进行鉴别的能力。

(4)相关的安全防御措施已不能完全抵御目前的风险威胁。

变电站是智能电网的关键节点,承担着不同等级电压的转换,其安全、稳定地运行对整个电网的安全稳定具有极其重要的意义。变电站自动化系统是通过计算机网络、现代通信技术、传感装置等实现变电站运行状态的监测、控制自动化的系统,同样存在着上述事故中暴露出的风险,无论是信息通信系统还是监控系统中的任何一个元部件发生故障，都可能导致灾难性的事故发生。因此，变电站自动化系统必须为电网的安全、稳定运行提供可信赖的服务，即变电站自动化系统必须是一个可信的系统。从系统的性能角度看，可信系统必须能够抵御系统的本征故障、人为故障和恶意攻击，强调系统对攻击的抵抗能力、识别能力、恢复能力以及系统的学习能力。

传统的可信性理论是一种基于概率统计的研究具有模糊不确定现象的数学方法。随着信息技术的发展，计算机系统应用呈现出日益广泛而深入的发展态势，政治、经济、商业运作和各类事务处理越来越严重地依赖于计算机的应用，在国防军事、核反应堆控制、飞机航行控制、火控及化学反应控制等关键应用和医疗、金融、交通、通讯、气象、电力、石油化工、Web 服务、联机事务处理、科学计算等重要应用中尤其如此。与此同时，基于网络的分布式计算系统及开放式网络环境增加了系统的复杂度、故障率和不安全因素，这种形势促使人们不得不对计算机系统的性能和服务质量提出严格甚至苛刻的高要求，那就是高质量和低风险以致无风险的可信赖服务，而传统的"可靠性"已不足以描述这种性质。Avizienis提出了表达计算机系统信任属性的可信性概念[3]，表示这种信任属性放在系统递交的服务上是合理的[4]。可信是人机之间的信任关系，也是系统之间的信任关系，一直是信息技术研究者关注的热点。

变电站自动化系统就是一种特殊的信息系统。为了保证提供可信赖的服务，该系统必须具备以下特点：

（1）典型的实时系统，系统必须在规定的时间将规定的数据送到规定的地方。

（2）系统中的部件（包括硬件、软件）必须是可靠的，保证能 24 小时不间断地运行。

（3）必须保证从传感器（CT、VT）获取的数据的可用性、完整性和机密性，才能保证向调度中心送出的数据是可信任的。

（4）系统某个部件在面对随机或蓄意攻击时必须是健壮的，且在遭受攻击出现故障后，故障的波及面尽可能小，并在可接受的时间内得到维护。

（5）具有相应的保护措施，系统的运行不应对人及物造成危害。

变电站自动化系统的这些特性基本可以用 Avizienis 提出的计算机系统信任属性的可信性（Dependability）概念[3]来表达，包括可靠性（Reliability）、安全性（Safety）、可用性（Availability）、机密性（Confidentiality）、完整性（Integrity）以及可维护性（Maintainability）等属性，但必须结合变电站自动化系统的特点经过必要的扩充，以求更加准确。目前，单独研究变电站自动化系统可靠性或者信息安全的文献较多，但将它们综合考虑研究其可信性的文献尚不多见。然而，智能电网的发展又迫切需要整体考虑系统的可信性，研究它包含的各属性之间的关系、对系统的各种安全威胁、系统组件故障或者失效的规律以及如何采取有效的措施尽可能地防止系统组件的故障，以保证变电站自动化系统为电网及用户提供可信的服务，具有重要的理论与现实意义。

1.2 国内外研究现状

文献[5]将系统的可信性看成是一个全局性、综合性的概念，包含特征属性、可信性威胁、可信性方法，如图 1.1 所示。

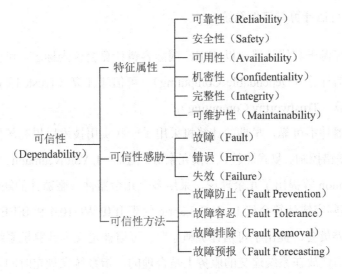

图 1.1 可信性的概念

研究可信计算在变电站自动化系统中的应用，将以图 1.1 的线索，从系统属性、系统面临的威胁、威胁的预防等几个方面展开。1.2.1 将阐述可信计算的相关研究现状；本书的研究对象是变电站自动化系统，1.2.2 将介绍变电站自动化系统在可靠性与信息安全方面的研究现状，特别是基于 IEC 61850 标准的变电站自动化系统的特点；可信性包含多个属性，不同的系统对这些属性有不同的要求，且侧重点也各有差异。如机械加工系统侧重于可靠性，网络系统侧重于信息的安全，电力系统则除了考虑可靠性还要考虑可维护性。因此，变电站自动化系统在这些属性上必定存在特殊的需求，还有可能需要其他的属性来描述，下面将在 1.2.3 介绍可信性需求方面的研究现状；针对系统中的故障，首先必须防止系统缺陷的产生，这就要求采用合适的设计方法，保证系统运行逻辑的正确性，1.2.4 综述各种设计方法的研究现状；当系统中组件发生故障时，故障以何种规律在系统中传播是一个关键问题，1.2.5 将介绍连锁故障的研究现状；变电站自动化系统就是对变电站一次设备进行监测与控制的信息系统，系统的信息均来自安装在一次设备上的传感器，即电流互感器、电压互感器。保证系统信息来源的可信是变电站自动化系统运行的基础，1.2.6 将介绍基于数据驱动的故障诊断研究现状。

1.2.1 可信计算与可信系统

可信计算源于容错计算，以 IEEE 国际容错计算会议为标志。可信计算有三个来源：可信计算（Dependable Computing）、可信赖计算（Trusted Computing）和高信度计算（Trustworthy Computing）。

因构成器件不可靠，早期的计算机采用了一些实用技术以提高部件及系统的可靠性，如差错控制、复式比较、三模冗余等。随后，J. Von Neumann、E. F. Moore 和 C. E. Shannon 等提出了冗余理论，采用多个冗余器件屏蔽器件的缺陷[4]。1985 年第 15 届国际容错计算会议上，J. C. Laprie 代表 IFIP WG10.4 和 IEEE CS 容错计算技术专业委员会，提出了可信计算概念[6]。可信被定义为计算机系统的一个信任属性，该信任放在系统递交的服务上是合理的，指系统在规定时间与环境内交付可信赖的服务的能力。这种能力在不同场合有不同的表现。例如，在办公室文字处理系统中，可信表现为系统能提供服务的时间对全部运行时间的百分比；在生产过程管理系统中，可信表现为控制系统故障每年引起生产停顿的次数；在事务处理系统中，可信表现为在指定时间内能成功地完成任务的可能性；在电力系统中，可信表现为在一定时间内发生停电事故的次数。

可信赖计算的概念源于美国军方。19 世纪 70 年代，美国政府意识到信息安全关系到国家安全与国家利益，开展了信息安全评测认证的研究，制定了美国计算机系统安全评价系统标准——"彩虹"系列：可信计算机系统评测标准（Trusted Computer System Evaluation Criteria，TCSEC）、可信赖网络诠释（TNI）、可信赖数据库管理系统诠释（TDI）等[7]。近年来，这一标准已扩展到公共管理领域，为了从结构上解决 PC 机的不安全，推行可信计算技术。1999 年由 COMPAQ、HP、IBM、Intel 和 Microsoft 组织了 TCPA（Trusted Computing Platform Alliance），于 2001 年发布了标准规范 V1.1，目的是在计算和通信系统中广泛使用基于硬件安全模块支持的可信赖计算平台，提高整体的安全性。可信赖计算包括以下几方面的含义：用户的身份认证、平台软硬件配置的正确性、应用程序的完整性和合法性。2003 年，TCPA 中的 AMD、HP、IBM、Intel 和 Microsoft 宣布，将 TCPA 更名为 TCG（Trusted Computing Group），继续使用 TCPA 制定的 "Trusted Computing Platform Specifications"，并制定符合 Palladium 的 TPM 1.2 技术规范。

高信度计算机是由 Microsoft 创始人比尔·盖茨于 2002 年 1 月发给 Microsoft 公司员工的一封电子邮件中提出的，随后在 Microsoft 内部发行的白皮书中对此概念进行了系统的阐述。Microsoft 的高信度计算的战略目标是增强计算平台的安全性，具体包括安全性（Security）、私密性（Privacy）、可靠性（Reliability）和商业完整性（Business Integrity）。它涵盖了软件的设计、使用、服务和整个产业，一经推出，在 IT 界就产生了广泛的影响，产生了 Microsoft 的 Palladium、IBM 的嵌入式安全子系统（Embedded Security Subsystem，ESS）笔记本电脑、Intel 支持 Palladium 的 LaGrande 技术、Microsoft 的 Vista 等高信度计算机的产品。

国内方面，从 20 世纪 80 年代中期开始，武汉大学、中国科学院软件研究所等高校和科研机构开展了可信计算的研究。武汉大学与武汉瑞达公司合作研制出了国内第一款可信计算机[8]；沈昌祥院士在可信计算的多方面进行了深入研究[9]；林闯教授对可信网络相关技术进行了探索研究，使可信网络的相关属性有了统一的认识[10]。文献[11]认为："Dependability 应翻译成可信性，它是由容错计算的研究扩充至可信计算的一个综合性概念。"不同的学者从不同的角度和层次对可信性的相关概念和可信计算的发展进行了阐述。文献[12]从可信硬件、软件、系统和网络等方面介绍了可信计算的概念与发展。文献[13]全面总结了可信计算的不同发展阶段，对当前网络环境下可信计算的研究内容进行了分析和点评。文献[14]从密码学、可信计算、网络安全和信息隐藏等方面综述了信息安全技术的研究进展，将可信计算看作解决安全问题的一个新方案。陈火旺院士指出形式化设计方法对保证软件可信性有重要的意义，尽管目前形式化方法对软件开发的支持还不够，但将成为未来的趋势[15]。北京大学梅宏教授在自愈技术的基础上提出了一个通过可信结构和反射中间件来实现自恢复系统的方法，并开发出一个基于反射式 J2EE 应用服务器模型 PKUAS[16]。北京航空航天大学的金茂忠等对基于目标的软件可靠性需求规约方法进行了研究，在非功能需求规约框架基础上，利用 B 抽象机理论，结合面向目标的规约方法，建立了一种可信需求分析方法，为可信性需求模型的定理化证明奠定了基础[17]。熊光泽等基于安全关键领域对软件可信性的可靠性与防危性进行了研究[18]。此外，还出现了一些相关的产品，如联想公司的"恒智"芯片与可信计算机、兆日公司的 TPM 芯片、卫士通公司的终端可信控制系统以及鼎普公司的可信存储系统。

通过上述分析可知，可信计算大致分为两种思路：一种是以 J. C. Laprie 为代表的容错计算思路；另一种是以信任根为基础的信息安全思路。这两种思路的目标是一致的，即希望通过一定的手段，使系统提供可信赖的服务。但是对于不同的应用场合，这两种概念的适应性不同，容错的概念更加适用于分布式系统的描述。变电站自动化系统是典型的分布式系统，因此，本书中的可信计算以 Dependable Computing 为基础，后文将以 Avizienis 提出的概念为基础展开研究。

1.2.2　变电站自动化系统

变电站自动化系统是利用自动控制技术、计算机技术、通信技术和信号处理技术等，对变电站二次设备（包括测量仪器仪表、信号处理系统、继电保护装置、自动控制装置、远动装置）进行功能的重新组合和优化设计，实现对变电站的主要设备和线路进行自动监视、测量、控制和保护的一种综合性的信息集成自动化系统。变电站二次系统的发展分传统变电站二次系统、独立自动化装置、变电站综合自动化和基于 IEC 61850 标准的变电站自动化系统等几个阶段。其中，独立自动化装置阶段的系统存在功能重叠、数据重复、灵活性差、维修费用高等缺陷，变电站综合自动化应运而生。

在变电站综合自动化兴起的初期，由于各电气设备厂商的变电站自动化系统的应用条件和需求不同，因此系统功能和使用的通信标准也存在差异，如 RS-232、RS-485 等通信协议和 LonWorks、PROFIBUS、CAN 等现场总线标准都被广泛应用。不统一的通信标准使得不同厂商的设备接入同一变电站自动化系统时难度较大，变电站自动化集成和扩展的成本较高。为了改善这种状况，IEC 在《远动设备及系统 第 5 部分 传输规约》（IEC 60870-5）各部分的基础上，于 1997 年发布了《继电保护设备信息接口配套标准》（IEC 60870-5-103），用于变电站自动化系统内部通信，并在世界范围内取得了较为广泛的应用[19]。但是，IEC 60870-5-103 的不足之处在于：标准仅适用于两个具有固定连接通路的设备间的通信，且仅定义了间隔层设备和变电站层设备之间的通信，没有涉及过程层设备之间的通信以及过程层设备与变电站层、间隔层设备的通信；此外，标准在语义和语法定义上有一定的缺陷，使得基于 IEC 60870-5-103 标准的设备虽然可以互联，但需要人工配置才能实现设备的互操作[20, 21]。

因此，IEC 又制定了《变电站通信网络和系统标准》（IEC 61850），其最终目标是实现变电站内不同电气设备厂商的智能电子设备（IED）之间的互操作。IEC 61850 标准把"变电站自动化系统"定义为"在变电站内提供包括通信基础设施在内的自动化"[22-28]。本书研究的对象就是基于 IEC 61850 标准的变电站自动化系统。

基于 IEC 61850 标准的变电站自动化系统正迅速发展，其可靠性、安全性方面的研究引起了诸多学者的关注。文献[29]针对数字化继电保护系统，对不同的冗余方式，使用可靠性框图分析了保护不拒动可靠性，并分析了组成保护系统各元件的重要度；文献[30]评估了 IEC 61850-9-2 用于过程总线后的变电站自动化系统可靠性；文献[31]采用可靠性框图分析方法，对基于 IE C61850 标准的变电站自动化系统结构的可靠性和可用性进行了评估；文献[32]指出数字化变电站自动化系统可靠性的本质是功能可靠性，采用分布式程序可靠性及分布式系统可靠性相关理论，提出了基于图论和离散时间马尔可夫链的数字化变电站自动化系统可靠性模型。

在变电站自动化系统安全方面，Upeka Premaratne 等[33]对基于 IEC 61850 标准的变电站自动化系统进行了安全分析，提出了一种 IED 的安全度量方法。在文献[34]中，他们还提出了一种基于 IEC 61850 标准的变电站自动化的入侵检测系统，以应对来自外界对变电站 IED 的攻击。段斌等[35]设计了基于可信计算的变电站自动化远程安全通信体系，主要考虑变电站远程控制的安全需求。文献[36]研究了 IEC 61850 标准的安全通信机制以及基于此标准的变电站智能电子设备 IED 的可信设计。Tarlochan S.Sidhu 等[37]利用网络仿真工具 OPNET 对基于 IEC 61850 标准的变电站通信系统进行了仿真评估，为变电站自动化系统的设计提供了一定的参考依据。Hachidaiito 等[38]通过网络设备的冗余来提高变电站自动化系统的可信性，并比较了不同情况下系统的可用性。在电力保护方面，ECT 公司在 1995 年推出了初具可信概念的中高压保护系统产品。美国伊利诺伊大学的 Hassan Khorashadi-Zadeh 和 Zuyi Li[39]、意大利的 Sergio Bruno 等[40]、Luca Ferrarini 等[41]、Vincenzo Fazio 等[42]就可信保护系统和设备的研究作了许多卓有成效的工作。文献[43]对将来的可信家用电器设备展开了研究。在自动化领域，日本的 Yoshiki Kinoshita 等[44]就将来的嵌入式系统的可信标准展开研究；Toshihiro Hanawa 等[45]研究了可信嵌入式系统的通信机制。Andrea Bondavalli 等[46]就分布式系统的可信测量展开研究，推出了相应的工具。

已有文献只是研究了变电站自动化系统的某一方面的属性，不足以描述系统的特征，特别是在智能电网开放的网络环境下，更加需要完全地表述系统的属性。然而，将变电站自动化系统的可信性作为一个整体、全局的概念来考虑，并研究保障系统可信性相关措施的相关研究文献较少。

1.2.3　信息系统可信性分析

随着计算机及相关技术的发展，计算机被广泛地应用于科学研究、经济、文化、工业生产、国防等领域。一方面,以计算机为基础的数值计算系统、信息处理系统、自动控制系统、计算机辅助系统、人工智能系统极大地解放了生产力,提高了生产效率。据斯坦福大学医学院的一份 2001 年 1 月至 2009 年 4 月间的医疗记录显示,使用信息化的处方系统后,患者的死亡率降低了 20%[47]。另一方面,随着计算机应用系统规模和复杂性的增加,软件系统存在缺陷和错误的机率也随之增大,而其一旦失效则可能带来难以估量的损失。2008 年美国食品药品监督管理局(FDA)的一份警示指出,软件中的隐含缺陷可能导致对药品和医疗设备管理出现错误而引发医疗事故[48]。在一些安全关键系统中,如核反应堆、航天控制、电力自动化系统,软件发生故障时所带来的损失更加巨大[49, 50]。

可见,人们对计算机系统的依赖程度不断增加,因此提高以计算机为基础的各种应用系统的质量是一个亟待解决的关键问题。除了系统的功能需求外,现代计算机应用系统越来越多地涉及到可靠性、可用性、安全性等诸多非功能性属性。Aviziens 等[51]提出的可信性的概念就是计算机应用系统的非功能属性;M.Al-Kuwaiti 等[52]对网络的可信性、容错、可靠性、安全性、可生存性进行了辩析,比较了这些概念之间的差异、属性、评价准则及其之间的关系,为分析和设计信息系统提供参考。Dejan Ivezic 等[53]提出了一种基于模糊集的可信性评估方法,考虑了可靠性、可维护性等属性,并以斗轮挖掘机为实例验证方法的有效性。Pablo Diaz 等[54]以独立光伏电站组件性能老化及实际运行的数据为基础,对其进行了可信性分析,为光伏电站的监测提供依据。

国内一些学者也对各种不同系统的可信性进行了研究。北京交通大学的徐天华等[55]对列车控制系统的数据通信系统进行了可信性分析,以随机激励网络模型为工具,评估各种传输条件下保证列车通信系统的可信性。研究结果表明,冗余配置情况下系统的可靠性、可用性得到提高,帧丢失率明显降低。清华大学杨宇航等[56]采用仿真方法,结合 Mote-Carlo 与贝叶斯方法,对汽车系统的可靠性和可维护性进行了评估。清华大学林闯教授[57]以 Petri 网为工具,研究了计算机网络的失效模型和容错模型,并给出了网络系统可信赖性分析中主要指标的计算方法,为我们研究可信性指标的计算提供了参考。

在软件的非功能属性分析方面,Tegegne Marew 等[58]从面向对象软件工程角度提出一种基于策略的集成软件各种非功能属性的分析方法，采用软件目标图表述非功能属性之间的依赖关系。Lihua Xu 等[59]提出一种将软件非功能需求转化成相应的软件架构的方法，首先将可信性需求进行分类，然后采用 XML 方法将分类后的属性映射成架构组件。Paolo Donzelli 等[60]在开发美国宇航局高可信计算机系统项目中，提出了一种抽取和建模系统可信性需求的框架。中国科学院的金芝研究员等[61, 62]提出了一种基于知识的软件可信性需求获取方法，该方法认为系统的可信性需求就是为避免软件系统给环境带来问题而定义的对策，现实世界积累的软件系统失效及其引发问题的相关知识可以帮助用户来识别软件系统可能带来的问题以及相应的对策，且开发了一个软件可信性需求知识库，定义了软件可信性需求模式框架以及如何根据知识库的内容进行模式实例化的过程来帮助提取可信需求。北京大学郑志明等[63, 64]结合动力系统的基本思想，从软件复杂性角度研究在各种内部和外部因素的作用下，软件可信性演化的动力学机制，并建立了相应的动力学模型，采用动力学统计分析方法给出了软件系统可信性统计指标的不变测度评测方法及软件系统不可信的动力学判据，为探索软件系统演化规律提供了新的思路。中南大学罗新星等[65]提出了面向特征定量软件目标耦合图，并对软件系统的非功能需求的冲突和不确定性进行了完整表述，通过计算非功能需求的特征贡献值消除它们之间的冲突，为可信软件的非功能需求求精提供新的分析工具。叶飞、朱小冬等[66]以 XML 为工具对软件非功能需求进行了建模，对非功能属性进行了较好的描述。

在电力系统可信性方面，大部分学者采用基于概率模糊理论的可信性理论研究电力系统的干扰、安全运行、风险评估等[67-71]。吉林大学包铁等[72]提出一种电力生产管理系统的可信构造方法，能有效地提升电力生产管理系统的开发效率与质量。

可见，系统的非功能属性已引起研究者的足够重视，主要集中在软件的设计与开发中，对于包括软、硬件的安全关键系统——变电站自动化系统，还少有文献研究其非功能属性，本书将在后续章节深入分析变电站自动化系统的可信性。

1.2.4 可信设计方法

如 1.2.3 中所述,计算机应用系统正面临着因结构庞大、复杂而带来的一系列问题,如何保证开发系统满足应用的需求已成为各行各业亟待解决的难题。不同的设计方法被陆续提出并应用于实践,这些方法大致可分为三类:结构化方法、面向对象的方法和形式化方法。

结构化方法基于功能分解设计系统结构,从外部功能上模拟客观世界,采用的主要工具是数据流图(DFD),通过不断将 DFD 中复杂的处理分解成子数据流图来简化问题。结构化方法能够增加软件规格说明的可读性和软件系统的可靠性。数据流图容易理解,有利于开发人员与客户的交流。其缺点是软件系统结构对功能的变化十分敏感,功能的变化往往意味着要重新设计,设计出的软件系统难以重用,延缓了开发的进程。

面向对象方法从内部结构上模拟客观世界。这里的对象是客观世界对象的直接映像,不仅包括数据,还包括对数据的操作,对象之间的通信通过消息完成。由于采用了继承的概念,有利于软件的重用,所建模型的稳定性比结构化方法高。但开发出的软件冗余部分多,其封装性使系统内部的控制不清晰,给维护增加了难度。

形式化方法是用数学表示法描述目标软件。它将客观世界抽象化、符号化,建立精确的数学模型描述系统的本质,有利于程序验证、软件求精和软件自动化。该方法要求开发人员具备较高的数学素养。用形式规格说明语言书写的软件规格说明的可读性和可理解性较差,因此,形式化方法的应用受到了限制。

国防科技大学陈火旺院士指出,可信软件系统不会因系统中隐含的错误、环境的异常或恶意的攻击而导致系统部分或整体失效,因此,要求系统的行为在设计时就能得到准确的把握,即系统的行为是可以预计的,这就与软件理论和形式化方法有了自然和本质化的联系[15]。为了研究高可信软件的设计与开发方法,人们对程序理论进行了长期的研究。早期的研究成果有 Hoare 通信顺序进程公理化理论[73],它通过前/后置断言给出了顺序程序的部分正确性和完全正确性的形式推理系统。当并发程序模型出现后,程序模型着重转向系统间的交互及随时间变化的激励/响应模式，形成了 CSP[74]、CCS[75]、I/O 自动机[76]、标记变迁系统与程序的时序语义[77]等模型。随着需求的发展，又出现对并发模型进行实时扩充的时间自动机[78]模型。

实践证明，形式化方法是提高软件系统质量的重要途径。在从高层规范到最终实现的过程中，选用合适的、以形式化方法为基础的工具进行辅助设计和验证，对提高安全关键系统的可信性有很大帮助。Antonio Coronato 和 Giuseppe de pietro[79, 80]对形式化方法 AC（Ambient Calculus）和 AL（Ambient Logic）进行了扩充，提出一种形式化方法，对普适性的安全关键系统进行形式化需求描述，并开发出了一种称为 Ambient Designer 的可视化工具，能通过图形对象描述需求。Stephen Edwards 等[81]针对嵌入式系统实现需要结合多种技术（硬件、软件），采用形式化方法对嵌入式系统进行描述、验证以及综合，显示了形式化方法的有效性。武汉大学毋国庆等[82]提出一种从需求分析到体系结构，再到组件实现的形式化开发方法，并应用到了实时嵌入式系统的开发中。郭亮等[83]使用时序描述语言 XYZ/E 描述并验证了容错系统，并推导出一些有用的性质。蒋昌俊等[84]基于 Petri 网提出一套完整的并发系统需求说明、建模、形式验证的方法，建立概念模型，用于需求规格说明，包括功能图、资源图和约束集。在其他应用领域，形式化方法也得到了成功的应用，如硬件电路设计、反应系统、通信协议、工作流过程等。丁柯等在文献[85]中给出了事务工作流模型及良构性的形式化定义，提出了一个良构性判断定理，通过一种构造性的方法来有效地验证事务工作流的良构性，还设计了事务工作流描述语言（ISWDL）并实现了良构性验证器。文献[86]结合对基于自然交互方式的用户界面的研究成果，归纳出了一个交互式用户界面的通用模型，为了保证系统设计的正确性，使用形式化描述语言（Language of Temporal Ordering Specification，LOTOS）和基于动作的时序逻辑（Action Based Temporal Logical，ABTL）对系统进行描述与验证，这有利于人们对交互式用户界面的动态行为进行研究、评估与定义。在分布式系统设计中，芬兰的 Elena Troubitsyna 采用形式化方法对容错分布式系统进行描述和验证，并进行逐步求精，保证了分布式系统实现的正确性[87]。D. G. Weber 研究了容错系统形式化描述与计算机安全的关系，表明形式化方法对设计安全的计算机系统有较大的促进作用[88]。

在电力系统研究中，形式化方法用得较少。清华大学卢强院士等[89]针对电力系统的两个重要的建模标准 IEC 61970 和 IEC 61850，分别给出其模型表示和模型交换规范相应的上下文无关文法，实现了模型描述的形式化和模型变换的自动化，能够在很大程度上适应标准的升级。武汉大学王先培等[90]采用基于进程代数的形式化描述语言——时间通信顺序进程（Timed Communicating Sequence Processes，TCSP），对变电站智能电子设备交互模型进行了描述与验证，可以提高变电站智能电子设备软件的开发效率、节约成本。

1.2.5 连锁故障

系统的可信设计可以看作是保证系统可信性的方法之一，也就是如何避免在设计过程中引入隐含的缺陷，即避错技术。然而，无论是复杂系统的设计与开发技术，都不可避免地使设计的系统存在缺陷。系统中的缺陷在内部或者外部各种因素的作用下，会在系统中进一进传播、演化[91]，进而导致系统部分或者整体失效。因此，研究系统中的连锁故障是可信系统的重要内容之一。下面简要阐述连锁故障的国内外研究现状。

由于简单系统中的组件比较少，一般不考虑连锁故障，只有在复杂系统中考虑连锁故障才有意义。现实生活中的复杂系统有因特网、电网、复杂工业流程、社会经济系统等，关于连锁故障的研究主要集中在像电网、因特网这样与社会生活息息相关的基础设施系统。

电力系统连锁故障得到了各国研究者与政府的高度重视，一直是学术界的研究热点。美国国防部和美国电力研究协会（Electric Power Resarch Institute，EPRI）合作提出的电力战略防御系统（Strategic Power Infrastructure Defense，SPID）[92]的作用是防范连锁故障导致的大停电。美国能源部和国家科学基金资助（Consortium for Electric Reliability Technology Solutions，CERTS）结合复杂系统理论和电力系统特征，对电网的大范围停电和连锁故障进行了研究。国内诸多学者也对连锁故障的预防控制进行了研究，国家自然科学基金也对相关课题进行了重点资助。国内外对电力系统连锁故障理论与模型的研究大致分三种方法：传统分析方法、基于复杂系统理论的方法和基于复杂网络理论的方法。

传统分析方法通过建立符合电网实际物理过程的算法和模型对连锁故障进行仿真，列举出致使电力系统连锁故障的模式。实际应用中，大多通过潮流和稳定计算检验是否会发生大面积的停电，从而提出预防措施。周孝信等在文献[93]中介绍了基于直流潮流的连锁故障模型，研究了保护隐含的故障、系统频率对连锁故障的影响。Phadke A.G.等[94-96]通过研究指出，保护系统工程的隐藏故障是连锁故障发生传播的重要原因，通过"重点抽样"可以降低连锁故障的发生概率，以提高电力系统的可靠性。Singh C.等[97, 98]采用蒙特卡洛法，根据继电保护隐藏故障的概率，通过迭代搜索，计算后备保护的动作概率并选择概率最大的线路跳闸，通过每一步搜索中的潮流计算来确定保护动作的概率。曹一家等[99]研究了因继电保护装置误动导致电网连锁故障的机理，建立了一套电力系统连锁故障风险评估与预防体系。传统方法对连锁故障中相邻故障之间的关联未作太多考虑，忽视了连锁故障与多重故障的差异。

传统分析方法面对的难题促使国内外研究者对新方法进行探索。在此背景下，产生了基于复杂系统理论的方法。曹一家等[100]将网络看作含有大量单元及单元之间相互作用的系统，在电网模型基础上讨论网络稳定性和脆弱性、扰动传播及控制等问题，提出了多重连锁故障模型。具有代表性的成果是自组织理论。1987年，美国布鲁克海文国家实验室科学家 Per Bak 等[101-104]提出了自组织临界性的概念，以解释一类包含大量相互竞争和合作单元的复杂耗散动力系统的行为特征，这种系统会自发演化到一种临界状态。在此状态下，微小的扰动就可能触发连锁反应并发生大的灾难。这种状态具有一个重要的数学特征：事故规模与概率之间满足幂律关系。同时，Per Bak 等还提出了一个沙堆模型来解释和说明自组织临界性的概念，并通过实验给予了证实。Carreras B. A.等[105]将电力系统和沙堆模型进行对比，得出实际故障规模和故障概率之间呈幂律特性，初步证明了电力系统停电规模服从幂律分布[106]。Chen J 等[107]对北美电网 1984 年至 1988 年之间发生的大停电事故进行统计，也发现停电事故的规模和频度间存在幂律关系。于群、郭剑波[108]对中国东北、西北、华中、南方以至全国电网在 1981 年至 2002 年间发生的重大停电事故的时间序列进行统计，构建了停电事故的损失负荷数与频度的关系模型，同样发现了相似的规律。在自组织临界理论的基础上，美国学者 Dobson、Carreras

等[109, 110]提出了 OPA 连锁故障模型，指出电网负荷的增加是产生连锁故障的一个决定性因素。为了深入研究电网负荷增加时连锁故障的特征，Dobson 等[111]又提出了 CASCADE 模型，假设电网中所有组件带有随机的初始负荷，开始时某一个或多个组件发生故障，这些故障组件上的负荷按一定原则分配到其他正常的组件上，由此形成连锁故障。

中国学者梅生伟等[112]在 OPA 模型的基础上，建立了反映电网停电损失幂律特征的连锁故障模型。曹一家等[113]通过研究，以发电机功率损失为序参量，提出一种基于协同学原理的电力系统大停电的预测模型，并对连锁故障导致的大停电时间作出了预测。

近年来，复杂网络静态、动态特性研究突破性的进展促进了其在各学科中的广泛应用。电网作为一个复杂的物理网络，理所当然地被众多学者抽象成复杂网络加以研究，并取得了大量有价值的研究成果。这种方法主要从网络结构的角度探索电力系统对于各种随机、蓄意的攻击或者灾害的承受能力，以及是否会发生连锁故障等问题。

1998 年 Watts 和 Strogatz 提出"小世界（Small-World）网络"概念[114]，指出美国西部电网是介于规则网络和随机网络之间的小世界网络，开始了利用复杂网络研究电力系统的新局面。1999 年 Barabasi 和 Albert 发现无标度（Scale-Free）网络特性[115]，突破了随机网络模型的束缚，揭示了复杂系统网络结构包含的各类特征，奠定了复杂网络研究的基础。Surdutovich 等通过研究得出巴西电网具有小世界特征[116]。国内也有研究者对中国的部分区域电网进行了研究，也得出了"小世界"电网的结论[117]，并定性地分析电网的小世界特性对连锁故障传播的影响。合肥工业大学的丁明、韩平平[118]分析了连锁故障在小世界电网中传播的内在机理，对实际电网的拓扑特性进行了研究和仿真，认为小世界电网本身的结构脆弱性是造成大规模连锁故障迅速蔓延的根本原因，并提出改善小世界电网承受故障能力的有效措施。

除了电力系统外，其他复杂系统中的连锁故障也受到了众多研究者的关注。在 Internet 方面，随着 Internet 拓扑无标度特性被发现[119, 120]，其安全性受到了更加广泛的关注[121]。吉林大学王健等[122, 123]从动力学角度分析了 Internet 连锁故障的特点，揭示出连锁故障传播的三个阶段及影响传播的部分主要因素。随着软件系统日益复杂与庞大，复杂软件的级联故障也受到了重视[124]。在复杂流程工业系统的安全性方面，西安交通大学高建民等[125]以复杂网络理论为基础，通过对流程工业系统的结构脆弱性的分析，提出了一种新的系统安全性评估方法，以帮助理解系统连锁故障的本质，识别系统中的关键点和脆弱点，为安全控制、故障预防以及系统的合理设计提供依据。

综上所述，连锁故障研究呈现出多学科交叉的局面。复杂网络理论的发展促进了各领域研究的进步，为研究具体问题提供了新的思路与方法。目前，电力系统连锁故障的研究多集中在大电网安全，然而，结合复杂网络、复杂软件等交叉学科，对监测、保护和控制日益复杂的变电站自动化系统中的连锁故障研究尚未出现相关研究成果，本书将在后续章节对此问题展开深入研究。

1.2.6　传感器故障诊断

随着信息技术的快速发展，航空航天、化工、机械、电力、电子等领域系统复杂性与自动化水平不断提高，迫切要求提高整个系统的可靠性、可维护性以及安全性。传感器是自动化系统与控制系统的重要组成部分，是系统获取现场数据并将其传送到上位机进行分析、处理的关键节点，其品质的好坏直接影响到系统的正常运行。诸多安装传感器的自动化系统现场环境复杂，容易出现传感器故障，从而影响系统的运行。因此，对传感器进行故障诊断是保证系统可靠运行的重要环节。

传感器故障诊断的方法可分为三类：基于分析模型的方法、基于经验知识的方法以及基于数据驱动的方法。

基于分析模型的方法是通过建立系统的精确数学模型，借助可观测的输入/输出量之间的差异来计算反映系统期望与实际运行之间的不一致的残差信号，然后采用参数估计[126]、状态估计[127]、分析冗余[128]等方法进行分析，得到系统的诊断结果。这种方法的理想状况是能够获得精确的模型，但在实际应用中难以达到，增加了确定故障发生类型的难度。

当不能或不容易建立机理模型、系统运行数据不充分时，基于经验知识的方法比较适用。该方法主要有符号有向图[129]、专家系统[130]等，但对于具有海量数据的系统则应用成本过高[131]，需要很多复杂的专业知识以及长时间积累的经验，这超出了一般工作人员所掌握知识的范围，所以不易操作。

目前，大多数系统中的设备每天都产生和存储较多运行数据。这些数据分为正常情况下和故障情况下的数据，充分利用这些信息，就形成了基于数据驱动的故障诊断方法。该方法不需要知道系统精确解析模型，核心思想是充分利用系统的在线和离线数据[132]。数据驱动的方法就是利用机器学习、多元统计分析、信号分析和粗糙集等方法直接对海量的离线、在线运行数据进行分析处理，找出故障特征，确定故障发生的原因、位置及时间。因此，这种方法不需要任何实际系统的概念，无需知道系统精确的模型，它所需要的对象只有一个——数据。

基于机器学习的故障诊断主要是以故障诊断正确率为学习目标，通过神经网络、支持向量机（Support Vector Regression，SVR）等对系统的大量历史数据进行训练，从而进行故障诊断。已有众多学者使用神经网络、支持向量机对各个领域的故障诊断问题进行了研究。Chen Mou 等[133]利用基函数神经网络对一类时延输入不确定非线性系统中的传感器的故障诊断进行了研究，并给出了应用实例。房方等[134]针对多传感器系统的特点，利用神经网络的非线性拟合能力，将相关传感器的输出数据综合，对待诊断传感器的输出进行两次预测：第一次用于故障的识别；第二次实现故障传感器的定位，并利用第一次预测的输出数据对故障信号进行恢复。研究表明，该方法对传感器的几种不同故障模式都能进行识别和恢复。谷立臣等[135]提出了一种基于神经网络的传感器故障监测与诊断的新方法，先用BP 神经网络的预测输出和传感器实际输出之差来判断传感器是否发生了故障，然后用函数型连接神经网络模拟传感器的输出特性函数，通过计算神经元连接权值的变化，确定传感器中哪个输出特性参数发生了变化，最终推断传感器发生的故障类型。该方法的优点是只需知道一个传感器的信息。翟永杰等[136]利用回归型支持向量机设计了一个传感器故障诊断系统，能有效地保证传感器故障诊断的准确性。

基于多元统计分析的故障诊断是数据驱动技术中的重要内容，主要思路是直接根据反映过程变量运行的海量历史数据，通过多个过程变量之间的相关性进行统计分析来实现系统的故障诊断。其实质是在一个高维空间进行降维处理，通过多元投影构造一个较小的隐变量低维空间，以低维空间代替高维空间，这个隐变量空间由主元变量张成的较低维的投影子空间和一个相应的残差子空间组成。首先在主元空间和残差空间中构造能反映相应空间变化的统计量，然后将观测向量分别向主元空间和残差空间进行投影，通过计算来判定实际系统的监控统计量是否超过设定的指标，从而判断是否发生故障。多元统计方法主要包括主成分分析（PCA）、偏最小二乘（PLS）及其扩展方法，这些方法已经被广泛地应用于故障诊断中[137-140]。

　　信号分析处理是一种较成熟的故障诊断方法，主要包括傅立叶分析、小波变换、分形理论等。利用这些分析工具对所检测到的系统中各种有效信号进行处理，获取反映故障的信息，即故障征兆，如幅值变化、相位漂移等，并与实际信号进行比较，根据故障信号的偏离程度来实现故障诊断。Drif 等[141]对定子电流频谱的研究实现了三向异步电机的故障检测。Nandi 等[142]指出频谱分析是电机故障检测中最常用的方法之一。尽管傅立叶分析在谱分析方面取得了不错的成就，但它不能反映信号在时频域上的局部特征。相比而言，小波变换较好地克服了傅立叶变换的缺点，它能对非平稳信号进行时频分析，并且分辨率在时频范围内是可变化的，即在低频部分有较高的频率分辨率和较低的时间分辨率，而在高频部分有较高时间分辨率和较低的频率分辨率，因此小波变换被称为"数学显微镜"。将小波分析引入故障诊断的方法如下：①根据多分辨率理论，采用小波分析对信号进行多尺度分解，在不同的尺度上提取信号特征用于故障诊断；②利用小波分析的模极大值检测出信号的突变，检测突发型的故障；③根据实际系统中信号混杂的噪声主要集中在高频部分、信号有效成分主要集中在低频范围，采用小波分解与重构可以除掉信号的高频部分，以实现对随机信号的去噪。J. E.Lopez 等[143]利用小波分析对信号进行了多尺度分析，提取信号不同尺度上的特征用于故障诊断。Marco Ferrante 等[144]将小波分析应用在管理系统泄漏检测中，将压力信号的下降沿变换为极值小波系数，检测并定位出泄漏。国内一些学者也对基于小波分析的故障诊断展开了研究。华北电力大学侯国莲等[145]提出基于形态学—小波的传感器故障检测与诊断的方法，采用小波多分辨分析法对滤波后的信号进行分析，对故障的突变点进行准确定位，然后利用小波变换模极大值在多尺度上的表现与李普希兹（Lipschitz）指数的关系，对传感器死区、恒偏差、恒增益及漂移故障进行识别。哈尔滨工业大学徐涛等[146]提出了基于小波包的多尺度主元分析（MSPCA）模型，并应用于传感器的故障诊断型。以上研究主要集中在化工过程、热电厂传感器等领域，而在变电站传感器——互感器的故障诊断方面研究较少。文献[147]通过分析电容型互感器中油分解的气体，采用机器学习研究互感器的故障诊断，但是受油中分解气体组分的影响较大。重庆大学熊小伏等[148]提出了基于小波变换的电子式互感器故障诊断方法，通过多尺度模极大值方法识别信号的突变时刻，将处理后的各互感器信号的突变时刻进行比较，根据所提判据来区分异常信号是来自互感器本身还是来自一次系统。

变电站自动化系统就是对变电站一次设备进行监测与控制的信息系统，系统的信息均来自安装在一次设备上的传感器，即电流互感器、电压互感器。保证系统信息来源的可信是变电站自动化系统运行的基础，本书将采用信号处理的方法对变电站电流互感器输出的信号进行处理，有别于文献[148]，考虑不同的故障情况，实现对各种故障信号的识别，保证变电站自动化系统数据来源的可信。

1.3　本书研究内容与结构

1.3.1　研究内容

可信计算是当今信息技术领域研究的热点，将可信计算引入变电站自动化系统却少有相关研究文献。本书试图解决变电站自动化系统可信性的若干问题，为智能电网的建设贡献微薄之力。可信系统包含的内容非常多，可信的变电站自动化系统同样如此。要构建这样一个系统，首先必须深入分析系统的可信性需求和影响系统可信性的因素，然后重点研究保障系统可信性的措施，包括故障防止、故障容忍、故障排除、故障预报。保障系统可信性的方法众多，难以面面俱到，本书从变电站自动化系统设备的故障防止（即系统可信设计方法）、系统中的故障容忍（即故障在系统中的传播规律）、故障排除（故障的抑制方法）、故障预报等方面，从保证系统数据来源的可信性角度出发，研究系统传感器的故障诊断。具体研究内容如下：

（1）变电站自动化系统的可信性分析。

首先介绍可信性的内涵，然后分析智能电网环境下变电站自动化的特点及其必须具有的可信性属性，从故障、错误、失效三个层面深入地分析变电站自动化系统面临的可信性威胁。在上述分析的基础上，提出基于组件的变电站自动化系统可信性模型，采用设计结构矩阵求取可信性模型的可达矩阵，分析变电站自动化系统中可信性属性对系统整体可信性的影响

（2）变电站自动化系统 IED 的可信设计方法。

基于 IEC 61850 标准的变电站自动化系统将系统功能由若干智能电子设备的交互来实现。电网结构日趋复杂、容量不断扩大、实时信息传送量成倍增多，对变电站智能电子设备提出了更高的要求。新开发的 IED 必须具备高效快速的处理能力，以满足大量信息传输的实时性、可靠性及多任务性。为了更好地实现分布式功能在 IED 上的标准化设计，需要先对各种功能在 IED 之间、IED 内部 LN 之间的交互关系、系统行为进行严谨的描述与验证，以保证分布式功能的正确性。这部分提出一种变电站自动化系统 IED 的形式化设计方法，以定时过流保护 IED 交互模型为例，采用 Timed CSP（Communicating Sequential Processes）形式化语言对 IED 内各逻辑节点的交互关系、系统行为进行描述并验证，然后将形式化描述语言与随机 Petri 网结合起来，对 CSP 描述进行性能分析，满足系统可靠性和性能评估的目标。

（3）变电站自动化系统 IED 的重要度分析。

基于 IEC 61850 标准的变电站自动化系统的逻辑节点是功能的最小单元，且系统支持功能自由分布，即逻辑节点可以自由分布在任意 IED 上。IED 重要度反应的是 IED 依附的所有逻辑节点对系统可靠性的整体影响。因此，IED 重要度主要取决于其所依附的逻辑节点数量和类型、单个逻辑节点对系统可靠性的影响以及逻辑节点之间的相互作用。结合变电站自动化系统特征，研究基于逻辑节点联合分布的 IED 重要度分析方法。

（4）变电站自动化系统故障的传播研究。

IEC 61850 标准定义的逻辑节点之间存在复杂的交互关系，变电站自动化系

统中的故障有可能通过这种关系在系统中进一步传播。从复杂网络理论出发，将逻辑节点作为网络的节点，逻辑连接作为网络的边，逻辑节点之间的交互关系就可以抽象成一个复杂网络。首先统计这个复杂网络的相关特征参数，结果表明逻辑节点之间的交互关系同时具有小世界和无标度特征；然后建立基于 CML 的变电站自动化系统连锁故障模型，通过仿真实验揭示逻辑节点的故障在系统中的传播规律；最后以 T1-1 型变电站为例进行实例分析。

（5）变电站自动化系统连锁故障的抑制研究。

借鉴预测控制和牵制控制的思想，对变电站自动化系统中的连接关键节点和功能关键节点的状态进行预测。当某节点当前时刻的状态正常，而下一时刻的状态异常时，就对该节点实施牵制，以使其后续状态保持正常。接下来提出连锁故障的抑制方法及实现策略，并进行仿真实验。

（6）变电站自动化系统传感器故障诊断。

变电站自动化的功能是对变电站一次系统进行监测、控制，以保证电网的安全、稳定运行。而变电站自动化系统监测的数据全部来自安装在一次系统中的传感器，如电流互感器、电压互感器、温度传感器等。如果传感器输出的数据不能真实地反映一次系统的真实情况，变电站自动化系统的监测也就失去了意义，严重时会导致电网运行故障。提出一种基于小波变换的电子式互感故障诊断方法，该方法综合考虑了李普希兹指数、小波系数能量比、信号的均值差，对故障信号进行识别。将提出的方法应用于实际，集成在开发的变电站电容器在线故障诊断系统中。

1.3.2 本书的结构

按照容错思路的可信计算概念，研究可信计算在变电站自动化系统中的应用。本书的结构安排如下：第 1 章介绍了本书研究的背景及相关研究现状；第 2 章简要介绍了可信计算的概念、发展趋势以及基于容错的可信计算中相关问题；在第 3 章深入分析变电站自动化系统的可信性基础上，第 4～9 章分别从故障防止、故障容忍、故障预报、故障排除四个方面，针对变电站自动化系统的某一方面提出相应的解决方法，为智能电网环境下的变电站自动化设计与建设提供参考。本书结构如图 1.2 所示。

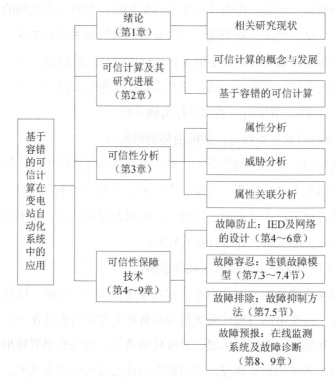

图 1.2　本书的结构

第 2 章　可信计算及其研究进展

本章主要介绍可信计算产生的背景、基本概念、研究与应用的进展，并就相关热点问题进行了详细介绍。

2.1　可信计算产生的背景

通信、计算机和消费电子的结合，促进了 Internet、信息高速公路或全球信息基础设施的出现和应用，构成了人类生存的信息环境，即网络空间（Cyberspace）。人类社会中的安全可信与网络空间中的安全可信是休戚相关的。对于人类生存来说，只有同时解决人类社会和网络空间的安全可信，才能保证人类社会的安全、和谐、繁荣和进步。

传统信息安全系统以防外部入侵为主，与如今信息安全的主要威胁来自内部的实际不符合。采用传统信息安全措施的最终结果是防不胜防。这是由于只封堵外围，没有从根本上解决产生不安全的问题。概括起来，信息安全事故产生的技术原因主要有以下几点：

（1）目前的 PC 机软硬件结构简化，可任意使用资源，特别是修改执行代码、植入恶意程序。

（2）操作系统不对执行代码检查一致性，病毒程序可利用这一弱点将病毒代码嵌入到执行代码中进行扩散。

（3）黑客可利用被攻击系统的漏洞，窃取超级用户权限，并植入攻击程序，最后进行肆意破坏，攻击计算机系统。

（4）用户未得到严格的控制，从而可被越权访问，致使不安全事故的产生。所有这些入侵攻击都是从个人计算机终端上发起的，应采取防内为主、内外兼防的模式保护计算机，提高终端节点的安全性，建立具备安全防护功能的计算机系统。

为从终端上解决计算机系统的安全问题，需要建立信息的可信传递，与SARS期间隔离患者以控制病源的传播一样。计算机终端的"可信"实现了人与程序之间、人与机器之间的数据可信传递。鉴于此，"可信计算"被提上了议事日程。

在社会中，信任是人们相互合作和交往的基础，如果我们确定对方不可信，就不会与其合作。在网络空间中，由于Internet是一个开放的网络，它允许两个网络实体未经过任何事先的安排或资格审查就进行交互。这就导致我们在进行交互时有可能对对方实体一无所知，对方实体可能通过这次交互来破坏我们数据的恶意程序，也可能是一个已经被黑客控制了的计算平台，还可能是企图诈取我们钱财的人或组织等。如果我们无法判断对方实体是否可信就贸然交互，很可能造成巨大的损失。为了解决这个问题，应当提供一种方法使用户能够判断与其交互的实体是否可信，确保在网络空间中交互的安全。因此，信任也是网络空间中安全交互的基础，应该采取措施确保网络空间、信息系统的可信性。

所以，可信计算的核心就是要建立一种信任机制，用户信任计算机，计算机信任用户；用户在操作计算机时需要证明自己的身份，计算机在为用户服务时也要验证用户的身份。

这样一种理念来自于人们所处的社会生活。社会之所以能够和谐运转，得益于人与人之间建立的信任关系。网络与社会不同的是建立信任的途径不同。社会之中的信任是通过亲情、友情、爱情等纽带来建立的；但计算机是没有感情的实体，一切的信息都是二进制串，所以在计算机世界中就需要建立一种二进制串的信任机制，此时就必须使用密码技术，从而使密码技术成为了可信计算的核心技术之一。近年来，体现整体安全的可信计算技术越来越受到人们的关注，原因是其有别于传统的安全技术，是从根本上解决安全问题的。

2.2 可信计算的概念与发展

2.2.1 可信计算的概念与属性

1. 可信的概念

理解可信计算，首先必须准确地把握一个概念——信任在计算机应用环境中的含义。信任是一个复杂的概念，当某一件东西为了达到某种目的总是按照人们所期望的方式运转，就说我们信任它。关于可信的定义，不同的专家和组织有不同的解释。

1990 年，国际标准化组织与国际电子技术委员会（ISO/IEC）在其发布的目录服务系统标准中，基于行为预期性定义了可信性：如果第 2 个实体完全按照第 1 个实体的预期行动时，则第 1 个实体认为第 2 个实体是可信的[149]。

1999 年，ISO/IEC 15408 标准中给出了以下定义[150]：一个可信的组件、操作或过程的行为在任意操作条件下是可预测的，并能很好地抵抗应用程序软件故障、病毒以及一定的物理干扰造成的破坏。因此，一个可信的计算机系统所提供的服务可以认证其为可依赖的。系统所提供的服务是用户可感知的一种行为，而用户则是能与之交互的另一个系统（人或者物理的系统）。计算机系统的可信性应包括可用性、可靠性、安全性、健壮性、可测试性、可维护性等。

2002 年，可信计算组织（Trusted Computing Group，TCG）用实体行为的预期性来定义可信[151]：如果一个实体的行为总是以预期的方式、朝着预期的目标，那么它是可信的。此定义抓住了实体的行为特征。

IEEE CS 可信计算技术委员会（IEEE Computer Society Technical Committee on Dependable Computing）认为，可信是指计算机系统所提供的服务是可以论证是可信赖的。即不仅计算机系统所提供的服务、可信赖的，而且这种可信赖还是可论证的。这里的可信赖主要是系统的可靠性和可用性。

我国信息安全专家也给出了合理的定义[152, 153]：可信计算系统是能够提供系统的可靠性、可用性、信息和行为安全性的计算机系统。可信包括许多方面，如正确性、可靠性、安全性、可用性、效率等。但是安全和可靠是目前最主要的两个方面。

2. 可信计算的属性

除了通过各种硬件技术来实现计算机的高可用性，目前在计算机系统中已经采用多种基于软件的安全技术来实现系统及数据的安全，如 X.509 数字证书、SSL、IPSec、VPN 以及各种访问控制机制等。但是 Internet 的发展在使得计算机系统成为灵活、开放、动态的系统同时，也带来了计算机系统安全问题的增多和可信度的下降。TCPA 自成立后，经过一年多的努力推出了可信计算平台的标准实施规范。

在 TCPA 制定的规范中定义了可信计算的三个属性：

（1）认证：计算机系统的用户可以确定与他们进行通信的对象身份。

（2）完整性：用户确保信息能被正确传输。

（3）私有性：用户相信系统能保证信息的私有性。

TCPA 制定的《TCPA Main Specification》是用于确立名为 "Trusted Platform Module（TPM）" 的硬件级安全架构的标准。于 IBM 开发的安全技术的基础上，TCPA 于 2001 年 10 月公布了该标准的 1.0 版本，于 2002 年 2 月公布了其最新版本 1.1b，并先后推出了相关规范 TCPA PC Specific Implementation Specification 1.0 和 TCPA TPM Protection Profile v1.9.7。TPM 除了具有生成加密密钥的功能外，还可以高速进行数据加密和还原。另外，它也可以作为保护 BIOS 和操作系统不被修改的辅助处理器来使用。在这方面，IBM 已将集成有密钥数据和加密处理功能的、符合 TCPA 标准的 TPM 芯片作为 "安全芯片"，集成到了个人计算机中，并已开始供货。

当前的安全技术基本都是通过软件实现的，随着对可信计算不断增长的需求以及各种客观原因，基于软件的安全实现已经显露出了局限性，而 TCPA 在其规范中采用了硬件加软件的安全实现方法，从而在 BIOS、硬件、系统软件、操作系统各个层次上全面增强系统的可信性。

2002 年 5 月，Microsoft 从未来计算机系统发展的趋势出发，提出了新的 "高可信计算" 概念。在其发布的 "高可信计算" 白皮书中，从实施、手段、目标三个角度对可信计算进行了概要性的阐释。其目标包括以下三个方面：

1）安全性：客户的信息与交易事务是私密、安全的。

2）可靠性：客户可在任何需要服务的时刻即时得到服务。

3）商务完整性：强调服务提供者以快速响应的方式提供负责任的服务。

讨论高可信计算的目标时考虑的是最终用户的需要，而手段则是要实现这些目标必须进行的商务和工程方面的考虑，其中包括需遵循的以下策略：

1）安全策略：保护数据与系统的私有性、完整性、可用性所必须采取的措施。

2）隐私保护策略：在不获得用户同意的情况下，不收集或与其他人或组织共享用户信息。

3）可用性策略：系统在任何用户要求时都可以立即投入使用。

4）可管理性策略：相对于系统大小和复杂度而言，系统要易于安装与管理，同时系统设计时要考虑系统的可扩展性、工作效率和性价比。

5）准确性策略：系统正确执行其功能。保证计算结果无差错、数据不会被丢失或损坏。

6）实用性策略：软件易于使用，适合用户需要。

7）负责任策略：公司对产品中出现的问题承担责任，并会采取措施来修正产品；为用户计算、安装和操作产品提供帮助。

8）透明性策略：在与客户交互的过程中，公司是开放的，确保客户正确了解公司采取各项举措的目的及客户在交易中所处的真实状况。

Microsoft 的高可信计算包括的含义远不止计算机的安全问题，它不像修补系统漏洞那么简单，而是涵盖了整个计算生态系统，从单个计算机芯片到全球 Internet 服务。

要构建可信计算平台，仅从计算机技术的角度出发是不能解决问题的，它还涉及到社会、政策、人为等多方面因素。

2.2.2　国外可信计算的发展

20 世纪 70 年代初期，Anderson JP 首次提出可信系统的概念，由此开始了人们对可信系统的研究。较早期学者定义可信系统研究（包括系统评估）的内容主要集中在操作系统自身安全机制和支撑它的硬件环境,此时的可信计算被称为"可靠计算",与容错计算领域的研究密切相关。人们主要关注元器件随机故障、生产过程缺陷、定时或数值的不一致、随机外界干扰、环境压力等物理故障,以及设计错误、交互错误、恶意的推理、暗藏的入侵等人为故障造成的各种不同系统失效状况,设计出许多集成了故障检测技术、冗余备份系统的高可用性容错计算机。这一阶段研究出的许多容错技术已被用于目前普通计算机的设计与生产。

1983 年美国国防部推出了"可信计算机系统评估标准(Trusted Computer System Evaluation Criteria,TCSEC)"(亦称橙皮书),其中对可信计算机(Trusted Computing Base,TCB)进行了定义。这些研究主要通过保持最小可信组件集合及对数据的访问权限进行控制来实现系统的安全,从而达到系统可信的目的。1999 年 10 月,由 Intel、COMPAQ、HP、IBM、Microsoft 发起了一个可信计算平台联盟(Trusted Computing Platform Alliance,TCPA)。截至 2002 年 7 月,已经有 180 多家硬件及软件制造商加入 TCPA。该组织致力于促成新一代具有安全、信任能力的硬件运算平台。

2002 年 1 月 15 日,比尔·盖茨在致 Microsoft 全体员工的一封信中称,公司未来的工作重点将从"致力于产品的功能和特性"转移为"侧重解决安全问题",并进而提出了 Microsoft 公司的新高可信计算战略。

欧洲于 2006 年启动了名为"开放式可信计算"(Open Trusted Computing)的可信计算研究计划[154]。有几十个科研机构和工业组织参加研究,分为 10 个工作组,分别进行总体管理、需求定义与规范、底层接口、操作系统内核、安全服务管理、目标验证与评估、嵌入式控制、应用、实际系统发行、发布与标准化等工作。该计划基于可信计算平台的统一安全体系结构,在异构平台上已经实现了安全个人电子交易、家庭协同计算以及虚拟数据中心等多个应用。

2.2.3 国内可信计算的发展

2000 年 6 月,武汉瑞达公司和武汉大学合作,开始研制安全计算机。2003 年研制出我国第一款可信计算平台模块 TPM(J2810 芯片)和可信计算平台,并于同年 7 月通过国家密码管理局主持的安全审查。2004 年 10 月通过国家密码管理局主持的技术鉴定，一致认为这是我国第一款自主研制的可信计算平台。2006
年获国家"密码科技进步二等奖"。这一新产品被国家科技部等四部委联合认定为
"国家级重点新产品"，并在我国政府、公安、银行、企业等领域得到实际应用。

2004 年 6 月，瑞达公司和武汉大学联合在武汉大学召开了中国首届可信计算
平台（TCP）论坛；同年 10 月，在武汉大学召开了"第一届中国可信计算与信息
安全学术会议"。

2005 年，联想公司的 TPM 芯片（恒智芯片）和可信计算机相继研制成功。
同年，兆日科技有限责任公司的 TPM 芯片也研制成功。这些产品均通过了国家密
码管理局的认证。

2006 年，我国进入制定可信计算规范和标准的阶段，在国家密码管理局的主
持下制定了《可信计算平台密码技术方案》和《可信计算密码支撑平台功能与接
口规范》。

2007 年，在国家信息安全标准委员会的主持下，我国开始制定一系列的可信
计算标准，包括芯片、主板、软件、可信网络连接等标准。国家自然科学基金委
员会启动了"可信软件重大研究计划"。深圳市中兴集成电路设计有限责任公司的
"可信计算机密码模块安全芯片"和联想公司的"可信计算密码支撑平台"通过
了国家密码管理局的认证。

2008 年，中国可信计算机联盟成立。在国家"863"计划项目的支持下，武
汉大学研制出我国第一款"可信 PDA"和第一个"可信计算平台测评系统"。

2009 年，瑞达公司的"可信计算机密码模块安全芯片"通过国家密码管理局
的认证，基于这一新芯片的可信计算机也推出上市。

2.2.4　基于容错的可信计算

容错计算是计算机领域中的一个重要分支。1985 年法国人 Jean-Claude Laprie
和美国人 Algirdas Avizienis 提出可信计算的概念[6]。容错专家自 1999 年将容错计
算会议改名为"可信计算会议"后，便致力于可信计算的研究。基于容错的可信
计算更强调计算系统的可靠性、可用性和可维性，而且强调可信的可论证性[5]。

在 30 多年的可信计算研究过程中，可信计算的含义不断被拓展，由侧重于硬

件的可靠性、可用性到针对硬件平台、软件系统、服务的综合可信,适应了 Internet 上应用系统不断拓展的发展需要。

通过上述分析,可信计算的概念大致分为两种:一种是以 J. C. Laprie 为代表的容错计算思路;一种是以信任根为基础的信息安全思路。在可信计算的发展过程中,不同的团体和学者从不同的角度研究问题是很正常的事情,是学术研究繁荣的表现。随着可信计算技术的发展,不同学派将会逐渐融合趋同。不管怎样,研究可信计算的目标是一致的,即通过一定的手段,使系统提供可信赖的服务。但是对于不同的应用场合,这两种思路下的概念的适应性不同,容错的概念更加适用于分布式系统的描述。变电站自动化系统是典型的分布式系统,本书以可信计算为基础,将在 2.3 节介绍基于容错计算中的一些关键问题。

2.3　可信计算中的若干问题

2.3.1　容错技术

容错技术是指:当故障发生时,系统有能力进行处理,并使结果不受影响。其基本思想是利用外加资源的冗余技术来达到屏蔽故障的影响,从而自动恢复系统或达到安全停机的目的。容错系统的设计思想主要有模块化、故障—冻结、模块失效独立性、冗余和维修等。容错技术要考虑的故障类型有硬件故障、设计故障、操作故障和环境故障四类。容错技术分为单机容错和双机冗余。

1. 单机容错

为了使计算机能够容错,必须增加一些功能,相应地要增加一些硬件。如果采用一台主机,增加一些容错功能,即为单机容错,如图 2.1 所示。

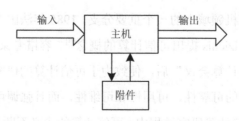

图 2.1　单机容错示意图

图 2.1 中的附件是为实现某些容错功能所增加的硬件或软件。它并不一定是集中在一起的一个组件或一块电路板，可能分散在整个系统中。它们的功能可以分为以下几类：

（1）自测试与校验。

自测试指系统在运行过程中进行在线测试，一是可以利用系统空闲时间进入一种测试模式，进行故障检测；二是开启是系统运行中的输入模式，以检测系统是否有故障。目前计算机系统中广泛使用的是奇偶校验。奇偶校验虽然简单，但是故障覆盖率有限。自校验不但要求能自测试，而且要求在出现差错时不会产生危及安全的输出。达到这些要求都是以增加硬件和软件为代价的。

（2）差错校正。

差错校正码（ECC）是以若干冗余的信息位来校正数据的少量差错。例如海明码（一个 64 位的数据）如果包含 7 位校验校，就可以纠正 1 位错、检测 2 位错，此时真正的数据只有 57 位。在现代计算机中，数据通路奇偶性、差错校正码存储器及计算机间总线消息检验，都广泛采用一定的差错校正技术。例如，片内存储单元（高速缓存）一般都采用差错校正码进行校验和保护。

（3）自恢复与自修理。

自恢复、自修理技术用于发生故障之后使系统得以恢复。在文字处理程序中有一系列的恢复命令，如"撤销操作"命令就是输入出错之后的补救措施。检查点（Checkpointing）、日志（Journaling）和再次执行（Retry）技术使得计算机在出错以后，能返回到比较近的地方进行重复计算，以修正错误。对 I/O 设备和电子邮件，操作的缓冲存储器和命令的再次执行对容忍瞬时故障非常有效。这些技术在多机系统、分布式系统和网络中被广泛应用。

（4）报警。

为了启动紧急预案和人为干预，报警也是一种很重要的技术。在工业控制和 Internet 中大量使用。例如，监视定时器是一种报警设备，也称为"看门狗"。系统定时给监视定时器发送一个信号，每当监视器间隔一段时间未收到此信号，可以认为系统死机或出现了故障而报警。

2. 双机冗余

双机冗余体系结构如图 2.2 所示。其中主机 A 和主机 B 是相同的系统，外部输入同时送到这两套系统，将它们的输出结果送到比较器进行比较，如果一致，产生输出；如果不一致，主机 A 和主机 B 各自重新计算或者自测试。双机冗余可以看作是最完全的在线检测和监控。在运行过程中可以随时比较这两个机器的输出是否一致，不一致就表明至少有一台机器有故障。双机冗余技术中最关键、最困难的问题是同步。

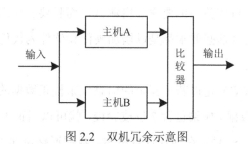

图 2.2　双机冗余示意图

除了单机冗余、双机冗余之外，还有三模冗余、四模冗余，这里不一一介绍。在硬件技术不断发展且廉价的条件下是可行的，为容错系统设计工作者提供了更大的选择空间。而且，冗余的系统并不一定死板地做完全一样的工作，完全可以兼做其他的工作。所以，具有动态自重构特点的结构是一种比较理想的体系结构。无论如何，冗余总是要增加设备的，但并不是说硬件堆得越多越好，系统弄得越复杂越好，反而系统越简单越可靠。

2.3.2　软件可靠性

软件就是计算机的灵魂。软件可靠性对可信计算起着举足轻重的作用。几十年来，硬件技术特别是集成电路技术飞速发展，但软件技术在产品质量、生产力、成本及性能等众多方面都滞后于硬件技术的发展。随着软件系统规模的增大和复杂性的增加，其开发成本以及由于软件故障而造成的经济损失也在增加，软件质量问题已成为制约计算机发展的关键因素之一。

几十年的经验表明，要实现一个高质量的软件产品，开发管理极为重要。软件生命周期定义了软件过程的框架和原则，但没有描述软件过程的活动、组织形式、工具和操作规程，以及开发方针和约束。这些正是软件过程技术要研究的内容。20 世纪 80 年代，卡内基·梅隆大学软件工程研究所提出了评价软件供应商过程能力的能力成熟度模型（CMM）。一个软件组织的能力成熟度的高低，取决于该组织能否站在比软件项目更高的层次上考察实施软件开发所使用的软件过程。CMM 已被公认为软件质量保证方面的标准。2005 年 9 月，IEEE Spectrum 杂志报道了用户定制的软件失效的问题。

（1）美国联邦调查局希望其"虚拟案件文件系统"可以自动化该局的纸上工作环境，允许下属通过计算机网络分享与调查相关的信息。但该系统因软件错误太多而被放弃。

（2）1991 年，一行程序中的一个字符输入错误导致 AT&T 电话网络失灵，使 1200 万用户中断电话服务。

（3）澳大利亚最大的供水公司 Sydney Water Corp.的自动顾客信息和计费系统耗资 3320 万美元，在 2002 年被迫取消。该项目的计划和规范不科学，使许多需求发生改变。

类似的软件项目失败的例子还有很多，可见软件故障已经成为导致计算机系统失效和停机的主要因素。面对软件复杂性的增长，产生了两个问题：一是软件生产力的问题；二是软件可靠性问题。

（1）软件故障与硬件故障的区别。

计算机系统中可能出现的故障多种多样，可以分为硬件故障、软件故障、操作故障和环境故障。硬件故障因物理性能的恶化而产生；软件故障由设计阶段的人为因素所产生；操作故障指操作人员和维护人员的错误；环境故障包括电源、外界干扰、地震、火灾、病毒等各种外界因素引起的故障。软件故障指软件在运行期间的表现偏离了事先规定的行为要求，一般指设计上的错误，是人为的。硬件故障则源于设备寿命有限、外界干扰等。软件故障在一定的条件下才表现出来，因此人们常常误认为没有故障。虽然软件故障不像硬件故障可能因元件老化而产生，但软件会因长期使用而存在性能下降，甚至失效。如无休止的线程 、无释放的文件锁闭、数据污染、存储空间的彻底分裂与积聚差错等。

（2）软件故障的来源。

1）软件规范。

软件规范是软件开发的出发点，是需求分析的结果，一般用自然语言书写。保证软件规范完全性和无矛盾性是很困难的。越是大而复杂的软件项目，软件规范越困难，写出来的规范存在故障的概率也就越大。

2）软件开发过程。

软件开发过程是一个需要很多人参与协同的过程。协同过程中的漏洞容易造成软件故障。软件管理过程不规范，出现故障的概率就越大。

3）软件工具。

在软件开发过程中，使用开发工具可以提高开发效率，例如编译器。越是大型软件，需要的工作越多。然而，软件工具也是一种软件，其本身并不能保证完全正确。工具中潜在的故障可能使新开发的软件产生潜在的故障。

4）编码过程。

编码一般由程序员完成，编码的质量与程序员的素质有很大的关系，甚至与程序员的性格、作风和经历有关。编码过程中出现故障不可避免。

（3）软件可靠性。

从实验获得的软件可靠性统计数据表明，与财产有关的关键软件每千行代码有 1～10 个故障，而与生命相关的关键软件每千行代码有 0.01～1 个故障。美国电子电气工程师协会（IEEE）对软件可靠性的定义为：①在规定的条件下，在规定的时间内，软件不引起系统失效的概率；②在规定的时间周期内，在所述条件下程序执行所要求的功能的能力。软件可靠性涉及到软件的功能、可用性、可服务性、可安装性、维护性等多方面特性，是对软件在设计、生产以及在所预定环境中具有所需功能的置信度的一个测度，是衡量软件质量的主要参数之一。

度量软件可靠性的指标主要有：软件中初始故障的个数；经过测试、改错后剩余故障的个数；平均无故障时间；故障间的时间长度；故障的发生率等。

（4）软件容错。

软件容错是软件能检测系统中将要发生或已经发生的软件或硬件故障并从故障中恢复的能力。软件容错有两层含义：一是用软件来达到容错的目的；二是软件本身要容许软件故障。其实，对于可信系统，这二者都不可缺少。

提高可靠性的主要方法是冗余，包括设备冗余、信息冗余、时间冗余等。设备冗余包括硬件冗余和软件冗余。软件冗余可容忍两类故障：一类是硬件的瞬时性故障，例如空间的 α 粒子撞击可以使存贮器或寄存器的某一位瞬间改变；另一类是软件故障。但是，要从系统的响应来区别这两类故障是很困难的，因为它们的征兆非常相似。好在有一个办法容忍这两类故障，那就是软件冗余。

软件冗余技术主要分为两类：差异冗余和无差异冗余。差异冗余可以容忍设计故障。如果各设计是互不相同的，而且设计错误的发生相互独立，发生相同故障的可能性就很小。一个版本出某一个错，另一个版本就不太可能出相同的错。因此，一般要求各设计组人员互不相同，而且互不通信。设计的差异性也可以对不同数据产生不同的结果，而得到故障症状。无差异冗余可以处理某些物理故障。因为某个模块发生某个物理故障时，其他模块不一定也发生相同的故障。有两种技术能容忍软件设计故障的差异冗余：恢复块和 N-版本编程。

1）恢复块。

英国纽卡斯尔大学以 B.Randell 为首的研究组提出了"恢复块"方案。在进程开始时设置恢复点，执行主模块。然后进行可接受测试，如果通过，说明正确；如果通不过，则返回恢复点，执行替换模块，再进行可接受测试。如果所有不同的替换模块都不成功，则只能提示出错。恢复块方案依赖于一个裁决者，由它来决定同一算法不同实现的计算结果的正确性。带有恢复块的系统被分成故障可恢复的块，整个系统就由这些容错块组成，每一块包含至少一个一级模块、一个二级模块、一个例外处理块以及一个可接受测试模块。值得注意的是，这个定义可以是递归的，即任何部件都可以由一级模块、二级模块、例外处理块以及可接受测试模块组成。可接受测试模块的作用是确定模块计算结果的正确性，它必须尽可能地简单。程序在进入该主要模块之前，设置一个检查点，保护现场，以备程序返回时能够重新执行。程序在运行完此一级模块之后，进行可接受测试，检查其结果是否可以接受，以判断程序运行是否正确。如果正确，则往下走；如果不正确，则返回检查点，执行二级恢复块。虽然一级模块程序有错误，但二级恢复块可能没有错，程序可以正常运行下去。如果有更多的恢复块，该过程可以反复进行。如果到最后一个恢复块都不正确，程序只能做意外紧急处理，但这种可能性微乎其微。恢复块方法和其他软件容错方法一样，要求设计的差异性，且对于同一个设计规范能够设计出多个程序版本。恢复块系统常常是复杂的，因为它要求系统状态卷回，以尝试另一个模块实现，这一点当然也可以用硬件来实现。这种尝试和卷回的能力可使软件高度交易化。

2）N-版本编程。

美国加利福尼亚大学洛杉矶分校的 A. Avizienis 等提出了"N-版本编程"方案。根据相同的软件规范，编出相互独立的 N 个版本，在几乎相同的起始点执行，最后用一个可靠的判决算法来决定程序的输出。和恢复块方法比较起来，恢复块方法是一种动态冗余的方法，而 N-版本编程是静态冗余。

N-版本编程是将程序的 N 个版本并行地连接到程序入口，同时得到输入，并行执行，就像硬件容错中的N-模冗余一样。通过多个模块或版本不同的设计软件，对相同初始条件和相同输入的操作结果实行多数表决，防止其中某一软件模块/版本的故障而提供错误的服务，以实现软件容错。N 版本的开发由不同的程序员完成，假定各程序的失败相互独立，就像硬件冗余那样。为了保证 N 版本编程的独立性，对每一个版本，用不同的设计群体、规格说明、程序设计语言、编译器和软件开发工具，防止设计群体之间的合作与协调。

N-版本编程允许在各种故障存在的条件下，成功地屏蔽和忽略系统中的这些故障。但是，在差错出现之前检测和纠正这些故障仍然是很重要的，毕竟我们希望各版本中的故障越少越好，已经发现的故障尽可能被纠正。

2.3.3 拜占庭将军问题

1. 拜占庭将军问题的背景

一个可信的计算机系统必须容忍一个或多个部件的失效，失效的部件可能向系统的其他部件送出相互矛盾的信息。这正是目前网络安全要关注的问题，如银行交易安全、存款安全等。美国"9·11"恐怖袭击之后，人们普遍认识到银行的异地备份非常重要。纽约的一家银行可以在东京、巴黎、苏黎世等地设置异地备份。当某些点受到攻击甚至破坏以后，可以保证账目不错，得以复原和恢复。从技术的角度讲，这是一个很困难的问题。因为被攻击的系统不但可能不作为，而且可能进行破坏。处理这类故障的问题被抽象成拜占庭将军问题。

拜占庭帝国就是 5~15 世纪的东罗马帝国，拜占庭即现在土耳其的伊斯坦布尔。拜占庭军队有许多分支，驻在敌人城外，每一分支由各自的将军指挥。将军们只能靠通信员进行通信。在了解了敌情之后，忠诚的将军们必须制订出统一的行动计划。然而，这些将军中有叛徒，他们不希望忠诚的将军们能达成一致，因而影响统一行动计划的制订与传播。我们的问题是：将军们必须有一个算法，达到：①使所有忠诚的将军们能够达成一致；②少数几个叛徒不能使忠诚的将军们作出错误的计划。

设有 n 个将军，$v(i)$ 表示第 i 个将军送出的信息，每个将军用相同的方法把 $v(1),v(2),...,v(n)$ 按某一种逻辑方式组合起来，形成一个行动计划。要满足条件①，将军们就必须用同样的方法来组合这些信息；条件②要求使用的方法是鲁棒的。我们考虑最简单的情况，如果决定只有进攻和撤退两种可能，$v(t)$ 是将军认为最好的选择，最后的决定则基于多数表决。少数叛徒只有在忠诚的将军们几乎随机作出决策时才能影响决策。

如果把第 i 个将军的信息 $v(i)$ 送给其他将军，由于条件①要求每一个忠诚的将军都得到相同的值，而叛徒可以给不同的将军送不同的值。为了使条件①得到满足，必须有以下条件成立：

（1）每一个忠诚的将军得到 $v(1),\cdots,v(n)$ 相同的值。

这就意味着忠诚的将军并不一定使用第 i 个将军送来的信息作为 $v(i)$。因为第 i 个将军可能是叛徒。但这又可能使忠诚的将军送来的信息也被修改，因为忠诚的将军并不知道第 i 个将军是忠诚的还是叛徒。如果要满足条件②，这是不被允许的。例如，我们不能因为少数叛徒说"撤退"，忠诚的将军说"进攻"，而作出"撤退"的决定。因此，要求第②个条件成立。

（2）对每一个 i，如果第 i 个将军是忠诚的，其他忠诚的将军必须以他送出的值作为 $v(i)$。

重写条件①：对每一个 i，不论第 i 个将军是忠诚的还是叛徒，任何两个忠诚的将军使用相同的值 $v(i)$。条件①和条件②都只牵涉到第 i 个将军如何送出一个 $v(i)$ 值给其他的将军。因此，我们可以用司令送命令给副官的方式，叙述如下：

拜占庭将军问题：一个司令要送一个命令给他的 n-1 个副官，使得：

C1：所有忠诚的副官遵守同一个命令。

C2：假如司令是忠诚的，则每一个忠诚的副官遵守他送出的命令。

条件 C1 和 C2 称为交互一致性条件。如果司令是忠诚的，C1 可以从 C2 推出来。但是，司令并不一定是忠诚的。这个问题比过去的容错更困难，因为过去的容错都是针对一些软硬件故障，其故障效果是固定的；而拜占庭故障却假定故障机是鲜活的，它可以做坏事。

2．拜占庭将军问题的可解性

（1）叛徒数大于或等于 1/3，拜占庭问题不可解。

如果有三位将军，一位副官是叛徒，如图 2.3 所示。当司令发出进攻命令时，副官 2 可能告诉副官 1，他收到的是"撤退"的命令。这时副官 1 收到一个"进攻"的命令和一个"撤退"的命令，而无所适从。

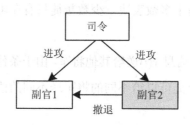

图 2.3　副官 2 是叛徒

如果司令是叛徒，如图 2.4 所示。他告诉副官 1"进攻"，副官 2"撤退"。当副官 2 告诉副官 1，他收到"撤退"命令时，副官 1 由于收到了司令"进攻"的命令，而无法与副官 2 保持一致。

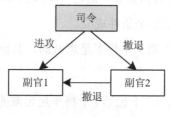

图 2.4　司令是叛徒

正由于上述原因，在三模冗余系统中，如果允许一台计算机有拜占庭故障，即叛徒数等于 1/3，拜占庭问题不可解。也就是说，三模冗余处理不了拜占庭故障。三模冗余只能容故障冻结（Fail Frost）故障。也就是说，元件故障后，它就冻结在某一个状态不动了。

（2）用口头信息，如果叛徒数少于 1/3，拜占庭问题可解。

此处"少于 1/3"表明，要对付一个叛徒，至少要用四模冗余。在四模中有一个叛徒，叛徒数是少于 1/3 的。口头信息满足三个条件：①传送正确；②接收者知道是谁发的；③沉默（不发信息）可以被检测。拜占庭问题可解是指所有忠诚的副官遵循同一命令。若司令是忠诚的，则所有忠诚副官遵循其命令。

解决该问题的思想：司令把命令发给每一副官，各副官又将收到的司令的命令转告给其他副官，递归下去，最后用多数表决，如图 2.5 所示。如果司令是忠诚的，他送一个命令 v 给所有副官。若副官 3 是叛徒，当他转告给副官 2 时命令可能变成 x。但副官 2 收到 $\{v, v, x\}$，多数表决以后仍为 v，忠诚的副官可达成一致。

图 2.5 司令忠诚，副官 3 是叛徒

如果司令是叛徒，如图 2.6 所示。他发给副官们的命令可能互不相同，如 x、y、z。当副官们互相转告司令发来的信息时，他们会发现收到的都是 $\{x, y, z\}$，因而取得了一致。

（3）用书写信息，如果至少有 2/3 的将军是忠诚的，拜占庭问题可解。

书写信息是指带签名的信息，即可认证的信息。它是在口头信息的基础上，增加两个条件：①忠诚司令的签名不能伪造，内容修改可被检测；②任何人都可以识别司令的签名，叛徒可以伪造叛徒司令的签名。一种已经给出的算法是接收者收到信息后，签上自己的名字后再发给他人。由于书写信息的保密性，所以用书写信息时，如果至少有 2/3 的将军是忠诚的，拜占庭问题可解。

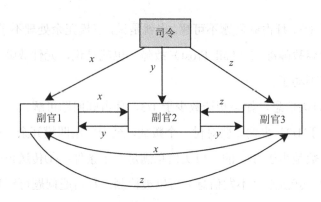

图 2.6　司令是叛徒

如图 2.7 所示，如果司令是叛徒，他发送"进攻"命令给副官 1，并带有他的签名 0；发送"撤退"命令给副官 2，也带签名 0。副官们转送时也带了签名。于是副官 1 收到{"进攻"：0，"撤退"：0,2}，说明司令发给自己的命令是"进攻"，而发给副官 2 的命令是"撤退"，司令对我们发出了不同的命令。对副官 2 也同样。

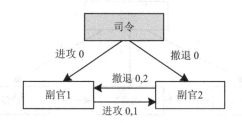

图 2.7　用书写信息，司令是叛徒

第3章 变电站自动化系统的可信性分析

本章主要分析智能电网开放网络环境下，变电站自动化系统可信性的内涵、面临的威胁及其之间的演化规律，分析可信变电站自动化系统包含的属性以及这些属性之间的依赖关系，构建变电站自动化系统的可信性模型并分析可信性属性对系统整个可信性的影响。

3.1 可信性的内涵

1.2.1 中综述了可信计算的三种不同理解。实际上，这三种理解是从不同的角度来阐述的，但均表达了可信计算追求的一个共同目标：以计算机为基础的信息系统必须为用户提供可信赖的服务。从这个意义上来看，它们是等价的，本章 J. C. Laprie 提出的可信性[51]为线索展开研究。可信性是一个复杂的综合概念，它包括特征属性、可信性威胁、可信性方法，图 1.1 已经从这三个方面作出了描述。

3.1.1 特征属性及其关系

可信性包含的特征属性有可靠性（Reliability）、安全性（Safety）、可用性（Availability）、机密性（Confidentiality）、完整性（Integrity）以及可维护性（Maintainability）等。

可靠性：指产品在规定的条件下，规定的时间内完成规定功能的能力。这里的产品可以指变电站自动化系统中的硬件设备、元器件、软件等。产品可靠性定义的要素是三个"规定"：规定条件、规定时间和规定功能。例如，电力监控系统规定，某个数据必须在规定时间达到规定的节点。到达节点的数据早了或晚了，都可能导致系统不可靠。

安全性包括两方面的含义，即 Safety 和 Security。

Safety：指变电站的运行对公众和环境无害，或者在运行和维护期对工作人员不会造成伤害。如电网的电磁干扰对环境和生命的影响就是 Safety 的表现。

Security：指变电站容忍对其实施的物理攻击和网络攻击不会造成大停电事故的能力或者不会导致为恢复电网投入大量资金。从变电站自动化系统传输的信息安全角度来考虑，Security 通常包括机密性、完整性和可用性。

机密性：要求信息免受非授权的访问和披露。

完整性：要求信息必须是正确和完全的，而且能够免受非授权、意料之外或无意的更改。

可用性：要求信息在需要时能够及时获得，以满足业务需求。它确保系统用户不受干扰地获得诸如数据、程序和设备之类的系统信息和资源。

与信息安全相关的概念还有可审查性（Auditability）、可控制性（Authorisability）、真实性（Authenticity）、不可抵赖性（Nonrepudiability）。

可审查性：对出现的网络安全问题提供调查的依据和手段。

可控制性：对信息的传播及内容具有控制能力。

真实性：对信息的来源进行判断，能对仿造来源的信息予以鉴别。

不可抵赖性：建立有效的责任机制，防止用户否认其行为，在电子商务应用中极其重要。

可维护性：是衡量一个系统的可修复性和可改进性的难易程度。可修复性指系统在发生故障后能够排除（或抑制）故障予以修复，并返回到原来正常运行状态的可能性。可改进性则是系统具有接受对现有功能的改进，增加新功能的可能性。

根据系统可信性理论与信息安全的研究范畴，上述术语之间的关系可用图 3.1 表示。为保证准确性，图中各术语用英文表示。作为一个全局性的概念，可信性包括了可靠性、可维护性、安全性（Safety）、可用性、机密性、完整性。可用性、机密性、完整性属于信息安全的三要素，同时信息安全（Security）还包含 3A（审查、认证、授权）和防抵赖性。

与系统可信性相近的概念还有鲁棒性（Robustness）、生存性（Survivability）、弹性（Resilience）、高可信度（High Confidence）等。

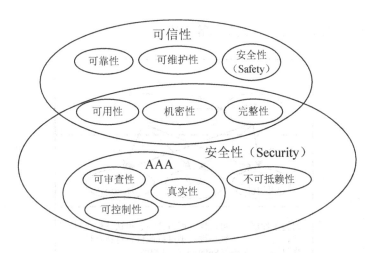

图 3.1　特征属性及信息安全的关系

　　鲁棒性原是统计学中的一个专门术语，20 世纪 70 年代初开始在控制理论的研究中流行起来，用以表征控制系统对特性或参数摄动的不敏感性。这里指系统在扰动或不确定的情况下仍能保持可信性的特征行为。

　　生存性指计算机系统受到攻击后还能够完成关键任务的能力，与传统的安全性不同，安全性研究的重点为防侵，生存性研究的重点为如何容侵。有的学者将生存性和可信性等同，如 M. Al-Kuwaiti 等[52]提出的可信性、容错、可靠性、安全性、可生存性之间的关系如图 3.2 所示。一个系统要满足生存性或者可信性，必须保证可靠性、可用性、容错性和安全性，而保证上述特征还需诸多前提条件属性，如图 3.2 中的前提条件属性。

　　弹性是物体本身的一种特性，是发生弹性形变后可以恢复原来状态的一种性质，在这里指系统面临功能、环境和技术的改变，仍能保持可信性的能力。

　　高可信度表述的目标是希望系统的行为是可理解和可预测的。鉴于互联网不能提供具有充分安全保障的服务，在网络领域使用该概念表述一个网络新世界，专门用来提供有诚信、有保障的网络服务以满足应用需求，即实施高可信网络。高可信网络表达了一种意愿，旨在以高可信网络满足高可信质量水准的应用服务需要。

　　文献[51]通过比较分析指出，在面对相同的威胁时，从面向的目标角度来看，可信性、高可信度、可生存性是基本等价的。

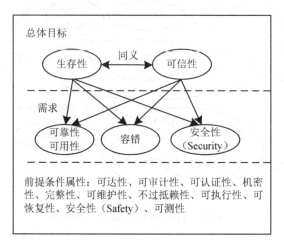

图 3.2 文献[52]提出的概念关系

3.1.2 威胁及其关系

当系统提供的服务实现了规定的功能时，称为正确的服务；而当系统提供的服务背离了正确的服务时，称为服务失效。服务失效的原因可能是系统没有完成预定的功能或者完成了错误的功能。导致服务失效或者说系统面临的可信性威胁有三类：故障（Fault）、错误（Error）、失效（Failure）。

故障：因人为的失误或其他的客观原因，使所设计的系统中隐含不正确的系统需求定义、设计或者实现。这些故障可能导致系统在运行过程中出现不希望的行为或结果，可能导致系统或功能失效的异常条件。

错误：在一定的运行环境下，导致系统在运行过程中出现可感知的异常、不正确或未按预定规范执行的系统状态。也可以理解为系统的计算结果、观察值、测量值或条件，与真实的结果、规定的值、理论上正确的值或条件之间的差异。如变电站自动化系统中产生的报警就可能是一种不正常的系统状态。在不同领域的系统中，错误产生的后果也不同，例如，秒级服务器的响应延迟在实时应用中被认为是性能失效，而一些通用系统中则是可以接受的。因此，在不同的用户看来，"异常的系统状态"并非都是错误。

失效：系统实际交付的服务不能完成规定的功能或不能达到规定的性能要求，即正确服务向不正确服务的转化。系统失效是指系统的实现未能与系统需求规范保持一致，或系统规范未能完全描述系统本身应具有的功能。

失效的根源是系统（或子系统）内部出现了错误的状态，而故障是导致错误发生的根源。通常缺陷处于静止状态，当系统或子系统在特定环境下运行而激活缺陷时，将导致系统或子系统进入错误的状态，当一个或多个错误进一步在系统或子系统中传播并到达服务界面时，将导致系统或子系统失效。一部分系统失效是非常危险的，如果这类失效在系统范围内得不到很好的控制，将最终导致灾难事故发生。

故障、错误、失效之间的关系如图 3.3 所示。在一定运行条件下，系统组件 A 中潜在的故障被外在干扰激活为错误，称为故障激活。组件 A 中的错误连续地在系统内传播，当传播到服务界面时，导致组件 A 提供的服务失效。而组件 B 接收到组件 A 提供的不正确服务，错误从组件 A 传播到组件 B 并作为其外部故障继续转变成其他的错误，最终传播到 B 的服务界面，导致 B 提供的服务失效。图 3.4 表示故障、错误、失效之间的演化关系。

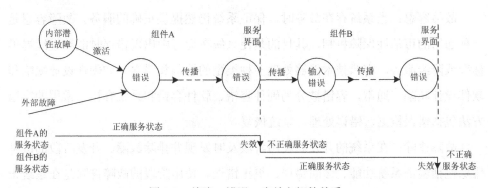

图 3.3　故障、错误、失效之间的关系

……→ 故障 ——激活→ 错误 ——传播→ 失效 ——出现→ 故障 → ……

图 3.4　缺陷、错误、失效之间的演化关系

为了解释上述概念之间的关系，下面列举两个例子加以说明：

（1）根据集成电路的功能，发生短路就是产生了失效。这个失效修改了电路的功能，然而只要短路部分没有被使用到（未激活），就是一个潜在的故障。当短路部分接受一定的输入，故障就被激活，产生了输出错误。这种错误导致电路传送的值发生改变，于是失效发生了。

（2）怀有恶意的程序员在系统中植入逻辑炸弹就是一个故障，然而当满足一定的预设条件时，逻辑炸弹被激活而产生错误，从而导致存储器溢出或者程序执行变慢，最终的结果是使系统拒绝提供正常的服务。

3.1.3　保障可信性的措施

为了保障系统的高可信性，许多方法被提出，归纳起来可分为四类：故障防止（Fault Prevention）、故障容忍（Fault Tolerance）、故障排除（Fault Removal）、故障预报（Fault Forecast）。

故障防止：在系统的开发和维护阶段防止故障发生或引入。软件方面，包括结构化编程、信息隐藏、模块化等；硬件方面，包括严格的设计、屏蔽、防辐射等。维护阶段的故障防止方法有人员培训、严格的维护规程、防火墙等。

故障容忍：当系统存在故障时，保证系统仍然提供正确的服务。故障容忍是一种通用的可信性保障机制，其目的是使系统在运行中出现错误时能够继续提供标准或降级服务。容错技术能够处理多种类型的缺陷和错误，如硬件设计缺陷和软件设计缺陷。通常，容错被分为硬件容错、软件容错和系统容错。常用的容错方法包括错误检测、错误处理、系统恢复。

故障排除：在系统的开发和使用阶段及时发现并排除故障。开发阶段的故障排除包括验证系统功能、诊断错误、更正错误。使用阶段的故障排除是在系统正常运行中错误更正维护和正常检修。

故障预报：通过根据系统缺陷的存在和激活情况，对系统行为进行评估，预测可能发生的错误，包括定性评估和定量评估。定性评估主要是对错误类别、环境因素等可能导致系统或子系统失效的事件进行分类、识别。定量评估主要基于概率论方法来估计表达可信性测度各属性满足一定要求的程度。评估方法包括失效模式分析、马尔可夫链、随机 Petri 网、可靠性框图、故障树等。

3.2 智能电网环境下的变电站自动化

3.2.1 智能电网

随着经济社会的发展，人类活动对地球环境产生了巨大的影响，能源短缺、环境污染和气候恶化已成为困扰全球的严重问题。电网是国家能源产业链的重要环节，是国家综合运输体系的重要组成部分，其发展状况对以上问题有着直接的影响。同时，各行业对电力的依赖增强，对供电可靠性及电能质量的要求日益提高。各国都对电网建设提出了更高的要求。

在此背景下，各国学者进一步归纳总结对电网的具体要求，并考虑提出一个新的概念进行描述。2001 年，美国电力科学研究院提出"Intelligrid（智能电网）"概念，并于 2003 年提出《智能电网研究框架》；美国能源部随即发布《Grid 2030 计划》，争取到 2030 年建成完全自动化、高效、低投资、安全可靠、灵活的输配电系统，以保障大电网的安全稳定，提高供电的可靠性及电能质量。2005 年欧洲提出类似的"Smart Grid"概念，2006 年欧盟智能电网技术论坛推出了《欧洲智能电网技术框架》，认为智能电网技术是保证欧盟电网电能质量的一个关键技术和发展方向，主要关注输配电过程中的自动化技术。我国在 1999 年就提出"数字电力系统"概念，近年来一直在进行相关问题的研究。2007 年 10 月，华东电网有限公司正式启动了智能电网可行性研究项目，计划建成具有自愈能力的智能电网。经过大量的研究与探索，各国均倾向于使用"Smart Grid"表示智能电网。在 2009 年 5 月召开的"2009 特高压输电技术国际会议"上，国家电网有限公司正式提出"坚强智能电网"的概念，并计划于 2020 年基本建成中国的坚强智能电网[155]。

美国将智能电网的概念描述为：智能电网是一种新的电网发展理念，通过利用数字技术提高电力系统的可靠性、安全性和效率，利用信息技术实现对电力系统运行、维护和规划方案的动态优化，对各类资源和服务进行整合。智能电网不仅涵盖配电和用电，还包括输电、运行、调度等方面。

欧洲电力工业联盟在 2009 年 5 月提出，智能电网通过采用创新性的产品和服务，使用智能检测、控制、通信和自愈技术，有效整合发电方、用户和同时具有发电和用电特性成员的行为和行动，以保证电力供应持续、经济和安全。它能够交互运行，可容纳广大范围的小型分布式发电系统并网。

国家电网有限公司提出，坚强智能电网是以特高压电网为骨干网架，各级电网协调发展的坚强网架为基础，以通信信息平台为支撑，具有信息化、自动化、互动化特征，包括电力系统的发电、输电、变电、配电、用电和调度各个环节，覆盖所有电压等级，实现"电力流、信息流、业务流"高度一体化融合的现代电网。

由此看来，各国对智能电网的根本要求是一致的，即电网应该"更坚强、更智能"。根据各国对智能电网的研究与总结，智能电网应该具有自愈性、高可靠性、资产优化管理、经济高效、友好互动、兼容大量分布式电源的接入等特点。

3.2.2　智能电网环境下的变电站自动化

1. 变电站自动化系统

受绝缘水平的限制，发电机输出端的电压一般较低，要进行远距离输送，必须先利用升压变压器将电压升高。输送到用电区域后，需要经过变电站变换电压并分配用电量给最终用户使用，所以电压变换是电力生产过程中一个很重要的环节。进行电压变换需要相应的电气设备、控制设备和保护设备，这些变电设备按照其功能和规定要求组合起来就构成变电站，用以变换电压、接受和分配电能、控制电力的流向和调整电压。

随着电力系统的不断扩大，相应的变电站的结构和运行方式越来越复杂，用户对用电可靠性的要求也日益提高，需要对变电站内设备运行状况进行监视和控制，变电站自动化系统应运而生。变电站自动化替代了之前的电磁型、晶体管型设备，简化了变电站二次接线，是保证系统的安全、稳定运行，降低运行维护成本、提高经济效益、向用户提供高质量电能的一项重要技术措施。

国内变电站自动化技术经过数十年的发展，基本都采用变电站综合自动化系统。"十一五"期间国内数字化变电站已由理论研究走向工程实践，并且发展很快。据不完全统计，我国从2005年开始已陆续建成200余座不同程度、不同电压等级、不同模式的数字化变电站并投入运行，积累了大量的应用经验[155]。

数字化变电站是指以变电站一、二次设备为数字化对象，以高速网络通信平台为基础，通过对数字化信息进行标准化，实现站内外信息共享和互操作，并以网络数据为基础，实现测量监视、保护控制、信息管理等自动化功能的变电站。主要特征是"全站信息数字化、信息平台网络化、信息共享标准化"。网络通信体系基于 IEC 61850 标准，信息模型达到标准化。与传统变电站相比，数字化变电站注重的是信息的标准化和传输的网络化，而传统变电站注重的是信息化的传输。智能电网下的变电站则更加注重设备的智能化、站间信息的互换互用以及站内功能的智能化应用。

2. 智能电网对变电站自动化的需求

在智能电网研究的推动下，智能变电站将成为新建变电站的主流，其功能不仅是纵向数据采集和命令执行，还包括运行中横向信息共享，确保电网运行的稳定、可靠、经济。为满足智能电网对变电的需求，变电站自动化系统需在以下几个方面完善。

（1）坚强可靠。变电站自动化系统应该能够做到自诊断，当设备发生故障时，能够提早预防、预警，并在故障发生时，自动将设备故障带来的供电损失降低到最小程度。

（2）信息化。提供可靠、准确、充分、实时、安全的信息，不仅局限于传统"四遥"的电气量信息，还应包括设备信息，如变压器色谱分析结果、冷却散热系统情况、断路器动作次数、传动机构储能情况、开断电流情况，以及环境信息、视频图像监控信息等，最终达到信息描述数字化、信息采集集成化、信息传输网络化、信息处理智能化、信息展现可视化和生产决策科学化的目的。

（3）自动化。实现根据工程配置文件生成系统工程数据、二次设备在线/自动校验、变电站状态检修、变电站系统和设备系统模型的自动重构等功能。

（4）互动化。除实现电网实时数据的采集和命令的执行外，还在统一的信息平台实现与控制中心、相邻变电站以及用户之间的双向交互式信息沟通。

3. 基于 IEC 61850 标准的变电站自动化系统

IEC 61850 标准吸收了多种国际最先进的新技术，并且引用了领域内多个其他国际标准，通过面向对象建模技术和可扩展的通信架构，实现"一个世界、一个技术、一个标准"的目标。凭借良好的可扩展性和体系结构，IEC 61850 标准即将成为智能变电站的基础。美国电科院公布的规划中，已经将 IEC 61850 标准作为智能电网的启动标准之一[156]。国家电网有限公司颁布的《智能变电站技术导则》(GB/T 30155—2013)也规定了智能变电站的信息交换及管理将遵循 IEC 61850 标准的要求，变电站中各设备的信息建模及信息交互须在 IEC 61850 标准框架下进行[157]。随着智能电网的发展，IEC 61850 标准的应用已超出变电站的范围，自 2009 年起，第 2 版的 IEC 61850 标准陆续被推出，名称已由"变电站内通信网络和系统"变为"电力自动化的通信网络和系统"，将 IEC 61850 标准的覆盖范围扩展到变电站以外的所有公用电力应用领域[158]。

基于 IEC 61850 标准的变电站自动化系统正处于发展阶段，其基础是智能化的一次设备和网络化的二次设备，显著特征是数字化、信息化、网络化和功能标准化。从物理层面来看，基于 IEC 61850 标准的变电站仍然包括一次设备和二次设备保护、测控和通信设备等两个层面。从逻辑上看，IEC 61850 标准把变电站分为过程层、间隔层和变电站层，各层次内部及层次之间采用网络通信。基于 IEC 61850 标准的变电站功能结构和逻辑接口如图 3.5 所示[25]。

图 3.5 中，各层功能分工和主要设备如下：

过程层主要负责电气量检测，监测变压器、母线、断路器、隔离开关等设备的状态，执行控制命令。过程层设备主要包括非常规互感器、合并单元、智能单元等。其中，非常规互感器是指有别于传统的电磁型互感器的电子式互感器或光电式互感器。

间隔层的主要功能包括：在间隔层内部单元之间交换信息、在间隔层和变电站层之间交换信息、对设备实施同期操作及其他控制功能、传输过程层与变电站层之间的信息等。间隔层设备主要是指智能化的二次设备，包括变压器保护装置、母线保护装置、低压和过压保护装置、电力系统稳定控制装置、故障录波装置、同步对时装置等。

变电站层的主要任务是汇总全站的实时数据信息，更新数据库，按规约将有关信息送往远方控制中心，接收和执行控制中心下达的操作和调控命令并转发至指定的间隔层及其装置，对系统及设备进行在线维护、修改参数等。变电站层由监控主机、工程师工作站、远动主机、保护信息子站等组成。

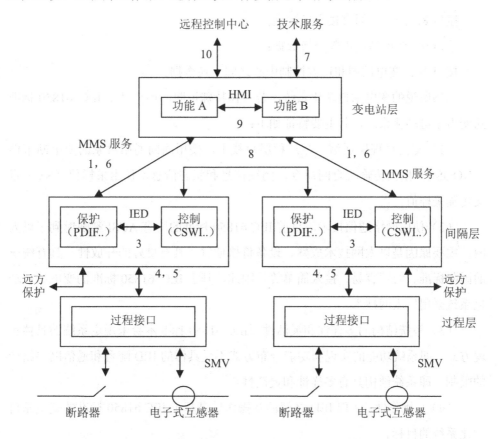

图 3.5　基于 IEC 61850 标准的变电站功能结构

IEC 61850 标准将功能适当分解成可以分别位于各层的相互通信的逻辑节点，因此，系统各层之间需要交换信息。IEC 61850 标准对这些交换信息的逻辑接口进行了详细的分类，如图 3.5 所示，图中各接口含义如下：

接口 1：间隔层和变电站层之间交换数据；

接口 2：间隔层和远方保护之间交换数据；

接口 3：间隔内部交换数据；

接口 4、5：组成过程总线。其中接口 4 用于过程层与间隔层间电流互感器和电压互感器交换瞬时数据；接口 5 用于过程层与间隔层间交换控制数据；

接口 6：变电站层与间隔层之间控制数据的交换；

接口 7：变电站层和远方工程师工作站之间数据的交换；

接口 8：间隔之间直接交换数据；

接口 9：变电站层内部交换数据；

接口 10：变电站层和远方控制中心之间交换数据。

本书所说的变电站自动化系统，若不作特殊说明，均指基于 IEC 61850 标准的变电站自动化系统，其主要特征如下：

（1）支持过程层通信。在过程层总线上，使用面向通用对象的变电站事件（GOOSE）报文传输跳合闸命令、闭锁信息和状态信息，使用采样值（SV）报文传输采样值。

（2）使用网络通信技术。目前 IEC 61850 标准的所有 ACSI 都映射到了以太网，主要原因是以太网技术成熟、设备价格便宜、具有良好的开放性、具有统一的国际标准、组网容易、接入简单等。因此，基于 IEC 61850 标准的变电站自动化系统采用以太网技术。

（3）系统结构的多样性和灵活性。IEC 61850 标准本身未规定系统的具体实现方式，即系统功能的实现和功能分布方式不受具体的 IED 配置和通信网络结构的限制，即系统结构具有多样性和灵活性。

（4）互操作性。实现 IED 之间的互操作性是基于 IEC 61850 标准的变电站自动化系统的目标。

（5）IED 配置简化。系统使用变电站配置描述语言（SCL），具有很强的描述能力，系统配置过程简化。

其中，实现 IED 的互操作性是 IEC 61850 标准的目标。IED 之间的互操作性引出了系统的一个重要特征——功能自由分布。从某种意义上来说，功能的自由分布是通过逻辑节点自由分布来实现的，IED 的互操作实质上是功能逻辑节点的互操作，二者密不可分。

关于 IEC 61850 标准的变电站自动化系统更详细的信息请参考文献[22-28]。

3.2.3　变电站自动化系统的可信性属性

一个系统的属性表现在两方面：功能性和非功能性。

功能性属性描述系统各功能部件与环境之间的相互作用的本质，即系统在职能上实际应做到什么。IEEE 对系统的功能需求定义为：功能需求是一个系统（软件）需求，它确定一个系统（软件）或系统（软件）组件必须能够实现的功能，这是定义系统行为的需求，也是系统及组件对输入执行直到产生输出的基本过程或转换。

非功能属性是除功能属性以外的特性，是对功能特性过程性的补充和质量属性的约束。它描述的不是系统将要做的内容，而是如何去做、做得如何的问题。非功能属性最先是在软件产品的开发中，为对软件产品的质量进行约束而提出来的[159]。在一些安全关键系统中也使用非功能属性来描述系统的质量需求，以保证系统的可信性[60, 160]。当然也存在诸多因忽视非功能特性而导致重大损失的例子[161]，如"伦敦救护车系统（LAS）"[162]在部署不久后即陷入瘫痪，其主要原因就是系统不能满足可靠性且性能极差。

造成这种局面的原因如下：

（1）系统非功能属性本身的复杂性。

（2）一些成熟的非功能分析手段，如性能分析中的排队网、Petri 网等方法和系统设计未有效结合起来。

（3）缺乏有效的工具支持。

（4）在实际设计和实现中仅凭个人经验和直觉进行。

（5）缺乏应有的重视。

因此，对系统的非功能属性进行研究，针对不同行业的特殊性，研究其非功能属性及属性之间的依赖关系对系统设计具有重要的指导作用。

变电站自动化系统也是一类安全关键系统，它监控变电站的运行状态，为电网调度中心提供决策依据。以前的文献多研究变电站自动化系统的功能特性，即如何保证系统本职功能的实现或者按需求扩充更多功能；在变电站自动化系统非功能特性方面，较多研究集中在变电站设备的可靠性、通信网络的信息安全方面，较少有专门研究系统非功能属性的文献。然而，变电站自动化系统又必须重点考虑一些非功能特性，比如母线的电流、电压信息必须实时地传输到调度中心，以进行潮流计算，为合理地调度提供依据，保证大电网的安全。如果信息的传输延时很长，待故障发生后再进行调度，将造成不可估量的损失。变电站自动化系统的可信性就是其非功能特性，下面进一步分析变电站自动化系统应该具备哪些非功能属性。

图 3.5 从逻辑功能角度描述了变电站自动化系统的结构，图 3.6 从物理设备组成的角度给出各层的设备及通信网络结构。

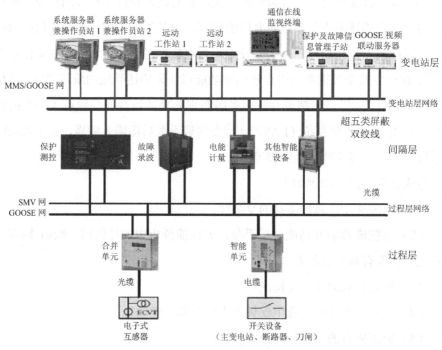

图 3.6　变电自动化系统物理结构

图 3.6 中的过程层通信网络分为 SMV（Sample Measurement Value）网和 GOOSE（Generic Object Oriented Substation Event）网。SMV 网通过电子式互感器从母线取得电压值、电流值等向间隔层 IED 传输，对测量及计量采样数据没有时延的要求，但保护的传输延时应为 3～10ms；GOOSE 网用来传输保护装置发出的保护启动信号、跳合闸信号，智能单元通过 GOOSE 网向保护设备发送开关位置、隔离开关位

置及报警信息，并且使用冗余的 A、B 双网来实现，一般 GOOSE 信息传输时延在 3ms 之内。因此，变电站自动化系统通信必须满足一定的实时性。

过程层使用电子式互感器代替了传统的互感器，就是为了提高传感器的可靠性，为系统提供更加可信的数据采集。同时，一次设备和二次设备之间采用光纤传输信息的方式交换采样值、状态量、控制命令等信息，也是为了提高信息传输的可靠性。所以，可靠性是变电站自动化系统的重要属性之一。

可用性为系统正常运行时间与总的运行时间的比值。正常运行时间是变电站自动化系统能够执行其重要功能的时间，可以提供系统和数据备份。当有备份时，单个元件的故障不应导致数据的丢失或妨碍系统的正常运行。通过修复元件故障，可以通过人工干预，使系统切换到正常的配置方式。功能的关键性通信链路应当是冗余的或者具有替代路径，以防止由于信息传输的底层中断而造成系统停用。部件的差错不应导致系统突然崩溃，而只是引起性能下降，应当有差错恢复功能以恢复系统的操作。可见，变电站自动化系统必须保护可用性、可维护性和容错性。

变电站设备之间的通信是以数字方式传递及共享信息，随着一次设备的智能化、二次设备的网络化，信息的安全性问题变得到越来越重要。以往变电站设备之间的信息交互在安全性方面体现为局部特征，而在智能电网环境下，所有 IED 设备的信息均在局域网上实现，或者说每个 IED 均具备实现对其他 IED 信息交互的可能。因此，一旦某个 IED 受到恶意攻击，在变电站未实现信息有效安全防护的情况下，有可能对整个变电站自动化系统的安全运行带来极大的影响。由此可知，信息的安全性在很大程度上意味着电网控制系统的安全性。信息的安全性又包括信息的完整性、机密性、可用性。

IEC 61850—3[23]及 GB/T 17463—1998《还动设备及系统 第 4 部分：性能要求》中还规定了变电站自动化系统必须具备的其他特性：

安全性（Safety）：系统中任何地方单个部件的故障不应导致危险的事故（即有可能引起人身伤害或器材严重损坏的事故）。

准确性：由电磁场起伏和差别所引起的噪声沿着传输线路可能被电容性或电感性的耦合并破坏信息信号，而导致信号的失真。被处理信息总准确度的定义为源和宿之间的数值偏差，通常以标称满量程的百分数表示。这个定义适用于源和宿之间进行模数转换或数模变换的所有信息。

IEC 61850 标准将系统功能分解为若干逻辑节点以及逻辑节点之间交换的信息等进行"标准化"，在此基础上，通过定义信息模型、语义空间等，使逻辑节点之间可以理解接收到的信息，即可以实现逻辑之间的相互协作，进而实现 IED 的互操作性。因此，互操作性是变电站自动化系统的重要特性之一。

电力系统是当今社会的重要基础设施，供电的中断对社会各方面的影响极其严重。电力系统必须具备在遭受攻击、故障和偶然事故时还能及时完成其任务的能力。变电站自动化系统作为电力系统的重要组成部分，也必须具备这种能力，即生存性。

变电站自动化系统作为一种特殊的信息系统，在抵御攻击、遭受故障和事故时应该具有一定的容忍能力，并且能继续提供基本的服务，即系统应具有一定的弹性。

综合以上分析，变电站自动化系统具备的属性有实时性、可靠性、可用性、可维护性、安全性、信息安全性（包括完整性、可用性、机密性）、容错性、准确性、互操作性、可生存性、弹性等。

由于准确性表述的是信息受干扰的失真情况，与信息安全中的完整性相似，故可将其合并到完整性中；弹性与生存性具有相似的理解，可以将弹性与生存性合并，统称为生存性；可用性表示系统正常运行的情况，可以用可靠性来表达，为避免与信息安全性中信息可用性的混淆，将其合并为可靠性。这样，可信变电站自动化系统包含的属性有实时性、可靠性、可维护性、安全性、信息安全性（包括完整性、可用性、机密性）、容错性、互操作性、可生存性，如图 3.7 所示。这些属性之间存在一定的依赖、冲突关系。例如，为了保证信息传输的机密性，对信息的加密处理会影响其传输的实时性；设备的容错性促进了系统的可靠性等。3.3 节将进一步分析这些属性之间的关系。

3.2.4　变电站自动化系统面临的可信性威胁

3.1.2 中给出了故障、错误、失效的概念及其之间的演变关系，下面将从这三个方面分析变电站自动化系统面临的可信性威胁。变电站自动化系统是典型的人造系统，从系统生命周期的角度来看，从设计开发阶段到使用维护阶段都可能面临各种威胁。在设计开发阶段，系统与开发环境进行交互，可能引入潜在的故障。开发环境包括物理环境、开发人员、开发工具、生产和测试设备。引入故障的原因包括缺乏专业技能或者存在带有恶意目的的开发人员、软硬件开发工具的缺陷。在使用维护阶段，系统与使用环境进行交互。使用环境包括物理环境、系统管理员、用户、服务提供者、基础设施、恶意的入侵者，这些实体均可能引入不同的故障。

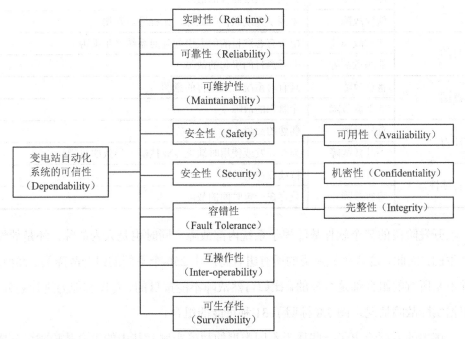

图 3.7　变电站自动化系统的可信性属性

1. 故障

在系统的生命周期中存在各种不同的故障，如开发阶段故障、操作故障、硬件故障、软件故障、恶意故障、偶然故障等。这里从产生阶段、系统边界、现象来源、维度、目的、意图、能力、持续性这八个不同的角度对这些故障进行分类，从每个角度来看，又分为两类故障，见表 3.1。

表 3.1　基本的故障类别

角度	故障分类	说明
产生阶段	开发故障	在系统的开发、维护过程中产生的故障
	运行故障	在系统运行阶段系统服务传递中产生的故障
系统边界	内部故障	来源于系统内部
	外部故障	来源于系统外部，并通过交互在系统内部传播
现象来源	自然故障	由自然现象导致的故障，没有人的参与
	人为故障	由人的活动引起的故障
维度	硬件故障	来源于系统硬件的故障
	软件故障	来源于系统软件的故障，如程序、数据
目的	恶意故障	由带有恶意目的的人引起并对系统产生损害
	非恶意故障	非恶意目的引起的故障
意图	蓄意故障	具有对系统产生损害的意图
	非蓄意故障	无意识的故障
能力	意外故障	偶然的故障
	不胜任故障	因在开发或使用时缺乏专业技能而导致的故障
持续性	永久故障	持续存在的故障
	短暂故障	只存在一定时间的故障

开发阶段的某个软件故障属于系统内部故障，同时也是人为故障，还是偶然产生的，因此，这八个故障类的所有组合将产生 256 个不同的组合故障类。然而，并不是所有的组合都是合理的，比如自然故障不能按目的、意图和能力进行划分。根据实际故障情况，图 3.8 标明了 31 种可能的组合。

图中的方框给出了一些属于不同类型的故障实例，其中的组合故障类可分成三个存在部分重叠的大类：

开发故障：所有在开发阶段发生的故障；

物理故障：所有影响系统硬件的故障；

交互故障：包括所有的外部故障。

下面重点对其中的自然故障、人为故障、恶意故障、交互故障进行分析（用括号中的数字表示图 3.8 中编号从 1～31 的故障类）。

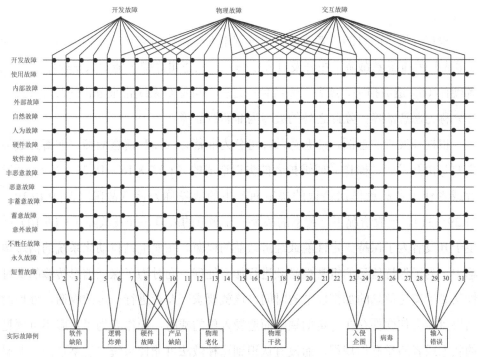

图 3.8　故障类的组合

（1）自然故障。

自然故障（11～15）是在没有人参与的情况下，由自然现象导致的物理（硬件）故障。产品缺陷（11）是在开发阶段产生的自然故障，比如变电站自动化系统中的互感器，可能因电磁干扰等自然原因导致一定的缺陷而使信号产生畸变。系统使用阶段的自然故障包括：因元件的物理老化导致的内部故障（12～13）；因物理干扰（如辐射、电力瞬变等）导致的外部故障（14～15）。变电站中的众多元器件通常安装在室外，极易受到自然因素的影响，比较典型的器件（如母线上的电流互感器），有可能因器件老化而使监测的信号不准确，从而影响调度中心的决策。电力线上的潮流变化对变电站自动化系统的影响可以归结为外部故障。

（2）人为故障。

因人的活动而产生的故障称为人为故障，当某种活动必须执行而又没有执行时产生的故障也称为人故障。比如电力系统规定了相应的操作票，在变电站维护过程中，必须按照相应的规程进行操作，如果遗漏了某项操作，则可能产生潜在的故障。

根据开发者的目的或者系统使用过程中人与系统的交互，人为故障可以分为恶意故障和非恶意故障。在开发过程中恶意植入逻辑炸弹可能对系统软件（5）或者硬件（6）造成损害，或者在系统使用过程中可能给系统带来危害的故障（22～25）称为恶意故障；除此之外的故障为非恶意故障。

根据开发者的意图，非恶意故障可分为非蓄意故障和蓄意故障。非蓄意故障主要是由开发者、操作者或维护者的失误造成的（1,2,7,8,16～18,26～28）。开发者或者使用者故意作出错误的决定而产生的故障称为蓄意故障（3,4,9,10,19～21,29～31）。一般情况下，蓄意的故障、非恶意的故障、开发故障（3,4,9,10）产生于开发者为了保持一定性能或经济效益的权衡。在变电站自动化系统的信息传输中，为了保持信息的机密性必须进行加密处理，同时为了保证信息传输的实时性又必须简化信息的加密以节省时间，这就要求开发者进行一定的权衡，处理的结果可能会使软件存在一定的缺陷而遭受入侵的威胁。操作者为了克服不可预见的状态或者违反操作规程，而没有认识到这种做法可能使系统产生蓄意的、非恶意的、交互故障（19～21,29～31）。

不存在恶意目的，因为失误和错误决定而导致的故障称为意外故障；因缺乏专业技能的失误和作出错误决定而产生的故障则称为不胜任故障。因此将无恶意的人为故障进一步分为意外故障和不胜任故障。人为故障的分类如图3.9所示。

（3）恶意故障。

在系统使用过程中，恶意地改变系统功能导致的故障称为恶意故障，其目的有中断系统服务、访问机密信息、修改系统功能或配置。

恶意故障可以分为以下两类：

1）恶意逻辑故障。

指系统开发过程中恶意植入的"木马、逻辑或时间炸弹、后门"（5,6），以及系统运行过程中的计算机病毒、"蠕虫或僵尸"程序（25）。

2）入侵尝试。

指系统运行过程中的外部故障（22～24），可能导致电力波动、辐射、电话窃听，影响系统的正常运行。

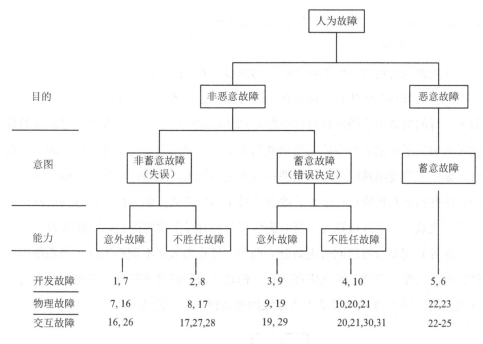

图 3.9　人为故障的分类

智能电网开放网络环境下变电站自动化系统的信息安全问题越来越受到重视，系统中的智能电子设备较传统的变电站自动化系统更多地暴露在网络中，故障在系统中的传播规律是一个关键问题，本书后续章节将对此进行研究。

（4）交互故障。

交互故障发生在系统运行阶段，由运行环境与系统交互而产生，并且包含人的活动。因此，交互故障又属于使用故障、外部故障、人为故障（16～31）。图3.9 中的外部故障（14,15）是一个例外，它们是系统与自然界的交互产生的故障，没有人的参与，如宇宙射线、太阳风暴等。系统运行过程中的一类典型交互故障是系统配置故障，例如系统参数的错误设置可能影响系统的软件、网络通信、存储的安全。

2.　失效

当某个事件发生使系统的服务偏离正确的服务，即认为系统产生了失效。将偏离正确服务的不同方式定义为服务失效模式，每一种模式可以有多种不同严重程度的失效服务。从四个角度来表述不同的服务失效模式不同的特征：失效域、失效的可检测性、失效的一致性、失效的影响。

（1）失效域。

从失效域的角度，可以将失效分为内容失效和时间失效。

内容失效指系统传递的信息在传输过程中被篡改，导致系统功能偏离正确的服务。时间失效指系统运行过程中信息到达预定地点的时间，或者信息表达的持续时间偏离了规定的值导致系统功能的失效。变电站自动化系统是典型的实时系统，系统监测变电站的运行状态并在规定的时间内将这些信息传输到调度中心，如果这些信息在传输过程中被篡改就会发生内容失效；如果信息延时到达就会发生时间失效；如果既被篡改又延时到达就会同时发生内容失效和时间失效。

这种时间和内容的同时失效分为两类：停止失效和不规则失效。当系统服务停止时称为停止失效；系统仍在运行，但是传递的信息不规则、不稳定，称为不规则失效。图 3.10 表述了基于失效域的失效模式之间的关系。

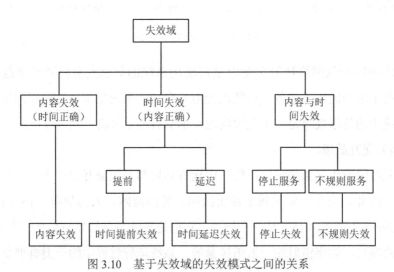

图 3.10　基于失效域的失效模式之间的关系

（2）失效的可检测性。

从可检测性的角度来看，当发生服务失效时，系统产生报警信号通知用户，这种失效称为可检测失效；否则称为不可检测失效。当系统没有发生失效，而失效检测机制又发生了报警信号，则产生误报。

（3）一致性失效和非一致性失效。

一致性失效：所有的用户对不正确服务的感受是一样的。

不一致性失效：所有的用户对不正确服务的感受不一样，甚至部分用户将不正确的服务认为是正确的服务，这种失效经常称为拜占庭失效。

（4）失效的影响。

从失效的影响角度来看，主要关注系统服务失效后对社会经济、生产活动的影响程度，以及是否在人们可接受的范围内。因此，失效的严重程度与具体的可信性属性相关。例如，可用性主要表示系统停止工作的时间；安全性（Safety）关注失效对人及环境的影响程度。失效的影响程度可以定义多个级别，一般情况下，考虑两种失效的影响程度：微小影响的失效和灾难性的失效。

图 3.11 总结了从上述四个角度分析的各种失效模式。

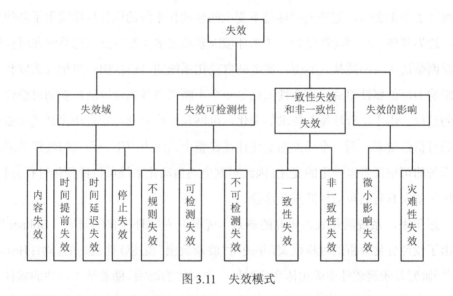

图 3.11　失效模式

3. 错误

错误作为系统状态的一部分，在系统运行过程中进行传播，是导致系统服务失效的前提，而导致错误的原因称为故障。一个大的系统由若干相互交互的组件组成，系统总的状态是各个组件状态的集合。故障、错误、失效均可以看成是系统所有状态中的一部分，这些状态在一定条件下相互转化，致使系统中潜在的故障或者缺陷演化成系统服务的失效。而系统中的错误能否导致服务失效，取决于下面两个因素：

（1）系统的结构。当系统存在组件冗余配置时，其中的一个组件出现故障不会导致系统服务失效。

（2）系统的行为。有故障的系统组件从未被系统的某种行为激活，将不会导致服务失效。

3.3 基于可达矩阵的变电站自动化系统可信性分析

可信变电站自动化系统是指其运行行为及其结果符合电网及用户的预期需求，在受到操作错误、环境影响、外部攻击等干扰时仍能持续提供服务的系统。根据 3.2 节的分析，智能电网环境下变电站自动化系统的运行环境发生了新的变化，边界开放、控制功能复杂、技术环境因素动态多变等特点使得系统在可信性方面面临诸多新的挑战。然而，变电站自动化系统的可信性由一组相互关联和相互影响的可信属性组成，可信性演化是一个不断调节各属性以满足新的可信性要求的过程。由于运行环境与要求的变化，电网与用户对变电站自动化系统可能有新的可信性要求，而一个局部的变化往往在整个系统内产生一系列的连锁效应，给系统的可信性带来一定的变化。因此对变电站自动化系统可信性变化进行分析，是保障系统具有高可信性的重要途径。

近年来，系统演化成为研究的热点，尤其是对软件演化的研究。Bohner[163]提出了软件变化分析的过程框架，并使用"波及效应"描述软件变化的影响；Hassan等[164]研究并预测软件中的实体变化对另一个实体的影响。随着基于组件的软件复用技术发展，王映辉等[165]利用可达矩阵分析了基于组件的软件体系结构演化与波及效应。在软件可信性演化方面，程平等[166]基于矩阵变换分析了软件的可信性演化与波及效应；文献[167, 168]从不同角度研究了软件需求的评估与变化。然而，对于电力自动化系统这样安全关键系统中的可信性演化分析尚不多见。下面以T1-1变电站自动化系统为例，首先建立基于组件的变电站自动化系统可信性模型，然后采用设计结构矩阵表示可信属性之间的关系，最后求出可达矩阵，分析可信属性对系统可信性的影响。

3.3.1 基于组件的变电站自动化系统可信性模型

1. 组件

组件可以看成是复杂系统的一个子系统或者子系统中的一个功能模块。组件是系统的构成要素和结构单元，是系统功能设计、实现和寄居状态的承载体。任何在系统运行中承担一定功能、发挥一定作用的模块都称为组件。各组件之间不是独立存在的，而是具有一定的关联关系、具有互操作性。

2. 组件可信性

一个复杂系统可视为组成系统的若干组件以及组件之间交互作用关系的高度抽象，所以系统的可信就表现为组成系统的各个组件的可信，这意味着各个组件拥有了一系列与系统可信属性相关的能力。为了从宏观层面研究系统可信性演化，这里从结构的角度对组件可信性和系统可信性定义如下：

定义 3.1 组件可信性，是指组件的可信能力，用一组相互关联和相互依赖的可信属性来表示。由于不同的组件在系统中的功能不同，描述和评价其可信性的属性存在差异。

定义 3.2 系统可信性，是指整个系统的可信能力，用一组组成系统的组件可信性来表示，各组件可信性之间是相互依赖和相互影响的，其影响通过可信属性之间的作用机制来体现。这样，系统可信性则抽象为组成系统的若干组件的可信属性和各可信属性之间的依赖关系。

3. 基于组件的变电站自动化系统可信性模型

在图论中，一个邻接图表示为一个序偶 (V, E)，记为 $G = (V, E)$。其中 $V = \{v_1, v_2, \cdots, v_n\}$，是有限的非空节点集合；$E$ 是有向边的集合，有向边 e 与节点对 (v_i, v_j) 相对应。

可信属性之间的依赖关系与邻接图所表达的邻接关系相似，若将可信属性看作邻接图的节点 V，可信属性之间的依赖关系看作有向边 E，则用邻接图可以表示组件可信性，用多个邻接图及其相互关系来表示系统的可信性。

定义 3.3 组件可信性模型是一个邻接图 $G = (DAV, DAE)$。其中，节点由一组表示组件可信性的可信属性构成，其有限集合为 DAV；f_{DA} 为可信属性之间的依赖函数，对于任意两个可信属性节点 $v_1, v_2 \in DAV$ ，若 $f_{DA}(v_1, v_2) = 1$ ，则图 G 中存在一条由 v_1 指向 v_2 的有向边，节点之间的有向边的有限集合为 DAE 。在此模型中允许存在孤立的可信属性，即存在不与其他属性发生依赖的属性。

定义 3.4 　基于组件的系统可信性模型是一个复杂的邻接图 $DAM = (DAG, DAI)$ 。其中，DAG 是一个邻图的有限集合，其集合元素表示各组件的可信性；DAI 是一个有向边的集合，表示组件与组件之间的关联关系，具体体现为表征各组件可信性的可信属性之间的依赖关系。f_{DC} 为组件与组件的可信属性之间的依赖函数，对于任意两个表示不同组件可信性的可信属性节点 $v_1, v_2 \in DAG$ ，若 $f_{DC}(v_1, v_2) = 1$ ，则图 DAM 中存在一条由 v_1 指向 v_2 的有向边，节点之间有向边的有限集合为 DAI 。在此模型中允许存在孤立的邻接子图，即存在不与其他组件发生可信性依赖关系的组件。

以典型的 T1-1 小型输电变电站的自动化系统为例，主要包括系统的相关保护、运行和控制功能，基本结构如图 3.12 所示。

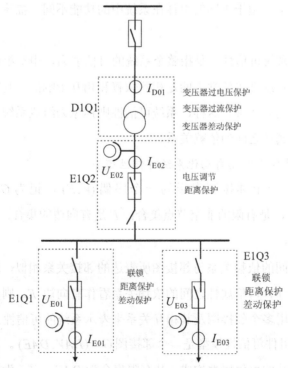

图 3.12　T1-1 小型输电变电站结构及其保护、控制功能示意图

根据 IEC 61850 标准，变电站自动化系统由若干具有一定功能的 IED 组成。按图 3.12 中的功能描述，考虑基本的保护与控制功能，将 T1-1 变电站自动化系统分成监控与远动 IED、变压器保护 IED、线路保护与间隔联锁 IED。这样，T1-1 变电站自动化系统就可以分成三个组件。

根据各 IED 的功能特点及 3.2.3 中变电站自动化系统的属性，T1-1 变电站自动化系统的可信性属性见表 3.2。

表 3.2　T1-1 变电站自动化系统的可信性属性

组件	功能	可信性属性	说明
监控与远动 IED	用于监视变电站的运行状态，并将运行状态的子集按一定规约传输到远方调度中心，必要时实施相应的控制功能	可靠性（t_1）、可维护性（t_2）	软、硬件必须满足一定的可靠性才能保证不间断工作，出现部件失效后必须在一定时间内可维护
		实时性（t_3）	保证信息的实时处理与传输
		信息安全性（t_4）	运行状态的远程传输
		容错（t_5）、可生存性（t_6）	进行冗余配置以保证遭受攻击时能继续提供基本的服务
		互操作性（t_7）	满足 IEC 61850 标准
变压器保护 IED	包括变压器的过流、过电压及差动保护	可靠性（t_8）、可维护性（t_9）	软、硬件必须满足一定的可靠性才能保证不间断工作，出现部件失效后必须在一定时间内可维护
		实时性（t_{10}）	保证信息的实时处理与传输
		安全性（t_{11}）	保证人身和设备的安全
		互操作性（t_{12}）	满足 IEC 61850 标准
		可生存性（t_{13}）	遭受攻击时能继续提供基本的服务
线路保护与间隔联锁 IED	线路距离、差动保护以及间隔联锁功能	可靠性（t_{14}）、可维护性（t_{15}）	软、硬件必须满足一定的可靠性才能保证不间断工作，出现部件失效后必须在一定时间内可维护
		实时性（t_{16}）	保证信息的实时处理与传输
		安全性（t_{17}）	保证人身和设备的安全
		互操作性（t_{18}）	满足 IEC 61850 标准
		可生存性（t_{19}）	遭受攻击时能继续提供基本的服务

可见，监控与远动 IED 组件的可信属性集合 $T_1 = \{t_1, t_2, t_3, t_4, t_5, t_6, t_7\}$，变压器

保护 IED 组件的可信属性集合 $T_2 = \{t_8, t_9, t_{10}, t_{11}, t_{12}, t_{13}\}$，线路保护与间隔联锁 IED 组件的可信属性集合 $T_3 = \{t_{14}, t_{15}, t_{16}, t_{17}, t_{18}, t_{19}\}$。根据表 3.2 及各属性的含义，分析属性之间的依赖关系。以监控与远动 IED 为例，信息安全较为重要，为了保证信息安全，可以设置防火墙或者对信息进行加密处理，这样延长了信息处理的时间，因此信息安全性与实时性相互依赖；可靠性反映了系统连续工作的时间，与生存性之间存在相互影响；如果系统采取冗余配置，则可以提高系统可靠性；互操作性是 IEC 61850 标准的主要目的，所以 IED 之间的互操作性是互相依赖的，同时它也影响系统的可维护性。当其中一个保护 IED 不可靠，则必然会影响监控 IED 的可靠性运行。

基于上面的分析，邻接图 G_1、G_2、G_3 分别表示各组件的可信性，三个邻接图及其关联关系构成了基于组件的系统可信性模型，如图 3.13 所示。

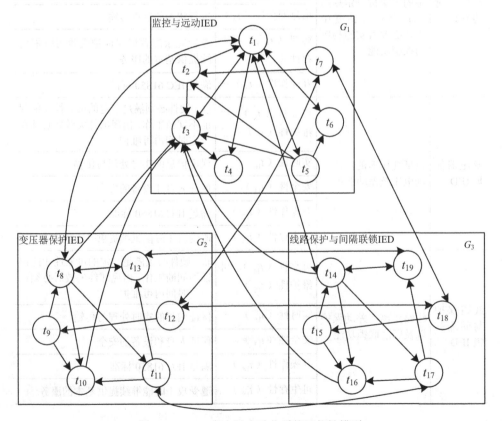

图 3.13　T1-1 变电站自动化系统可信性模型

3.3.2 变电站自动化系统可信性分析

1. 可信性设计结构矩阵

设计结构矩阵（Design Structure Matrix，DSM）是一个 $n \times n$ 的矩阵，它包含了所有构成元素之间的信息依赖关系。系统的元素以相同的顺序表示矩阵的行与列，如果元素 i 和元素 j 之间存在联系，则矩阵中的 ij（i 行 j 列）元素为●，否则为空格。设计结构矩阵能表示一对系统元素间的关系存在与否，有助于系统的建模。DSM 已发展成为基于组件和基于团队应用的静态模型、基于活动和基于参数应用的时间模型两种类型的模型[169]。DSM 可以应用到设计过程建模和管理中，如文献[170]使用 DSM 表示复杂软件产品中设计元素之间的依赖关系，研究不同软件产品架构之间差异。

DSM 为理解和分析复杂的软件可信性提供了简洁的形式，本书借鉴基于组件的静态 DSM 模型来表征组件内部可信属性之间和组件与组件的可信属性之间的依赖关系。

定义 3.5 可信性 DSM 是一个 $n \times n$ 阶方阵，由基于组件的系统可信性模型构造而成。可信性 DSM 的行和列与表示各组件可信性的所有属性相对应，维数 n 表示所有属性的个数，主对角元素表示可信属性本身，用"▲"表示；其他元素用来表示可信属性之间的依赖关系，行对应可信性模型中有向边的弧头，列对应有向边的弧尾，u_{ij} 表示可信属性 u_j 依赖于可信属性 u_i，用"●"表示。

根据图 3.13 所示基于组件的 T1-1 变电站自动化系统可信性模型图及定义 3.5，构造的可信性 DSM 如图 3.14 所示。

2. 可信属性波及的范围

将上述的可信性 DSM 中的矩阵元素用具有一定语义的数据代替，所形成的矩阵称为系统可信性邻接矩阵。例如，图 3.13 中的属性 t_i 到 t_j（$i, j = 1, 2, \cdots, 19$）存在一条直接的连接时，对应图 3.14 中第 t_i 行和 t_j 列交叉处填充为 1；否则为 0，这样就形成了对应的可信性邻接矩阵。

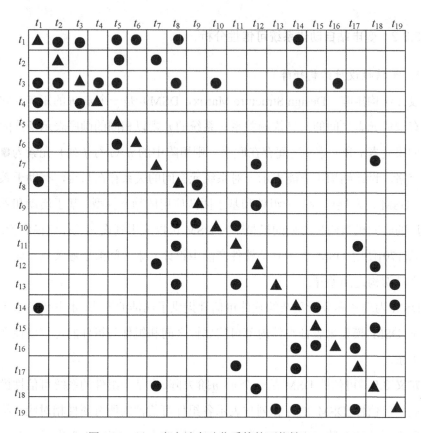

图 3.14　T1-1 变电站自动化系统的可信性 DSM

定义 3.6　可信性邻接矩阵，设某系统表征各组件可信性的所有可信属性集合为 $T=\{t_1, t_2, \cdots, t_m\}$，定义 $\boldsymbol{M}_{ts}=m_{t(i,j)}$，其中 $m_{t(i,j)}$ 表示可信属性 t_i 与 t_j 之间的依赖关系($1\leqslant i\leqslant m$，$1\leqslant j\leqslant m$)，且

$$m_{t(i,j)}=\begin{cases}1, & \text{当可信属性 } t_i \text{ 依赖可信属性 } t_j \text{ 时} \\ 0, & \text{当可信属性 } t_i \text{ 不依赖可信属性 } t_j \text{ 时}\end{cases}$$

则称 $\boldsymbol{M}_{ts}$ 为可信性邻接矩阵，可由可信性 DSM 转换得到。

定义 3.7　可信属性的可达矩阵，设可信属性集合 $T=\{t_1, t_2, \cdots, t_m\}$，$1\leqslant i\leqslant m$，$i$ 为整数，其可信性邻接矩阵 $\boldsymbol{M}_{ts}$ 对应的关系为 $R\subseteq T^2$，关系 R 的传递闭包 $R^+=R\cup R^2\cup\cdots\cup R^p$，则 R^+ 对应的矩阵为

$$\boldsymbol{M}_{R^+}=\boldsymbol{M}_R\vee\boldsymbol{M}_{R^2}^2\vee\cdots\vee\boldsymbol{M}_{R^p}^p=\bigvee_{k=1}^{p}\boldsymbol{M}_{R^k}^k,$$

式中：$M_{R^i}^i = M_{R^{i-1}}^{i-1} \vee M_R (i = 2,3,\cdots,p)$，则称 M_{R^+} 为可信属性的可达矩阵，简称可达矩阵。

根据上述定义，将图 3.14 所示的系统可信性 DSM 转换为可信性邻接矩阵：

$$M_{ts} = \begin{bmatrix}
0 & 1 & 1 & 0 & 1 & 1 & 0 & 1 & 0 & 0 & 0 & 0 & 0 & 1 & 0 & 0 & 0 & 0 & 0 & 0 \\
0 & 0 & 0 & 0 & 1 & 0 & 1 & 0 & 0 & 0 & 0 & 0 & 0 & 0 & 0 & 0 & 0 & 0 & 0 & 0 \\
1 & 1 & 0 & 1 & 1 & 0 & 0 & 1 & 0 & 1 & 0 & 0 & 0 & 1 & 0 & 1 & 0 & 1 & 0 & 0 \\
1 & 0 & 1 & 0 & 0 & 0 & 0 & 0 & 0 & 0 & 0 & 0 & 0 & 0 & 0 & 0 & 0 & 0 & 0 & 0 \\
1 & 0 & 0 & 0 & 0 & 0 & 0 & 0 & 0 & 0 & 0 & 0 & 0 & 0 & 0 & 0 & 0 & 0 & 0 & 0 \\
1 & 0 & 0 & 0 & 1 & 0 & 0 & 0 & 0 & 0 & 0 & 0 & 0 & 0 & 0 & 0 & 0 & 0 & 0 & 0 \\
0 & 0 & 0 & 0 & 0 & 0 & 0 & 0 & 0 & 0 & 0 & 1 & 0 & 0 & 0 & 0 & 0 & 1 & 0 & 0 \\
1 & 0 & 0 & 0 & 0 & 0 & 0 & 0 & 1 & 0 & 0 & 0 & 1 & 0 & 0 & 0 & 0 & 0 & 0 & 0 \\
0 & 0 & 0 & 0 & 0 & 0 & 0 & 0 & 0 & 0 & 0 & 0 & 1 & 0 & 0 & 0 & 0 & 0 & 0 & 0 \\
0 & 0 & 0 & 0 & 0 & 0 & 1 & 1 & 0 & 1 & 0 & 0 & 0 & 0 & 0 & 0 & 0 & 0 & 0 & 0 \\
0 & 0 & 0 & 0 & 0 & 0 & 1 & 0 & 0 & 0 & 0 & 0 & 0 & 0 & 0 & 1 & 0 & 0 & 0 & 0 \\
0 & 0 & 0 & 0 & 0 & 0 & 1 & 0 & 0 & 0 & 0 & 0 & 0 & 0 & 0 & 0 & 1 & 0 & 0 & 0 \\
0 & 0 & 0 & 0 & 0 & 0 & 1 & 0 & 0 & 1 & 1 & 0 & 0 & 0 & 0 & 0 & 0 & 0 & 0 & 1 \\
1 & 0 & 0 & 0 & 0 & 0 & 0 & 0 & 0 & 0 & 0 & 0 & 0 & 0 & 1 & 0 & 0 & 0 & 0 & 1 \\
0 & 0 & 0 & 0 & 0 & 0 & 0 & 0 & 0 & 0 & 0 & 0 & 0 & 0 & 0 & 0 & 0 & 0 & 1 & 0 \\
0 & 0 & 0 & 0 & 0 & 0 & 0 & 0 & 0 & 0 & 0 & 1 & 1 & 0 & 1 & 0 & 0 & 0 & 0 & 0 \\
0 & 0 & 0 & 0 & 0 & 0 & 0 & 0 & 0 & 0 & 1 & 0 & 0 & 1 & 0 & 0 & 0 & 0 & 0 & 0 \\
0 & 0 & 0 & 0 & 0 & 0 & 1 & 0 & 0 & 0 & 0 & 1 & 0 & 0 & 0 & 0 & 0 & 0 & 0 & 0 \\
0 & 0 & 0 & 0 & 0 & 0 & 0 & 0 & 0 & 0 & 0 & 0 & 0 & 1 & 1 & 0 & 0 & 1 & 0 & 0
\end{bmatrix}$$

然后根据定义 3.7 得到对应的可信属性的可达矩阵：

$$M_{B^+} = \begin{bmatrix} 1 & 1 & 1 & 1 & 1 & 1 & 1 & 1 & 1 & 1 & 1 & 1 & 1 & 1 & 1 & 1 & 1 & 1 \\ 1 & 1 & 1 & 1 & 1 & 1 & 1 & 1 & 1 & 1 & 1 & 1 & 1 & 1 & 1 & 1 & 1 & 1 \\ 1 & 1 & 1 & 1 & 1 & 1 & 1 & 1 & 1 & 1 & 1 & 1 & 1 & 1 & 1 & 1 & 1 & 1 \\ 1 & 1 & 1 & 1 & 1 & 1 & 1 & 1 & 1 & 1 & 1 & 1 & 1 & 1 & 1 & 1 & 1 & 1 \\ 1 & 1 & 1 & 1 & 1 & 1 & 1 & 1 & 1 & 1 & 1 & 1 & 1 & 1 & 1 & 1 & 1 & 1 \\ 1 & 1 & 1 & 1 & 1 & 1 & 1 & 1 & 1 & 1 & 1 & 1 & 1 & 1 & 1 & 1 & 1 & 1 \\ 0 & 0 & 0 & 0 & 0 & 0 & 1 & 0 & 0 & 1 & 0 & 0 & 0 & 0 & 1 & 0 \\ 1 & 1 & 1 & 1 & 1 & 1 & 1 & 1 & 1 & 1 & 1 & 1 & 1 & 1 & 1 & 1 & 1 & 1 \\ 0 & 0 & 0 & 0 & 0 & 0 & 1 & 0 & 0 & 0 & 1 & 0 & 0 & 0 & 0 & 0 & 1 & 0 \\ 1 & 1 & 1 & 1 & 1 & 1 & 1 & 1 & 1 & 1 & 1 & 1 & 1 & 1 & 1 & 1 & 1 & 1 \\ 1 & 1 & 1 & 1 & 1 & 1 & 1 & 1 & 1 & 1 & 1 & 1 & 1 & 1 & 1 & 1 & 1 & 1 \\ 0 & 0 & 0 & 0 & 0 & 0 & 1 & 0 & 0 & 0 & 1 & 0 & 0 & 0 & 0 & 0 & 1 & 0 \\ 1 & 1 & 1 & 1 & 1 & 1 & 1 & 1 & 1 & 1 & 1 & 1 & 1 & 1 & 1 & 1 & 1 & 1 \\ 0 & 0 & 0 & 0 & 0 & 0 & 1 & 0 & 0 & 0 & 0 & 1 & 0 & 0 & 0 & 0 & 0 & 0 \\ 1 & 1 & 1 & 1 & 1 & 1 & 1 & 1 & 1 & 1 & 1 & 1 & 1 & 1 & 1 & 1 & 1 & 1 \\ 0 & 0 & 0 & 0 & 0 & 0 & 1 & 0 & 0 & 0 & 0 & 1 & 0 & 0 & 0 & 0 & 1 & 0 \\ 1 & 1 & 1 & 1 & 1 & 1 & 1 & 1 & 1 & 1 & 1 & 1 & 1 & 1 & 1 & 1 & 1 & 1 \end{bmatrix}$$

　　将可信属性 t_i 可达的可信属性集合称为可信属性 t_i 的可达域，可见通过可达矩阵可以非常方便地求得 t_i 的可达域，即界定 t_i 变化所影响的其他可信属性。进一步分析，可以得到某一组可信属性发生变化时影响到的其他可信属性的范围。

　　观察上面的可达矩阵，可信属性 t_1（第 1 列）到可信属性 t_7、t_9、t_{12}、t_{15}、t_{18}（第 7、9、12、15、18 行）均不可达；可信属性 t_7（第 7 列）、t_{12}（第 12 列）、t_{18}（第 18 列）到所有可信属性可达。

　　分析可达矩阵的特点，总结如下：

　　（1）变电站自动化系统是相互关联的整体。

　　可信属性之间的依赖比较紧密，任一组件的任一属性的变化都会对大部分属性产生影响。也就是说，系统中的一个小故障会影响整个系统的运行。因此，为保证变电站自动化系统的可信性，必须关注系统的每一个细节，对于一些容易出现故障的部分，采取必要的保护措施以隔离故障，防止其扩大，这也符合电力系统的实际情况。

（2）监控与远动 IED 比受保护 IED 的影响大。

这是因为变电站自动化系统的功能是监测、控制变电站的运行状态，而这些数据来自保护 IED，一旦数据来源不可信或者保护 IED 出现故障，监控 IED 的功能也将受到影响。从 IEC 61850 标准的角度来看，过程层和间隔层的设备出现故障将直接影响变电站层设备功能的可信性。

（3）互操作性是 IEC 61850 标准变电站自动化系统的重要特性。

IEC 61850 标准的目标是为来自不同厂商的智能电子设备提供互操作性。互操作性是指来自相同或不同厂家的 IED 之间能够正确交换信息和使用信息以协同操作的能力。所以变电站自动化系统中 IED 的互操作性是相互依赖的，设备不满足互操作性还会影响其可维护性，进而影响系统的其他属性。因此，可达矩阵中可操作性的可达域为 $\{t_i \mid i = 1, 2, \cdots, 19\}$。

3.4　本章小结

本章首先介绍了可信性的内涵，然后分析了智能电网环境下变电站自动化的特点及其必须具有的可信性属性，从故障、错误、失效三个层面深入地分析了变电站自动化系统面临的可信性威胁。提出了基于组件的变电站自动化系统可信性模型，采用设计结构矩阵，求取可信性模型的可达矩阵，分析了变电站自动化系统中可信性属性对系统整体可信性的影响。

第 4 章　变电站自动化系统 IED 可信设计方法

IED 是变电站自动化系统基本组成单元，IED 的可信是保证变电站自动化系统可信的前提。本章提出一种基于形式化的 IED 设计方法，采用 Timed CSP 形式化描述语言对 IED 复杂的交互逻辑进行描述并自动验证。然后将形式化描述语言与随机 Petri 网结合，对 CSP 描述进行性能分析，满足系统可靠性和性能评估，指导 IED 的软件设计，节约开发成本，提高开发效率。

4.1　IED 设计需求

IEC 61850 标准的第五部分[25]将变电站自动化系统中的 IED 定义为：由一个或多个处理器构成，且有能力接收外部资源和（或）向外部资源发送数据和（或）控制命令的装置。如电子多功能仪表、数字式继电器、控制器等。IED 是一个实体，一个在一定范围内，接口限定的条件下，能够完成一个或多个特定逻辑节点任务的实体。

随着数字化变电站的发展，基于 IEC 61850 标准的变电站自动化是一种必然趋势。电网结构日趋复杂，容量不断扩大，实时信息传送量成倍增多，对变电站 IED 提出了更高的要求。新开发的 IED 必须具备高效快速的处理能力，以满足大量信息传输的实时性、可靠性及多任务性。目前，新型的 IED 多采用 DSP+ARM 双 CPU 结构[171]，甚至出现了集成多功能的集中式 IED[172]。随着硬件可靠性的提高，IED 的可靠性越来越依赖嵌入式软件的质量，文献[173]研究了 IEC 61850 标准下的间隔层 IED 软件设计方案，分析了 IED 的功能模型；文献[174]给出了保护功能一般性建模方法，但仍很抽象；文献[175]基于面向对象的方法对线路电流差动保护 IED 进行设计；文献[176]依据 IEC61850 标准，建立了牵引变电站线路保护 IED 的对象模型；文献[177]研究了利用可编程逻辑语言的与门、或门对 IED 内部的 LN（Logical Node，逻辑节点）之间的关系进行可视化设计，但未能完整地描述和严谨地设计 IED 之间和 IED 内部各 LN 之间的逻辑关系。

IEC 61850 标准为变电站内 IED 之间的互操作提供途径，其应用的关键在于利用标准的模型对实际的 IED 进行建模，将其功能抽象成若干 LN，达到信息交换的目的。为了更好地实现分布式功能在 IED 上的标准化设计，需要事先对各种功能在 IED 之间、IED 内部 LN 之间的交互关系、系统行为进行严谨的描述与验证，以保证分布式功能的正确性[178]。

电力系统 IED 是一种系统行为与时间紧密相关的嵌入式系统，其设计、实现与验证比较复杂。已有文献中，IED 的开发过程缺乏对系统行为有效的建模，以及在设计阶段对系统关键行为进行分析与检验等方面的研究工作。本章采用 Timed CSP（Communicating Sequential Processes）[179]形式化语言对 IED 内各逻辑节点的交互关系和系统行为进行描述并验证，进而指导 IED 的软件设计和互操作测试实验。

4.2 基于 Timed CSP 的 IED 形式化设计方法

4.2.1 形式化设计方法

软件在安全临界系统中的作用日益重要，如何提高软件系统的可靠性是一个被广泛研究的课题。形式方法是一种基于数学的软件开发方法，它能减少软件开发过程中错误，从而提高安全临界系统的可靠性。

1. 形式化方法的发展与定义

软件形式化方法最早可追溯到 20 世纪 50 年代后期对程序设计语言编译技术的研究，即 J.Backus 提出 BNF 描述 ALGO 160 语言的语法，出现了各种语法分析程序自动生成器以及语法制导的编译方法，使得编译系统的开发从"手工制作方式"发展成具有牢固理论基础的系统方法。形式化方法的研究高潮始于 20 世纪 60 年代后期，针对当时所谓的"软件危机"，人们提出种种解决方法，归纳起来有两类：一是采用工程方法来组织、管理软件的开发过程；二是深入探讨程序和程序开发过程的规律，建立严密的理论，以其用来指导软件开发实践。前者促进了"软件工程"的出现和发展，后者则推动了形式化方法的深入研究。经过 30 多年的研究和应用，如今人们在形式化方法这一领域取得了大量重要的成果，从早期最简单的形式化方法一阶谓词演算方法到现在的应用于不同领域、不同阶段的基于逻辑、状态机、网络、进程代数、代数等众多形式化方法。形式化方法的发展趋势逐渐融入软件开发过程的各个阶段，从需求分析、功能描述（规约）、（体系结构/算法）设计、编程、测试直至维护。

如果一个方法有良好的数学基础，那么它就是形式化的方法，其本质是基于数学的方法来描述目标软件系统属性的一种技术。用于开发计算机系统的形式化方法是描述系统性质的基于数学的技术，它提供了一个框架，可以在框架中以系统的而不是特别的方式刻画、开发和验证系统，以形式化规约语言给出。这个基础提供一系列精确定义的概念，如一致性和完整性，以及定义规范的实现和正确性。

形式化方法的一个重要研究内容是形式规约（Formal Specification），也称形式规范或形式化描述，是对程序"做什么"（what to do）的数学描述，是用具有精确语义的形式语言书写的程序功能描述。它是设计和编制程序的出发点，也是验证程序是否正确的依据。通常要讨论形式规约的一致性（自身无矛盾）和完备性（是否完全、无遗漏地刻画所要描述的对象）等性质。形式规约的方法主要可分为两类：一类是面向模型的方法，也称为系统建模，该方法通过构造系统的计算模型来刻画系统的不同行为特征；另一类是面向性质的方法，也称为性质描述，该方法通过定义系统必须满足的一些性质来描述一个系统。不同的形式规约方法要求不同的形式规约语言，即用于书写形式规约的语言（也称形式化描述语言），如代数语言 OBJ、Clear、ASL、ACT One/Two 等；进程代数语言 CSP、CCS、π 演算等；时序逻辑语言 PLTL、CTL、XYZ/E、UNITY、TLA 等。由于这些规约语言基于不同的数学理论及规约方法，因而千差万别，但它们有一个共同的特点，即每种规约语言均由基本成分和构造成分两部分构成。前者用来描述基本规约，后者把基本部分组合成大规约。构造成分是形式规约研究和设计的重点，也是衡量规约语言优劣的主要依据。

2. 形式化方法的分类

根据说明目标软件系统的方式，形式化方法可以分为两类：

（1）面向模型的形式化方法。面向模型的方法通过构造一个数学模型来说明系统的行为。

（2）面向属性的形式化方法。面向属性的方法通过描述目标软件系统的各种属性来间接定义系统行为。

根据表达能力，形式化方法可以分为五类：

（1）基于模型的方法。通过明确定义状态和操作来建立一个系统模型（使系统从一个状态转换到另一个状态）。虽然用这种方法可以表示非功能性需求（诸如时间需求），但不能很好地表示并发性。如 Z 语言、VDM、B 方法等。

（2）基于逻辑的方法。用逻辑描述系统预期的性能，包括底层规约、时序和可能性行为。采用与所选逻辑相关的公理系统证明系统具有预期的性能。用具体的编程构造扩充逻辑，从而得到一种广谱形式化方法，通过保持正确性的细化步骤集来开发系统，如 ITL（区间时序逻辑）、区段演算（DC）、hoare 逻辑、WP 演算、模态逻辑、时序逻辑、TAM（时序代理模型）、RTTL（实时时序逻辑）等。

（3）代数方法。通过将未定义状态下不同的操作行为相联系，给出操作的显式定义。与基于模型的方法相同的是，没有给出并发的显式表示，如 OBJ、Larch 族代数规约语言等。

（4）进程代数方法。通过限制所有容许的可观察的过程间通信来表示系统行为。此类方法允许并发过程的显式表示，如通信顺序进程（CSP）、通信系统演算（CCS）、通信进程代数（ACP）、时序排序规约语言（LOTOS）、计时 CSP（TCSP）、通信系统计时可能性演算（TPCCS）等。

（5）基于网络的方法。由于图形化表示法易于理解，而且非专业人员能够使用，因此是一种通用的系统确定表示法。该方法采用具有形式语义的图形语言，为系统开发和再工程带来特殊的好处，如 Petri 网、计时 Petri 网、状态图等。

4.2.2　Timed CSP 简介

Timed CSP 是在 CSP 的基础上加入时间相关操作而形成的一种形式化描述语

言。下面首先介绍 CSP 的基本概念，然后介绍 Timed CSP 的特性。

1. CSP 的基本概念

CSP 是通信顺序进程的缩写，是 Hoare 于 1978 年建立的一种适合分布式并发软件规格和设计的形式化方法[74]。CSP 是一个命令式语言，一个 CSP 程序由一个或多个程序组成，每个进程可以分解成若干子进程，子进程之间使用进程运算符联接。子进程又可分解成更深一层的子进程，这种进程的嵌套可以达到任意深度。

CSP 的基本成分是事件和进程，进程是事件或者活动的序列。为了方便后文的表述，进行如下符号约定：

（1）由小写字母组成的字符串表示事件，如 $coin, choc, in2p, out1p$ 。

（2）由大写字母组成的字符串表示进程，如：VMS ——简单自动售货机；VMC ——复杂自动售货机。一般情况下，用字母 P、Q、R 表示任意进程。

（3）小写字母 x、y、z 等表示事件变量。

（4）大写字母 A、B、C 等表示事件集。

（5）大写字母 X、Y、Z 等表示进程变量。

（6）进程 P 的事件集记作 αP，这里 α 为一个算子，将每一个进程映射为它的事件集，如 $\alpha VMS = \{coin, choc\}$ ，$\alpha VMC = \{in1p, in2p, small, l\arg e, out1p\}$ 。

（1）进程的基本表示法。

进程采用前缀表示法，设 P 是一个进程，该进程的第一个事件是 x，且事件 x 执行之后，再按照进程 Q 动作，则进程 P 的的前缀表达式为：$x \rightarrow Q$ 。其中，事件 x 称为前缀；$x \in \alpha P$，$\alpha(x \rightarrow Q) = \alpha P$ 。

表示法中，算子 "$\rightarrow$" 称为顺序算子，其右部总为一个进程，左部总为一个事件。比如，$P \rightarrow Q$ 和 $x \rightarrow a$ 是非法的表示；$x \rightarrow (y \rightarrow Q)$ 和 $x \rightarrow [y \rightarrow (a \rightarrow P)]$ 是进程的合法表示。

一个进程中活动或者事件的出现可能是有限的，称为有限进程；也有可能是无限的，称为无限进程。有限进程合法的结尾是进程 $STOP$，它是一个特殊的进程，不执行任何事件或活动；无限进程通过递归形式来描述。

（2）进程的递归表示。

设 X 是一个进程变量，$A = \alpha X$，则进程的递归方程表示为 $X = F(X)$ ，其中

$F(X)$ 是一个包含有进程变量 X 的前缀表达式，且该递归方程具有事件符号集 A
上的唯一解。也可以表示为 $\mu X : A \bullet F(X)$，这里的 A 也可以省略，即表示为
$\mu X \bullet F(X)$。

例如，时钟行为的进程描述：

$\alpha CLOCK = \{tick\}$

$CLOCK = tick \rightarrow CLICK$

也可以表示为：$CLOCK = \mu X : \{tick\} \bullet (tick \rightarrow X)$

进程的前缀表示和递归方程可以描述具有单一线特点的顺序执行事件和活
动，然而在实际情况中，存在着进程和环境的交互作用，即事件执行具有可选性。

（3）进程的外部选择。

选择表达给出了从多个前缀事件中选择执行一个行为的描述。从事件 x 或 y
中选择一个，并执行相应的后续动作 P 或 Q 的情况，可以表示为：

$$(x \rightarrow R \mid y \rightarrow Q)$$

式中：符号 "|" 称为选择算子。

例如：一台复杂的售货机，在使用的硬币、在售的货品和找钱的方式上，都
有选择的余地，可以定义为：

$VMC = (in2p \rightarrow (large \rightarrow VMC \mid small \rightarrow out1p \rightarrow VMC) \mid$
$in1p \rightarrow (small \rightarrow VMC \mid in1p \rightarrow (large \rightarrow VMC \mid in1p \rightarrow STOP)))$

上面描述了一台复杂的售货机的行为：当投入 2 元的硬币，售货机要么吐出
一块大的糖果，要么吐出一块小的糖果并找回 1 元；当投入 1 元的硬币，售货机
要么吐出一块小的糖果，要么再接收一枚 1 元的硬币并吐出一块大的糖果；如果
投入三个 1 元硬币，售货机将停止工作。

（4）进程的复合操作。

进程之间通过一系列的复合运算操作来实现复杂问题的描述。这些复合运算
包括并发进程、或进程、内部选择、屏蔽进程、混合进程、顺序进程等。

并发进程：对于进程 P 和 Q，$\alpha P \cap \alpha Q$ 中的事件同时执行，其他事件交替
执行，称为进程 P 与 Q 的并发进程，记为 $P \parallel Q$。符号 "$\parallel$" 称为进程的并发复
合算子。

例如：对于进程 $\alpha P = \{a,b,c\}$，$P = a \to b \to c \to P$

$$\alpha Q = \{d,b,c\}，\quad Q = d \to b \to c \to Q$$

则 $P \parallel Q = \mu X \bullet (a \to d \to b \to c \to X \mid d \to a \to b \to c \to X)$

或进程：是进程 P 或 Q 的行为，记为 $P \bigsqcap Q$。符号"$\bigsqcap$"称为进程的或复合算子。选择算子是通过来自外部环境或输入通道的事件条件来选择进程，而或进程算子定义的是一种具有非确定性行为的进程。

内部选择：依据进程 P 或 Q 的第一个执行事件来决定的进程，记为 $P[]Q$，符号"[]"称为进程的内部选择复合算子。当进程 P 和 Q 的第一个事件相同时，它们的内部选择进程就是或进程。

屏蔽进程：对于进程 P 和事件集合 C，屏蔽进程 P 中所有 C 中事件的出现所得到的进程，记为 P/C。符号"/"称为进程的事件屏蔽，简称为屏蔽算子。

例如：对于事件集 $C = \{c,d\}$ 和进程 P

$\alpha P = \{a,b,c,d\}$

$P = a \to b \to c \to b \to a \to d \to STOP$

则 $P / C = a \to b \to b \to a \to STOP$

混合进程：进程中所执行的每个事件为进程 P 或 Q 中的一个事件，记为 $P \parallel\mid Q$。符号"$\parallel\mid$"称为进程的混合复合算子。混合进程是各自进程中的事件交替执行，无论事件是否相同；而并发进程则是各自进程中不同的事件交替执行，但相同的事件同步执行。

（5）描述与证明。

一般来说，某项产品的功能描述说明这个产品的预期行为。这类说明是包含几个自由变量的谓词，每个自由变量表示这个产品行为的某个可观察到的方面。对于进程而言，最直接的能观察到的行为是到某一给定时刻为止发生的事件的迹[74]。用特殊变量 tr 表示所描述的进程的一个任意迹。

例如：自动售货机的主人不想亏本，规定送出的巧克力的块数不能超过投入的硬币数[74]。

$$NOLOSS = [\#(tr \uparrow \{choc\}) \leq (tr \uparrow \{chin\})]$$

设进程 P 为满足描述 $NOLOSS$ 的产品，称为 P 满足 $NOLOSS$，记为：

$$P \ sat \ NOLOSS$$

其含义是，可观察到的 P 的行为都由 $NOLOSS$ 来刻画。

在设计产品时，设计人员的责任就是确保所设计的产品能满足要求。采用形式化设计方法，就是要做到产品的进程行为满足产品的描述，CSP 提供了一系列的法则，从数学上论证以保证进程描述的正确性。但是这种证明方法比较繁琐，且效率低下，现在已有多款能够自动验证的工具软件，且具有对各种模型验证的功能，比较著名的有 FDR、PAT 等[180]。

2. Timed CSP 的特性

Timed CSP 是在 CSP 的基础上加入时间扩展，用来描述实时并发系统的形式化描述语言。Timed CSP 中最基本的概念是事件和时间。通常用小写字母 a、b、c 或自定义字符串表示事件。事件的序列形成进程，通常用大写字母 P、Q 或自定义字符串表示。$\surd$ 是一种特殊的事件，表示进程正常终止。时间用字符 t 或数字表示。

Timed CSP 定义的巴克斯范式如下：

$$P ::= stop \mid skip \mid wait \ t \mid a \rightarrow P \mid a \xrightarrow{t} P \mid P;Q \mid P \square Q \mid P \sqcap Q \mid a:A \xrightarrow{t} P_a \mid$$

$$P \overset{t}{\triangleright} Q \mid P \Delta Q \mid f(P) \mid \|_{AP} P \mid P \ _A\|_B \ Q \mid P \underset{C}{\|} Q \mid P \mid\mid\mid Q \mid P \setminus A \mid \mu X \bullet F(X) \quad (4.1)$$

上述定义可解释如下：

stop：停止，表示一个进程的中断，该进程不与外部发生通信，可表示死锁或进程不收敛；

skip：跳过，表示一个进程除终止外不做任何事情；

wait t：等待，表示进程在 t 时间后终止，期间不做任何事情；

$a \xrightarrow{t} P$：前缀操作，表示事件 a 经过 t 时间执行完后执行进程 P；

$P;Q$：顺序复合，表示进程 P 执行完后执行进程 Q；

$P \square Q$：外部选择，表示执行进程 P 或 Q 依赖于进程执行的第一个事件；

$P \sqcap Q$：内部选择，表示由进程内部决定执行进程 P 或 Q；

$a:A \xrightarrow{t} P_a$：通道选择输入，a 为 A 中的任一事件，a 的类型由通道输入的数据类型决定；

$P \overset{t}{\triangleright} Q$：超时，如果 t 时间内两个进程未发生通信则认为超时，控制权由 P 交给 Q；

$P \triangle Q$：中断，Q 的任何事件执行都能导致 P 的中断；

$f(P)$：换标，$f(P)$ 和进程 P 有着同样的结构，只是 P 中的事件经过函数 f 映射为另一个名字；

$P \backslash A$：集合隐藏，表示不显示进程 P 中任何属于 A 的事件；

$P {}_A\|_B Q$：同步并发，P 仅能执行 A 中的事件，Q 仅能执行 B 中的事件，$A \cap B$ 的事件 P 与 Q 同步执行；

$P\|\|Q$：异步并发，进程所执行的每个事件为进程 P 或 Q 中的一个事件；

$P \underset{C}{\|} Q$：同步并发，P 和 Q 在集合 C 的事件并发，在其他集合的事件交叉进行。

更详细的 Timed CSP 操作语义可参见文献[179]。

4.2.3　IED 逻辑模型与 Timed CSP 语言的转换关系

IED 是 IEC 61850 标准中保护功能的设备载体，LN 是最基本的功能单位。对于 IED 的设计，必须关注它所包含的 LN 如何正常工作完成所分配的分布式功能，进一步从全貌和细节角度对分布式功能下各 IED 之间、IED 内部相关 LN 的交互关系进行严谨的刻画，从而实现 IED 程序的标准化设计。

根据 IEC 61850 标准，LN 间通过逻辑连接（Logical Connection，LC）相连，专用于 LN 之间的数据交换。因此，LN 之间的交互表现为它们之间的数据交换，即消息传递。将 LN 定义为进程，与 LN 有关的消息定义为进程的事件集。IED 之间、IED 内部相关 LN 的交互关系就是进程之间的交互关系，这种关系即进程之间消息的传递。LN 的输入可表示为从其他 LN 接收到的消息。每个进程按照自己的行为发送和接收消息，进程之间独立并行地运行。为了利用 Timed CSP 描述 IED 逻辑交互模型，需要将 IED 逻辑模型转换为 Timed CSP 描述的规格。

根据 Timed CSP 操作语义及 IEC 61850 标准中 IED 的逻辑节点模型，与本文描述有关的映射关系描述见表 4.1。

表 4.1　IED 逻辑模型与 Timed CSP 语言的转换关系

IED 逻辑概念	Timed CSP	备注
LN 上的动作集合	α	将每一个进程映射为它的事件集
LN	process	一个逻辑节点代表一个进程
LN 上的动作	event	逻辑节点需要完成的任务
LN 上的动作时限	$a \xrightarrow{t} P$	动作 a 必须在 t 时间内完成
LN 之间的并行	‖	进程的并行组合
LN 之间的或	Π	内部选择
LN 之间的选择	□	外部选择

4.2.4　实例分析

1. IED 交互模型

为了能够清晰地表达出一个分布式功能下各 IED 之间的关联关系（如信息传递、函数调用、事件触发等）、交互信息（包括调用消息、变化量、事件等信息的内容及其通信要求）、交互发生的先后次序，在 IEC 61850-5[25]的基础上，建立定时过流保护的交互模型，如图 4.1 所示。

该模型包含的 LN 有定时过流保护 PTOC、跳闸条件 PTRC、断路器 XCBR、自动重合闸 RREC、扰动记录 RDRE、故障记录 RFLO、开关控制器 CSWI、人机接口 IHMI、告警处理 CALH 等节点。其中 PTRC 用于组合各种跳闸信号，构成一个跳闸信号条件，这里只考虑 PTOC 这一个跳闸信号。图 4.1 中标出的各逻辑节点之间传输信号的时限参考了文献[25]的附录 G。各 IED 的 LN 交互过程如下：

（1）PTOC 检出故障后，使其启动状态 Str=1 和跳闸状态 Op=1，传给 PTRC [消息流（1）]。PTRC 接收处理后，发出跳闸 GOOSE 报文[XCBR.Pos.ctlVal=off] 给 XCBR 和 RREC[消息流（2）]，以跳闸和启动重合闸。

（2）PTOC 将其保护启动信息 Str=1、PTRC 将其跳闸信息 Tr=1 分别以报告形式发送给站级的 CALH[消息流（3）和消息流（4）]，同时将其保护启动信息 Str=1 发送给录波 IED 中的 RDRE 和 RFLO[消息流（5）]，以启动扰动记录。

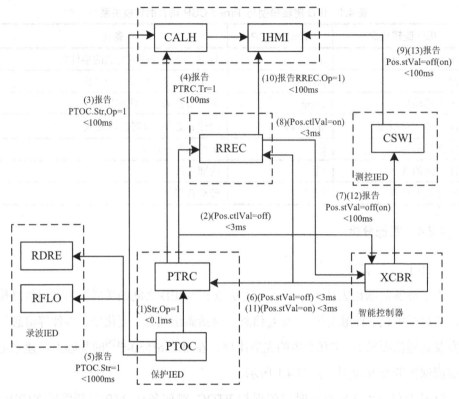

图 4.1 定时过流保护 IED 交互模型

（3）XCBR 接收跳闸报文，经附加处理后跳开断路器。当断路器的状态（XCBR.Pos.stVal）由合（on）变成开（off）时，用 GOOSE 报文立即发送新状态（XCBR.Pos.stVal=off）给 PTRC 和 RREC[消息流（6）]。断路器的变位信息以报告模型报告给测控 IED 中的 CSWI[消息流（7）]，CSWI 再将此报告传给站级主机的 IHMI[消息流（9）]。

（4）RREC 尝试以不同延时重合已跳开的断路器,发出带值重合闸的 GOOSE 报文（XCBR.Pos.ctlVal=on）给 XCBR[消息流(8)],发送报告（RREC.Op=1）给 IHMI[消息流（10）]。

（5）XCBR 接收带值重合闸报文，经处理合上断路器，如果是临时性故障，则断路器合上，送出断路器新状态的 GOOSE 报文（XCBR.Pos.stVal=on）给 PTRC 和 RREC[消息流（11）]。类似地，产生使断路器合上的 XCBR 到 CSWI 和 CSWI

到 IHMI 的报告[消息流（12），（13）]。

2.　IED 交互模型的形式化描述

根据 IED 逻辑模型与 Timed CSP 语言的转换关系，图 4.1 中有 9 个 LN 进程，进程名即为 LN 的名称。LN 上的动作（包括发出消息和接收消息）为 LN 进程的事件集，每个动作的时限即为相应事件规定的完成时间。

事件即为消息名，发送消息与接收消息相同时，用一个事件来表示。两个进程的事件集中有相同的事件即表明进程存在交互行为。按照 Timed CSP 中的表示法，图 4.1 中相关进程的事件集见表 4.2。由于 RFLO 的行为与 RDRE 相同，故省略了 RFLO 的事件集，后面描述中也未考虑此逻辑节点。

表 4.2　进程的事件集

进程	事件集	说明
PTOC	{strop1, strop2, str}	strop1：消息流（1）；strop2：消息流（3）；str：消息流（5）
RDRE	{str}	
PTRC	{strop1, tr, goose_off, goose_off_on}	tr：消息流（4）；goose_off：消息流（2）；goose_off_on：消息流（6）、（11）
XCBR	{goose_off, goose_off_on, goose_on, xcbr_stval }	goose_on：消息流（8）；xcbr_stval：消息流（7）、（12）
RREC	{goose_on, goose_off_on, goose_off, ihmi_op }	ihmi_op：消息流（10）
CSWI	{ihmi_stval, xcbr_stval}	ihmi_stval：消息流（9）、（13）
IHMI	{ihmi_op, ihmi_stval}	
CALH	{tr, strop2}	

各进程的交互行为描述如下：

PTOC= strop1 $\xrightarrow{t_1}$ strop2 $\xrightarrow{t_2}$ str $\xrightarrow{t_3}$ PTOC

RDRE=str $\xrightarrow{t_3}$ RDRE

PTRC=strop1 $\xrightarrow{t_1}$ goose_off $\xrightarrow{t_4}$ tr $\xrightarrow{t_2}$ PTRC□goose_off_on $\xrightarrow{t_4}$ PTRC

XCBR=goose_off $\xrightarrow{t_4}$ goose_off_on $\xrightarrow{t_4}$ xcbr_stval $\xrightarrow{t_2}$ XCBR□goose_on

$$\xrightarrow{\ t_4\ } goose\_off\_on \xrightarrow{\ t_4\ } xcbr\_stval \xrightarrow{\ t_2\ } XCBR$$

$$RREC = goose\_off \xrightarrow{\ t_4\ } goose\_on \xrightarrow{\ t_4\ } goose\_off\_on \xrightarrow{\ t_4\ } op \xrightarrow{\ t_2\ } RREC$$

$$CSWI = xcbr\_stva \xrightarrow{\ t_2\ } ihmi\_stval \xrightarrow{\ t_2\ } CSWI$$

$$CALH = strop2 \xrightarrow{\ t_2\ } tr \xrightarrow{\ t_2\ } CALH$$

$$IHMI = op \xrightarrow{\ t_2\ } IHMI \square ihmi\_stval \xrightarrow{\ t_2\ } IHMI$$

其中：$t_1 < 0.1\text{ms}$；$t_2 < 100\text{ms}$；$t_3 < 1000\text{ms}$；$t_4 < 3\text{ms}$。

对各 LN 进程进行同步并行组装，即可完成系统的行为描述：

SYSTEM=PTOC‖PTRC‖RDRE‖XCBR‖CSWI‖RREC‖CALH‖IHMI

3. IED 交互模型的形式化验证

PAT[180]是由新加坡国立大学开发的基于 CSP 的模型检测工具，包含 CSP 模型（CSP module）、实时系统模型（Real-time module）、Web 服务模型（Web Service module）、概率模型（Probability module）等多种模型检测。PAT 已被认为是良好的进程代数检测工具，支持可视化模拟、可达性分析、死锁检测等，且仍在不断发展完善。

在 PAT 中进行验证前面 IED 交互模型的形式化描述，以 0.1ms 为一个时间单位。首先在 PAT 主窗口中编辑 IED 交互模型的形式化描述。编辑窗口中除了模型的描述外，还包括进行验证的断言，如图 4.2 中以#assert 开头的语句。然后进行语法检测，以检测描述文本中的语法错误，最后单击"验证"按钮，弹出如图 4.3所示的验证窗口。

图 4.2　PAT 验证窗口

在图 4.2 的验证窗口中，可以对每一个断言进行验证，验证结果在输出窗口中显示。图 4.3 显示的死锁验证结果为 "The Assertion（System() deadlockfree) is NOT valid"，可见系统存在死锁。

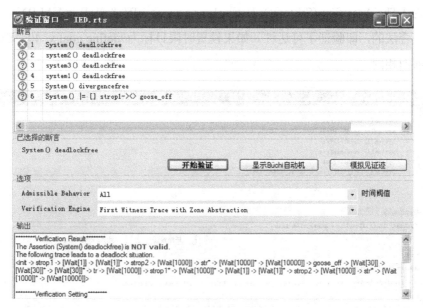

图 4.3　死锁验证窗口

经检查，RREC 进程的描述存在不符合逻辑的情况。RREC 接收任何一个消息都会将其状态以 op 消息报告给 IHMI，这些消息之间的关系是根据相应的进程接收的消息来决定 op 的内容。所以，RREC 接收的消息之间的关系应该为外部选择。将 RREC 的行为描述修正如下：

$$RREC = goose\_off \xrightarrow{t_4} op \xrightarrow{t_2} RREC \square goose\_on \xrightarrow{t_4} op \xrightarrow{t_2} RREC \square goose\_off\_on \xrightarrow{t_4} op \xrightarrow{t_2} RREC$$

将修正后的描述再进行死锁验证，结果正确。

进行死锁验证的同时，可验证可达性。例如，当 PTOC 检测到故障时，发出 strop1 消息，可以检验 XCBR 能否在限定的时间内执行 goose_off 事件。当 PTOC 检测出故障，在 0.1ms 内将故障信息发给 PTRC，PTRC 接收处理后，发出跳闸 GOOSE 报文（XCBR.Pos.ctlVal=off）给 XCBR，XCBR 跳开断路器。根据文献[14] 中关于报文类型和性能的描述，这个过程的时间限为 3.1ms。在 PAT 中设定一个

计数变量 x，以 0.1ms 为一个计时单元，上述过程的时间限为 31 个时间单元。时限目标为#define goal $x<=31$；可达性目标为 strop1→◇goose_off；限时可达性目标为 strop1→◇goose_off && goal。验证结果如图 4.4 所示。输出窗口显示的验证结果为 "The Assertion (System()=[]strop1→◇goose_off&&goal) is VALID"，表明断言是合法的，即验证了可达性。如果设置时限目标为#define goal x<40，输出结果与前面相同。

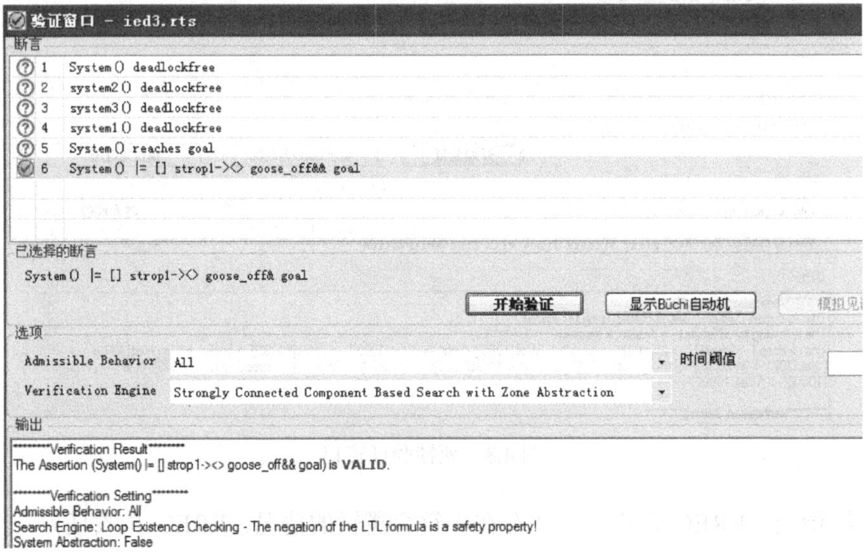

图 4.4　可达性验证

如果将时限目标设置为 "#define goal x<20"，则验证结果为 "The Assertion (System()=[]strop1→◇goose_off&&goal) is NOT valid"。也可以用同样的方法验证其他消息流的可达性，比如 strop1→◇ihmi_stval。该过程表示 PTOC 发出 strop1 给 PTRC，PTRC 接收后发出 goose_off 给 XCBR，然后 XCBR 向 CSWI 报告 goose_off_on，CSWI 最后向 IHMI 报告 ihmi_stval。以此来说明形式化描述是否真实地反映地模型的交互过程。

从上述对 IED 交互模型的形式化描述及验证可以看出，将 IED 中 LN 的交互行为进行形式化描述并自动验证，可以在 IED 软件设计早期及时发现描述中的缺陷，有效地指导 IED 软件系统的设计并节约开发成本。

4.3 CSP 描述的性能分析

如今的计算系统变得越来越庞大和复杂，因此非形式化、直观的描述显得模糊且不能精确地捕获系统需求的完整语义。形式化描述语言建立在严格的数学基础之上，用来描述系统的属性，提供了一种系统的方法，避免了二义性、不完整性和不一致性。虽然形式化描述为系统功能的设计提供了良好的支持，但对于系统的非功能需求支持较弱（比如可靠性）。当前的系统必须具有高性能和可靠性，使用随机 Petri 网可以很好地对这些属性进行评估。随机 Petri 网又不太适合用来描述系统功能行为，尽管存在对 Petri 网扩展来描述系统行为并进行验证，但这种方法并不流行[181]。因此，将形式化描述语言与随机 Petri 网结合起来，既能对系统功能进行良好的设计，又可以满足系统可靠性和性能的评估目标[182]。在 4.2 节中，采用基于 CSP 的形式化描述语言 Timed CSP 对变电站 IED 交互模型进行了描述和自动验证，验证了其在功能上设计的正确性，本节将结合随机 Petri 网评估 CSP 描述的随机特性。

4.3.1 CSP 描述向随机 Petri 网模型的转换

1. 随机 Petri 网

Petri 网最初是由德国博士 Carl Petri 在 1962 年提出的一种抽象模型，用来表述并行处理、系统性能分析等。经过多年发展，适用于各种场合的特殊 Petri 网被提出，如时间 Petri 网、着色 Petri 网、随机 Petri 网等。Petri 网最简单的形式是一个有向双边图，图中的元素包括库所（Place）（以圆圈表示）、变迁（Transition）（以方形条表示）、库所和变迁之间的有向弧（Arc）、可以从一个库所移动到另一个库所的动态对象令牌（Token）。

Petri 网的规则是：有向弧是有方向的、两个库所或变迁之间不允许有弧、库所可以拥有任意数量的令牌。如果一个变迁的每个输入库所（input place）都拥有令牌，则该变迁为被允许（enable）。一个变迁被允许时，变迁将发生（fire），输入库所（input place）的令牌被消耗，同时为输出库所（output place）产生令牌。

变迁的发生是原子的，也就是说，没有一个变迁只发生了一半的可能性。有两个或多个变迁都被允许的可能，但是一次只能发生一个变迁。这种情况下变迁发生的顺序没有定义。如果出现一个变迁，其输入库所的个数与输出库所的个数不相等，令牌的个数将发生变化。也就是说，令牌数目不守恒。用库中的黑点表示令牌，用来描述某类资源，反映了系统的局部状态、令牌在库所中的分布，给出了各状态元素的初态，称为初始标识（initial marking），反映出系统初始情况下的全局状态。Petri 网的状态由令牌在库所的分布决定。也就是说，变迁发生完毕，下一个变迁等待发生的时候才有确定的状态，正在发生变迁的时候是没有确定的状态的。

1981 年 Molly 把随机的指数分布实施延时与变迁联系起来，形成了随机 Petri 网。在连续时间随机 Petri 网中，一个变迁 t 变成可实施的时刻起，到其实施时刻之间被看成是一个连续随机变量 x_t（取正实数值），且服从于一个分布函数：

$$F_t(x) = P\{x_t \leqslant x\} \tag{4.2}$$

在不同类型的连续时间随机网中，该分布函数的定义是不一样的。Molly 指出，将每个变迁的分布函数定义成一个指数分布函数：

$$\forall t \in T : F_t = 1 - e^{-\lambda_t x} \tag{4.3}$$

式中：实参数 $\lambda_t > 0$ 是变迁 t 的平均实施速率；变量 $x \geqslant 0$。可以证明[183]：

（1）两个变迁在同一时刻实施的概率为零。

（2）随机 Petri 网的可达图同构于一个齐次马尔可夫链，可用马尔可夫随机过程求解。

因此，随机 Petri 网的每一个变迁与一个随机变量相关联，这个随机变量可以表示变迁实施的延时，也可以表示变迁的失效。当这个随机变量服从指数分布时，随机 Petri 网的状态标识与马尔可夫链的状态空间同构。限于篇幅，关于随机 Petri 网的更多理论介绍，请参考文献[184]。

2. CSP 描述向 Petri 网的转换

文献[185]给出了一系列 CSP 描述向 Petri 网的转换规则。这些规则基于这样一个事实：CSP 描述中的进程从一个事件转向另一个事件。将进程看作 Petri 网中的库所，事件看成 Petri 网中的变迁，图 4.5（a）～（c）给出了文献[185]描述的转换规则。

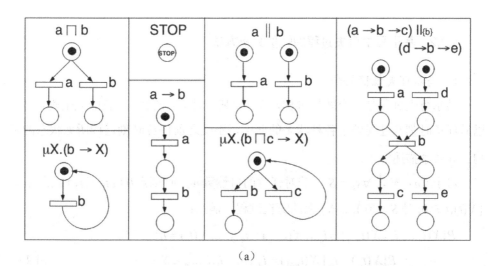

（a）

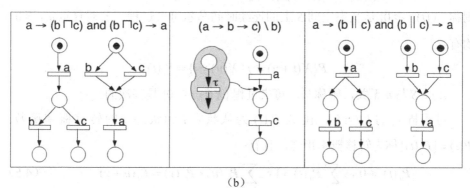

（b）

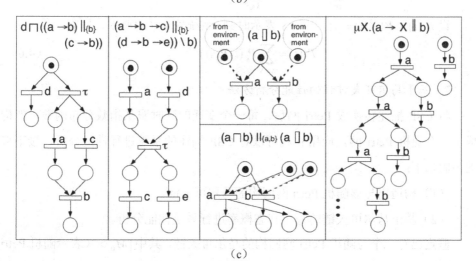

（c）

图 4.5　CSP 与 Petri 网转换规则

4.3.2　基于马尔可夫过程的性能分析方法

1. 马尔可夫过程简介

马尔可夫过程是一个随机过程，当已知某一时刻 t_i 的状态，就能完全确定在 t_i 以后任意时刻 t_j 过程处于各种状态的概率，不受之前任意时刻过程所处状态的影响。其数学描述如下：

对于 $\forall n \in N$，$\forall x_k \in S$，若对任意的自然数 n，时刻点 $0 \leqslant t_1 \leqslant t_2 \leqslant ... \leqslant t_n$，$\{X(t), t \geqslant 0\}$ 是 $S = \{0, 1, ..., N\}$ 上的随机过程，满足：

$$P\{X(t_n) = i_n \mid X(t_{n-1}) = i_{n-1}, X(t_{n-2}) = i_{n-2}, ..., X(t_1) = i_1\}$$
$$= P\{X(t_n) = i_n \mid X(t_{n-1}) = i_{n-1}\}，\quad i_1, i_2...i_n \in S \tag{4.4}$$

则称 $\{X(t), t \geqslant 0\}$ 是状态空间 S 上的连续时间马尔可夫过程。若对任意 $u, t \geqslant 0$，均有：

$$P\{X(t + u) = j \mid X(u) = i\} = P_{ij}(t)$$

$i, j \in S$ 与 u 无关，则称马尔可夫过程 $\{X(t), t \geqslant 0\}$ 是齐次的。

对于固定的 $i, j \in S$，函数 $P_{ij}(t)$ 为从状态 i 到状态 j 的转移概率函数，$\boldsymbol{P}(t) = [\boldsymbol{P}_{ij}(t)]$ 称为转移概率矩阵，且有：

$$\boldsymbol{P}_{ij}(t) \geqslant 0，\quad \sum_{j \in S} \boldsymbol{P}_{ij}(t) = 1，\quad \sum_{k \in S} \boldsymbol{P}_{ik}(u) \bullet \boldsymbol{P}_{kj}(v) = \boldsymbol{P}_{ij}(u + v) \tag{4.5}$$

设 $\boldsymbol{P}_j(t) = \boldsymbol{P}\{X(t) = j\}$，$j \in S$ 表示时刻 t 系统处于 j 的概率，则有：

$$\boldsymbol{P}_j(t) = \sum_{k \in S} \boldsymbol{P}_k(t) \boldsymbol{P}_{kj}(t) \tag{4.6}$$

2. 基于马尔可夫过程的性能分析方法

将 CSP 描述转换成 Petri 网后，每一个变迁的延时服从指数分布函数，就构成了一个随机 Petri 网，应用它就可以对 CSP 描述的系统进行性能分析。接下来的步骤如下：

（1）构造出与该随机 Petri 网同构的马尔可夫链。

（2）基于马尔可夫链的稳定状态概率进行系统性能分析。

假定已有一个与随机 Petri 网同构的马尔可夫链，其中 $[M_0 >$（表示随机 Petri 网的可达标识集）有 n 个元素，马尔可夫链有 n 个状态，定义一个 $n \times n$ 阶的转移

矩阵 $Q = [q_{i,j}]$，$1 \leqslant i, j \leqslant n$

（1）$i \neq j$ 时，如果 $\exists t_k \in T : M_i[t_k > M_j$，则

$$q_{i,j} = \frac{d(1 - e^{-\lambda_k \tau})}{d\tau}\Big|_{\tau=0} = \lambda_k \tag{4.7}$$

否则 $q_{i,j} = 0$

（2）$i = j$ 时，

$$q_{i,j} = d\prod_k \frac{[1 - (1 - e^{-\lambda_k \tau})]}{d\tau}\Big|_{\tau=0} = \frac{d(e^{-\tau \sum_k \lambda_k})}{d\tau}\Big|_{\tau=0} = -\sum_k \lambda_k \tag{4.8}$$

式中，$k \neq i$ 且有 $\exists M' \in [M_0 >$，$\exists t_k \in T : M_i[t_k > M'$；$\lambda_k$ 是 t_k 的速率。

直观地说，当从状态 M_i 到状态 M_j 有一条弧相连时，则弧上标注的速率即是 $q_{i,j}$ 的值；当从状态 M_i 到状态 M_j 没有弧相连时，$q_{i,j} = 0$；Q 对角线上的元素 $q_{i,i}$ 等于从状态 M_i 输出的各条弧上标注速率之和的负值。

设马尔可夫链中 n 个状态的稳定状态概率是一个行向量 $X = (x_1, x_2, ..., x_n)$，则根据马尔可夫过程，有下列线性方程组：

$$\begin{cases} X \bullet Q = 0 \\ \sum_i x_i = 1, \quad 1 \leqslant i \leqslant n \end{cases} \tag{4.9}$$

解此线性方程组，即可得每个可达标识的稳定概率 $P[M_i] = x_i$（$1 \leqslant i \leqslant n$），在求得稳定概率之后，便可以进一步求得系统的其他性能参数。

4.3.3　实例分析

为了突出主要因素、忽略次要因素，将 4.2.4 中定时过流保护的交互模型进行简化。略去故障录波 IED，将 PTRC 合并到 PTOC 中，CALH 合并到 IHMI 中。由于在模型中 CSWI 只负责转发 XCBR 的状态信息，故将 CSWI 也略去，由 XCBR 直接报告给 IHMI，相应的消息流也按同样的方法合并。这样简化后的定时过流保护的交互模型如图 4.6 所示。

不考虑消息的时间特性，简化后存在四个逻辑节点交互行为的 CSP 描述如下：

PTOC = goose_off → tr → PTOC □ goose_off_on → tr → PTOC

$$RREC = goose\_off \to op \to PTOC \;\square\; goose\_on \to op \to PTOC$$

$$goose\_off\_on \to op \to PTOC$$

$$XCBR = goose\_off \to goose\_off\_on \to stval \to PTOC$$

$$goose\_on \to goose\_off\_on \to stval \to PTOC$$

$$IHMI = tr \to IHMI \;\square\; op \to IHMI \;\square\; stval \to IHMI$$

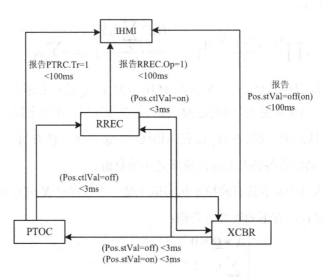

图 4.6　简化的定时过流保护交互模型

依据图 4.5 中的转换规则，这四个进程对应的 Petri 网模型如图 4.7 所示。

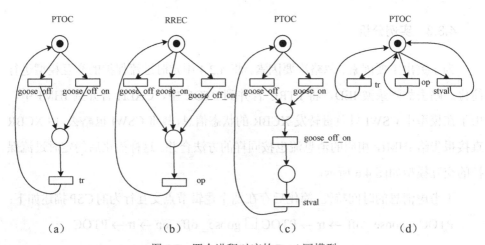

图 4.7　四个进程对应的 Petri 网模型

这四个进程并行组合后，可得如图 4.8 所示的简化定时过流保护模型的 Petri
网模型。

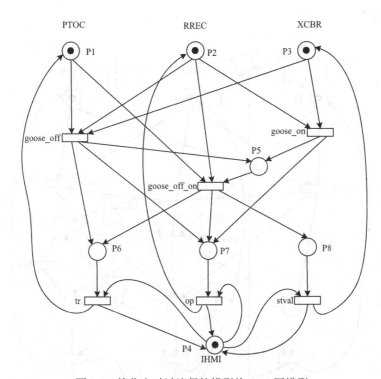

图 4.8　简化定时过流保护模型的 Petri 网模型

为了性能分析的方便，在图 4.8 的基础上，定义定时过流保护模型的两类失
效模式：元件失效和通信失效，并作如下假设：

（1）考虑到电力系统的特殊性，不管是元件失效还是通信失效，同一时刻只
考虑一种类型的一个元件或者通信链路失效。

（2）p1、p2、p3、p4 的失效看作元件失效，p5、p6、p7、p8 的失效看作通信
链路失效，且失效率服务指数分布。

（3）所有的元件失效看作一类，所有的通信链路失效看作一类。

图 4.8 中加入失效变迁后的 Petri 网模型如图 4.9 所示。

其中：ft1、ft2、ft3、ft4 表示元件失效变迁；ft5、ft6、ft7、ft8 表示通信链
路失效变迁；fp1 和 fp2 分别表示元件失效和通信链路失效。在下面的分析中，

ft1、ft2、ft3、ft4 代表元件的失效率；ft5、ft6、ft7、ft8 代表通信链路失效率；其他的变迁 goose_off、goose_off_on、goose_on、tr、op、stval 代表相应信息流的传输时延。

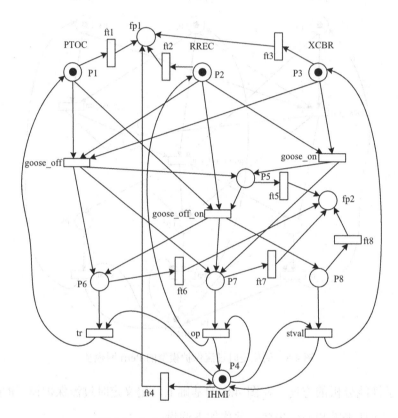

图 4.9　加入失效变迁后的 Petri 网模型

借助随机 Petri 网分析工具 SPNP[186]，分析图 4.9 中的可达图，可得表 4.3 所示的标识表。

表 4.3　图 4.9 中 Petri 网的标识表

标识	p1	p2	p3	p4	p5	p6	p7	p8	fp1	fp2
M0	1	1	1	1	0	0	0	0	0	0
M1	0	0	0	1	1	1	1	0	0	0
M2	1	0	0	1	1	0	1	0	0	0
M3	0	1	0	1	1	1	0	0	0	0

续表

标识	p1	p2	p3	p4	p5	p6	p7	p8	fp1	fp2
M4	1	1	0	1	1	0	0	0	0	0
M5	0	0	0	1	0	1	1	1	0	0
M6	1	0	0	1	0	0	1	1	0	0
M7	0	1	0	1	0	1	0	1	0	0
M8	0	0	1	1	0	1	1	0	0	0
M9	1	1	0	1	0	0	0	1	0	0
M10	1	0	1	1	0	0	1	0	0	0
M11	0	1	1	1	0	1	0	0	0	0
Mf1	—	—	—	—	—	—	—	—	1	0
Mf2	—	—	—	—	—	—	—	—	0	1

表 4.3 中，M0～M11 为模型正常状态；Mf1 为元件失效状态；Mf2 为通信链路失效状态；"—"表示在 Mf1 和 Mf2 两个状态时，p1～p8 为 1 或 0，但表中每行 1 的总数为 4 个，即 Petri 网的令牌数。

设元件失效率为 λ_3，通信链路失效率为 λ_4，变迁 goose_off、goose_off_on、goose_on 的传输延时为 t_1，变迁 tr、op、stval 的传输延时为 t_2，则变迁的平均实施速率[184]分别为 $\lambda_1 = \dfrac{1}{t_1}$ 和 $\lambda_2 = \dfrac{1}{t_2}$。根据文献[184]的方法，在前面的分析及表 4.3 的基础上,将图 4.9 中随机 Petri 网转换成的马尔可夫链的状态转移矩阵,见表 4.4。

表 4.4　状态转移矩阵

标识	M0	M1	M2	M3	M4	M5	M6	M7	M8	M9	M10	M11	Mf1	Mf2
M0	μ_0	λ_1	λ_1										$4\lambda_3$	
M1		μ_1	λ_2	λ_2									λ_3	$3\lambda_4$
M2			μ_2		λ_1								$2\lambda_3$	$2\lambda_4$
M3				μ_3	λ_2								$2\lambda_3$	$2\lambda_4$
M4					μ_4	λ_1							$3\lambda_3$	λ_4
M5						μ_5	λ_2	λ_2	λ_2				λ_3	$3\lambda_4$
M6							μ_6		λ_2	λ_2			$2\lambda_3$	$2\lambda_4$
M7								μ_7		λ_2		λ_2	$2\lambda_3$	$2\lambda_4$

标识	M0	M1	M2	M3	M4	M5	M6	M7	M8	M9	M10	M11	Mf1	Mf2
M8		λ_1							μ_8		λ_2	λ_2	$2\lambda_3$	$2\lambda_4$
M9	λ_2									μ_9			$3\lambda_3$	λ_4
M10	λ_2			λ_1							μ_{10}		$3\lambda_3$	λ_4
M11	λ_2	λ_1										μ_{11}	$3\lambda_3$	λ_4
Mf1													1	
Mf2														1

其中，各对角线上的元素值如下：

$$\mu_0 = -(2\lambda_1 + 4\lambda_3), \quad \mu_1 = -(2\lambda_2 + \lambda_3 + 3\lambda_4)$$
$$\mu_2 = -(\lambda_1 + 2\lambda_3 + 2\lambda_4), \quad \mu_3 = -(\lambda_2 + 2\lambda_3 + 2\lambda_4)$$
$$\mu_4 = -(\lambda_1 + 3\lambda_3 + \lambda_4), \quad \mu_5 = -(3\lambda_2 + \lambda_3 + 3\lambda_4)$$
$$\mu_6 = -(2\lambda_2 + 2\lambda_3 + 2\lambda_4), \quad \mu_7 = -(2\lambda_2 + 2\lambda_3 + 2\lambda_4)$$
$$\mu_8 = -(\lambda_1 + 2\lambda_2 + 2\lambda_3 + 2\lambda_4), \quad \mu_9 = -(\lambda_2 + 3\lambda_3 + \lambda_4)$$
$$\mu_{10} = -(\lambda_1 + \lambda_2 + 3\lambda_3 + \lambda_4), \quad \mu_{11} = -(\lambda_1 + \lambda_2 + 3\lambda_3 + \lambda_4) \qquad (4.10)$$

设状态 M0~M10、Mf1、Mf2 的稳态概率分别为 $p_1 \sim p_{10}$、p_{f1}、p_{f2}，且行向量 $\boldsymbol{P} = [p_1, p_2, p_3, p_4, p_5, p_6, p_7, p_8, p_9, p_{10}, p_{11}, p_{f1}, p_{f2}]$，表 4.4 中的状态转移矩阵为 $\boldsymbol{Q}$，则有：

$$\begin{cases} \boldsymbol{P} \bullet \boldsymbol{Q} = 0 \\ \sum\limits_i p_i = 1 \end{cases}, \quad i = 1, 2, \cdots, 11, f1, f2 \qquad (4.11)$$

根据 IEC 61850 标准的要求，图 4.4 定时过流保护模型中的 GOOSE 信息流的传输时延必须在 3ms 之内，状态报告信息流的传输时延必须在 100ms 之内。表 4.4 中的 λ_1 和 λ_2 是平均实施速率，故在式（4.11）的计算中取平均值 $\lambda_1 = \dfrac{1}{3} = 0.66667$，$\lambda_2 = \dfrac{1}{100} = 0.2$。根据二次设备生产厂商和运行维护数据，元件与通信链路失效率非常小，元件的失效率比通信链路的失效率要高，失效率的单位通常取 10^{-6} 次$/h$[187]。当失效率取不同值时，代入式（4.11）可求得系统各状态的稳定概率分布，见表 4.5。

表 4.5　系统各状态的稳定概率分布

编号	p_0	p_1	p_2	p_3	p_4	p_5	p_6
1	0.002715	0.173350	0.007924	0.263056	0.015823	0.175719	0.087847
2	0.002715	0.173541	0.007939	0.262883	0.015842	0.175798	0.087878
3	0.002716	0.173731	0.007955	0.262709	0.015860	0.175877	0.087908
4	0.002716	0.173920	0.007970	0.262536	0.015878	0.175956	0.087938
5	0.002717	0.174109	0.007985	0.262363	0.015896	0.176034	0.087967
6	0.002717	0.174510	0.008015	0.262036	0.015932	0.176211	0.088032
7	0.002719	0.174974	0.008054	0.261603	0.015978	0.176404	0.088103
8	0.002720	0.175850	0.008121	0.260863	0.016058	0.176789	0.088239
9	0.002721	0.177527	0.008247	0.259504	0.016209	0.177546	0.088491
10	0.002739	0.181567	0.008584	0.255823	0.016609	0.179320	0.089015

编号	p_7	p_8	p_9	p_{10}	p_{11}	p_{f1}	p_{f2}
1	0.087847	0.004982	0.175233	0.002713	0.002713	0.000046	0.000032
2	0.087878	0.004993	0.174928	0.002724	0.002724	0.000083	0.000075
3	0.087908	0.005004	0.174626	0.002734	0.002734	0.000120	0.000118
4	0.087938	0.005015	0.174325	0.002745	0.002745	0.000157	0.000161
5	0.087967	0.005026	0.174026	0.002755	0.002755	0.000194	0.000204
6	0.088033	0.005049	0.173355	0.002776	0.002776	0.000277	0.000279
7	0.088104	0.005076	0.172623	0.002803	0.002803	0.000369	0.000387
8	0.088240	0.005127	0.171179	0.002850	0.002850	0.000553	0.000560
9	0.088495	0.005222	0.168379	0.002937	0.002938	0.000919	0.000863
10	0.089029	0.005468	0.161958	0.003165	0.003168	0.001823	0.001732

　　系统可靠度 $P_S = 1 - \sum P(M_i)$，其中 $P(M_i)$ 为系统失效状态的概率。进一步可求得系统的平均无故障时间 MTTF，具体见表 4.6，变化曲线见图 4.10。

表 4.6　可靠度、MTTF 与失效率的变化关系

编号	λ_1	λ_2	$\lambda_3/(10^{-6}$ 次 $/h)$	$\lambda_4/(10^{-6}$ 次 $/h)$	系统可靠度	MTTF
1	0.6667	0.02	25	15	0.99992148	12735.1
2	0.6667	0.02	45	35	0.99984150	6309.1
3	0.6667	0.02	65	55	0.99976153	4193.4
4	0.6667	0.02	85	75	0.99968157	3140.4

续表

编号	λ_1	λ_2	$\lambda_3/(10^{-6}$次/h$)$	$\lambda_4/(10^{-6}$次/h$)$	系统可靠度	MTTF
5	0.6667	0.02	105	95	0.99960163	2510.2
6	0.6667	0.02	150	130	0.99944327	1796.2
7	0.6667	0.02	200	180	0.99924351	1321.9
8	0.6667	0.02	300	260	0.99888721	898.6
9	0.6667	0.02	500	400	0.99821860	561.4
10	0.6667	0.02	1000	800	0.99644480	281.3

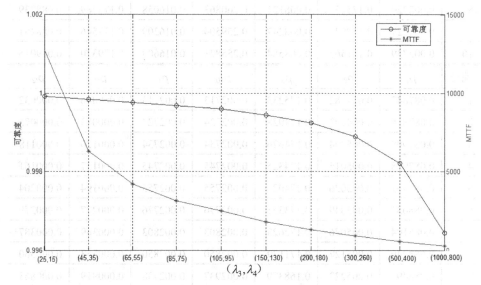

图 4.10 可靠度、MTTF 与失效率的变化曲线

从图 4.10 可知，在消息流传输延时一定的前提下，元件与通信链路的失效率增大，将到导致系统可靠度和 MTTF 降低。因此，在进行 IED 设计时，必须保证元件与通信链路的可靠性，对于硬件模型，可以采取冗余；而对于软件，可以采取多版本程序设计技术。

失效率保持不变时，消息传输延时逐渐增大，各状态的稳定概率分布、系统可靠度和 MTTF 见表 4.7 和表 4.8，图 4.11 为可靠度和 MTTF 的变化曲线。

表 4.7　系统各状态的稳定概率分布

编号	p_0	p_1	p_2	p_3	p_4	p_5	p_6
1	0.009002	0.156001	0.024603	0.242316	0.048835	0.162780	0.081390
2	0.009002	0.156004	0.024604	0.242314	0.048835	0.162781	0.081391
3	0.009002	0.156016	0.024606	0.242306	0.048838	0.162785	0.081393
4	0.009002	0.156035	0.024610	0.242293	0.048842	0.162790	0.081395
5	0.006761	0.161755	0.018900	0.249491	0.037617	0.167153	0.083576
6	0.003616	0.170648	0.010453	0.259955	0.020861	0.173745	0.086862
7	0.002714	0.173580	0.007940	0.262922	0.015844	0.175832	0.087892

编号	p_0	p_1	p_2	p_3	p_4	p_5	p_6
1	0.081390	0.013565	0.162772	0.008633	0.008633	0.000048	0.000031
2	0.081391	0.013566	0.162765	0.008633	0.008633	0.000048	0.000031
3	0.081393	0.013568	0.162745	0.008635	0.008635	0.000048	0.000031
4	0.081395	0.013570	0.162711	0.008639	0.008639	0.000048	0.000031
5	0.083576	0.010909	0.166982	0.006600	0.006600	0.000048	0.000031
6	0.086862	0.006446	0.173272	0.003601	0.003601	0.000047	0.000032
7	0.087892	0.004994	0.174863	0.002724	0.002724	0.000046	0.000032

表 4.8　可靠度、MTTF 与时延的变化关系

编号	λ_1	λ_2	$\lambda_3/$ (10^{-6}次/h)	$\lambda_4/$ (10^{-6}次/h)	系统可靠度	MTTF
1	10	1	25	15	0.99992072	12614.2
2	5	0.5	25	15	0.99992072	12614.2
3	2	0.2	25	15	0.99992072	12614.3
4	1	0.1	25	15	0.99992073	12614.3
5	0.6667	0.05	25	15	0.99992098	12655.2
6	0.5	0.02	25	15	0.99992136	12716.7
7	0.333	0.01	25	15	0.99992148	12736.2

　　由表 4.7、表 4.8、图 4.11 可知，信息传输时延变化时，系统可靠度、MTTF
基本保持不变，说明在进行 IED 设计时，经过 Timed CSP 对系统功能与时间约束
进行验证后，采用本书中的方法对 CSP 描述的系统模型的性能分析可知，系统性

能与元件及通信链路失效率紧密相关。

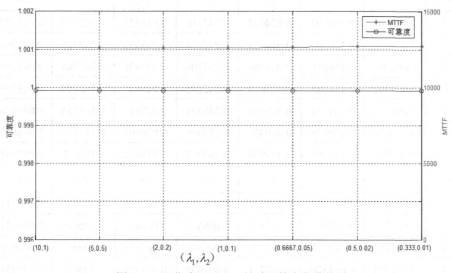

图 4.11　可靠度、MTTF 与时延的变化曲线

目前，已出现一种软件工具 CSPN[188]，可以将 CSP 描述自动转换成随机 Petri 网，大大提高 CSP 描述性能分析的效率；同时诸多 Petri 网分析工具[184]也为性能分析提供了极大的便利。

4.4　本章小结

本章首先根据变电站自动化系统中 IED 的设计需求，提出了形式化的 IED 设计方法，采用 Timed CSP 描述语言描述定时过流保护模型的交互行为，在 PAT 环境中进行了功能及时限验证。最后将 CSP 描述转换成随机 Petri 网，对 CSP 描述的系统性能进行了分析。

第 5 章　变电站自动化系统 IED 重要度分析

基于 IEC 61850 标准的变电站自动化系统的逻辑节点是功能的最小单元，且系统支持功能自由分布，即逻辑节点可以自由分布在任意 IED 上。IED 重要度反应的是 IED 依附的所有逻辑节点对系统可靠性的整体影响。因此，IED 重要度主要取决于其所依附的逻辑节点数量和类型、单个逻辑节点对系统可靠性的影响以及逻辑节点之间的相互作用。本章结合变电站自动化系统特征，研究基于逻辑节点联合分布的 IED 重要度分析方法。

5.1　重要度相关概念

常见的描述系统组成单元重要度的方法有 MRI（Marginal Reliability Importance）和 B-P 重要度[189-191]。可靠性函数是重要度计算的基础，在此首先以可靠度作为系统可靠性指标进行说明。

MRI 的相关定义如下：假设系统 S 由 n 个组成单元构成，各单元 i 的可靠度分别为 $R_1(t), R_2(t), ... R_n(t)$，假设系统对应的可靠度函数为：

$$R_s(t) = R[R_1(t), R_2(t), ... R_n(t)] \tag{5.1}$$

则称：

$$I_{Ri} = \frac{\partial R_s(t)}{\partial R_i(t)} \tag{5.2}$$

为单元 i 的 MRI。

从 MRI 的定义和计算可以看出，单元的 MRI 能够明确地反应提高哪个组成单元的可靠度能使系统的可靠度有最大的提升。

B-P 重要度定义如下：假设系统的可靠度函数为

$$R_s(t) = R[R_1(t), R_2(t), ... R_n(t)] \tag{5.3}$$

则称：

$$I_{B-P(1)} = \int_0^0 \left[R(1,p,...p) - R(0,p,...p) \right] \mathrm{d}p \qquad (5.4)$$

为单元 1 的 B-P 重要度。

其基本思路为：计算单元 1 的可靠度从 1 变为 0 时，系统可靠度的变化。由于公式的重点是计算每一个单元的重要度，因此式（5.4）中，假设除本单元以外的所有单元的可靠度尚未确定，取各单元可靠度均为 p，然后取 p 在[0,1]区间的可靠度的期望值。同理，可定义系统所有单元 i 的 B-P 重要度。

B-P 重要度计算主要从系统结构出发计算单元的重要度，存在这样一个问题：如串联系统或并联系统中，系统每个单元的 B-P 重要度完全一样。但事实上，对于串联系统来说，最重要的单元是可靠度最低的单元；而并联系统中，最重要的单元是可靠度最高的单元。MRI 重要度同时考虑到了系统单元可靠性和系统结构对系统可靠性的影响，对单元的重要度分析比较客观真实。结合本书功能可靠性分析模型特点，即功能可靠性主要取决于逻辑节点可靠性以及逻辑节点之间的相互逻辑关系。因此，本书采用 MRI 重要度来分析 IED 的重要性。在本书后面的内容中，若不作特殊说明，重要度均是指 MRI 重要度。

5.2　IED 重要度分析

从 5.1 节中的 IED 重要度计算公式可以看出，可靠性函数是重要度计算的基础。在第 3 章中，分别研究了功能的可靠度和稳态可用率分析方法。采用功能可靠度函数计算得出的 IED 重要度同样是一个随时间变化的函数，而采用功能稳态可用率函数计算得出的 IED 重要度是一个随系统平均修复时间 MTTR 值变化的函数。其中，在分析功能的可靠性时，未考虑功能之间的相互作用。因此，本章在此也不考虑功能相互作用对 IED 重要度的影响。

在本书中，功能可靠性分析模型中的基本单元为逻辑节点和逻辑连接，而 IED 是包含一个或多个逻辑节点的实体。因此，采用 MRI 重要度计算公式计算得出的只是逻辑节点或逻辑连接的 MRI，为了获取 IED 的 MRI，本书借鉴故障树中联合概率重要度的概念。

1969 年，Birnbaum 引进概率重要度的概念，用来分析降低底事件发生概率对降低顶事件发生概率的贡献大小。如设 $h(P)$ 为故障函数，则底事件 x_i 的概率重要度表示为：

$$I_i^B = \frac{\partial h(P)}{\partial p_i} = h(1_i, P) - h(0_i, P) \tag{5.5}$$

式中：$h(1_i, P)$ 表示系统中第 i 个底事件是失效的；$h(0_i, P)$ 表示系统中第 i 个底事件是正常的。底事件 x_i 的概率重要度为 x_i 状态取 1 时和 x_i 状态取 0 时，顶事件发生的概率差。其物理意义为当且仅当部件 i 失效时，系统处于失效状态的概率。

1993 年，J.S.Hong 在概率重要度的基础上提出了联合概率重要度的概念，Xueli GAO 对其进一步推广。如两个底事件联合概率重要度的定义如下：

$$JFI1(i, j) = \frac{\partial h(P)}{\partial p_i \partial p_j} = h(1_i, 1_j, P) + h(0_i, 0_j, P) - h(1_i, 0_j, P) - h(0_i, 1_j, P) \tag{5.6}$$

其相关定义和意义与式（5.5）类似，扩展到多个事件。

本书借鉴此概念，提出了基于逻辑节点联合分布的 IED 重要度分析方法，其基本分析原理如下：

首先介绍加法公式：对于任意两事件 A, B 有

$$P(A \cup B) = P(A) + P(B) - P(AB) \tag{5.7}$$

证明过程略。

当式（5.7）推广至多个事件的情况下，如设 A_1, A_2, A_3 为任意三个事件，则有：

$$P(A_1 \cup A_2 \cup A_3) = P(A_1) + P(A_2) + P(A_3) - P(A_1 A_2) \\ - P(A_1 A_3) - P(A_2 A_3) + P(A_1 A_2 A_3) \tag{5.8}$$

一般来说，对于任意 n 个事件 $A_1, A_2, ..., A_n$，可以用归纳法证得：

$$P(A_1 \cup A_2 \cup ... \cup A_n) = \sum_{i=1}^{n} P(A_i) - \sum_{1 \le i < j \le n} P(A_i A_j) \\ + \sum_{1 \le i < j < k \le n} P(A_i A_j A_k) + ... + (-1)^n P(A_i A_j ... A_n) \tag{5.9}$$

从 MRI 的定义及计算可以看出，其本质在于求取单元的边缘概率分布。因此，从概率论的角度出发，多个单元的和事件概率即为多个单元的整体概率分布。

对于变电站自动化系统而言，由于本书不考虑 IED 的共因失效问题，如 IED 电源失效问题，且逻辑单元是功能的最小单元，是一个可靠性单元。因此，若某

IED 包含多个逻辑单元，则各逻辑单元可以看作是相互独立的，IED 的整体重要度就是各逻辑单元的和事件的重要度。

设变电站自动化系统某功能由 n 个逻辑单元 $d_1, d_2, ..., d_n$ 组成（包括逻辑节点和逻辑连接），设各逻辑单元的可靠度分别为 $R_1(t), R_2(t), ..., R_n(t)$，系统对应的可靠度函数为

$$R_s(t) = R[R_1(t), R_2(t), ..., R_n(t)] \tag{5.10}$$

其中有某个设备 a 包含 m 个逻辑节点，为了便于分析，设这 m 个逻辑节点为 $d_1, d_2, ..., d_m$，则设备 a 的重要度为：

$$\begin{aligned} I_{Ra} &= I(d_1 \bigcup d_2 \bigcup ... \bigcup d_i) = \sum_{i=1}^{m} I(d_i) - \sum_{1 \leq i < j \leq m} I(A_i A_j) \\ &+ \sum_{1 \leq i < j < k \leq M} I(A_i A_j A_k) + ... + (-1)^m I(A_i A_j ... A_m) \end{aligned} \tag{5.11}$$

其中，各逻辑单元可以看作是相互独立的，因此：

$$I(A_i A_j ... A_m) = \frac{\partial R}{\partial A_i \partial A_j ... \partial A_m} \tag{5.12}$$

则设备 a 的重要度为：

$$I_{Ra} = \sum_{i=1}^{m} \frac{\partial R_s(t)}{\partial R_i(t)} - \sum_{1 \leq i < j \leq m} \frac{\partial R}{\partial A_i \partial A_j} + ... + (-1)^m \frac{\partial R}{\partial A_i \partial A_j ... \partial A_m} \tag{5.13}$$

同理，可计算系统所有组成 IED 的重要度。

5.2.1 基于功能可靠度计算的 IED 重要度分析方法

基于 IEC 61850 标准的间隔联锁功能的逻辑节点连接图如图 5.1 所示，包括 IHMI、CSWI、CILO、XCBR、XSWI 五个逻辑节点和 XSWI-CILO、XCBR-CILO、CILO-CSWI、IHMI-CSWI、CSWI-XCBR 五条逻辑连接。

各逻辑节点的 IHMI、CSWI、CILO、XCBR、XSWI 的故障率分别为：λ_{d1}、λ_{d2}、λ_{d3}、λ_{d4}、λ_{d5}，对应的可靠度函数分别为 $R_1(t)$、$R_2(t)$、$R_3(t)$、$R_4(t)$、$R_5(t)$；各逻辑连接 XSWI-CILO、XCBR-CILO、CILO-CSWI、IHMI-CSWI、CSWI-XCBR，的故障率分别为 λ_{L1}、λ_{L2}、λ_{L3}、λ_{L4}、λ_{L5}，对应的可靠度分别为 $R_6(t)$、$R_7(t)$、$R_8(t)$、$R_9(t)$、$R_{10}(t)$。

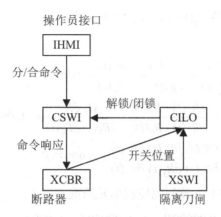

图 5.1　间隔联锁功能的逻辑节点连接图

则间隔联锁功能的可靠度函数为

$$R_s(t) = \prod_{i=1}^{10} R_i(t) \tag{5.14}$$

间隔控制单元包括 CILO 和 CSWI 两个逻辑节点以及 CILO-CSWI 逻辑连接，而其他逻辑节点均单独分布。因此，在此以分析间隔控制单元的重要度为例进行说明。

根据式（5.13），间隔控制单元的重要度为：

$$\begin{aligned}I = &\frac{\partial R_s(t)}{\partial R_2(t)} + \frac{\partial R_s(t)}{\partial R_3(t)} + \frac{\partial R_s(t)}{\partial R_8(t)} - \frac{\partial R_s(t)}{\partial R_2(t)}\frac{\partial R_s(t)}{\partial R_3(t)}\\ &- \frac{\partial R_s(t)}{\partial R_2(t)}\frac{\partial R_s(t)}{\partial R_8(t)} - \frac{\partial R_s(t)}{\partial R_2(t)}\frac{\partial R_s(t)}{\partial R_3(t)} + \frac{\partial R_s(t)}{\partial R_2(t)}\frac{\partial R_s(t)}{\partial R_3(t)}\frac{\partial R_s(t)}{\partial R_8(t)}\end{aligned} \tag{5.15}$$

式中：

$$\frac{\partial R_s(t)}{\partial R_2(t)} = \prod_{i \neq 2} R_i(t) \tag{5.16}$$

$$\frac{\partial R_s(t)}{\partial R_3(t)} = \prod_{i \neq 3} R_i(t) \tag{5.17}$$

$$\frac{\partial R_s(t)}{\partial R_8(t)} = \prod_{i \neq 8} R_i(t) \tag{5.18}$$

代入本例中各 IED 故障率数据（单位统一为 $\lambda \times 10^{-6}$ 次 $/\,\mathrm{h}$）：工程师工作站 $\lambda_i = 42.56$、间隔控制单元 $\lambda_2 = 12.53$、断路器 $\lambda_3 = 1.402$、隔离刀闸 $\lambda_4 = 2.416$，通信

链路 $\lambda_L = 34.40$。其中，各 IED 内部可靠性单元的故障率统一用设备的故障率表示，所以：

$$\frac{\partial R_s(t)}{\partial R_2(t)} = \frac{\partial R_s(t)}{\partial R_3(t)} = \frac{\partial R_s(t)}{\partial R_8(t)} = 0.999791^t \qquad (5.19)$$

$$\frac{\partial R_s(t)}{\partial R_2(t)}\frac{\partial R_s(t)}{\partial R_3(t)} = \frac{\partial R_s(t)}{\partial R_2(t)}\frac{\partial R_s(t)}{\partial R_8(t)} = \frac{\partial R_s(t)}{\partial R_3(t)}\frac{\partial R_s(t)}{\partial R_8(t)} = (0.999582)^t \qquad (5.20)$$

$$\frac{\partial R_s(t)}{\partial R_2(t)}\frac{\partial R_s(t)}{\partial R_3(t)}\frac{\partial R_s(t)}{\partial R_8(t)} = 0.999373^t \qquad (5.21)$$

因此，由式（5.15）计算间隔控制单元的重要度为：

$$I = 3 \times 0.999791^t - 3 \times 0.999582^t + 0.999373^t \qquad (5.22)$$

其重要度-时间曲线如图 5.2 所示。

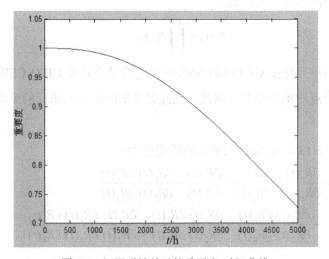

图 5.2　间隔联锁单元的重要度-时间曲线

从图 5.2 所示的曲线可见，随着时间 t 增大，间隔联锁单元的重要度降低。其中，当 t 分别为 100h 和 1000h 时，间隔控制单元的重要度分别为 0.999890 和 0.993352。重要度随时间增大而降低的主要原因在于：从计算公式可以看出，MRI 反应的是该单元可靠度变化时，系统可靠度变化的相对速率，由于随着时间增大，系统 IED 的可靠度均成指数衰减，因此系统可靠度变化速率也降低。

同理，计算系统其他 IED 设备的重要度。其中，通信链路重要度是以其中某条逻辑连接为例，未考虑具体网络结构。

工程师工作站：0.999821^t

断路器：0.999780^t

隔离刀闸：0.999781^t

通信链路（以一条为例）：0.999813^t

相应的各 IED 重要度-时间曲线如图 5.3 所示。

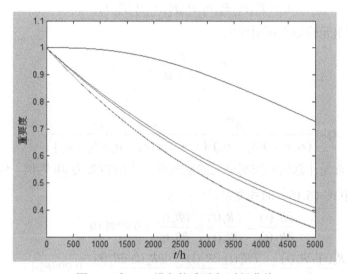

图 5.3　各 IED 设备的重要度-时间曲线

图 5.3 中，各 IED 重要度曲线从上至下依次为：间隔控制单元、工程师工作站、通信链路、断路器和隔离刀闸。其中，断路器和隔离刀闸的重要度曲线相差不明显。根据 IED 重要度分析方法和变电站自动化系统特性，分析各曲线如下：

（1）由于工程师工作站、断路器、隔离刀闸等设备仅涉及单个逻辑单元，其重要度函数为其除自身以外的逻辑节点的整体可靠度函数，因此随着时间增加，重要度成指数衰减。

（2）对于间隔控制单元而言，涉及三个逻辑单元。因此，其重要度函数不仅与其他 IED 有关，还与本身逻辑节点分布有关，而逻辑单元重要度随时间成指数衰减，间隔控制单元的整体重要度是单个逻辑单元的和事件。因此，根据概率论和指数函数相关知识，其重要度衰减相对较慢（非指数衰减）。

（3）进一步验证了串联系统中可靠度最低的单元重要度最高，如仅包含单个逻辑节点的 IED 中，工程师工作站的故障率最高、可靠性最低、重要度最高。

5.2.2　基于功能稳态可用率计算的 IED 重要度分析方法

同理，可以利用功能稳态可用率分析方法和模型分析 IED 重要度。间隔联锁功能稳态可用率计算模型，其可用率函数为

$$A_S = P_{d1}P_{d2}P_{d3}P_{d3}P_{d5}P_{L1}P_{L2}P_{L3}P_{L4}P_{L5} \tag{5.23}$$

各逻辑单元的稳态可用率为

$$P_{Si} = \frac{\mu_i}{\lambda_i + \mu_i} \tag{5.24}$$

即

$$A_S = \frac{\mu_s^{10}}{(\lambda_1 + \mu_s)(\lambda_2 + \mu_s)^3(\lambda_3 + \mu_s)} \frac{1}{(\lambda_4 + \mu_s)(\lambda_L + \mu_s)^4} \tag{5.25}$$

同样，首先计算间隔控制单元的重要度。以 MTTR 为 8h 为例，代入各数据，计算 5.2.1 中式（5.15）的各变量：

$$\frac{\partial R_s(t)}{\partial R_2(t)} = \frac{\partial R_s(t)}{\partial R_3(t)} = \frac{\partial R_s(t)}{\partial R_8(t)} = 0.999810 \tag{5.26}$$

$$\frac{\partial R_s(t)}{\partial R_2(t)}\frac{\partial R_s(t)}{\partial R_3(t)} = \frac{\partial R_s(t)}{\partial R_2(t)}\frac{\partial R_s(t)}{\partial R_8(t)} = \frac{\partial R_s(t)}{\partial R_3(t)}\frac{\partial R_s(t)}{\partial R_8(t)} = 0.999624 \tag{5.27}$$

$$\frac{\partial R_s(t)}{\partial R_2(t)}\frac{\partial R_s(t)}{\partial R_3(t)}\frac{\partial R_s(t)}{\partial R_8(t)} = 0.999248 \tag{5.28}$$

代入式（5.15），计算得：当 MTTR 为 8h 时，间隔控制单元的重要度为 0.999806。

同理，计算不同 MTTR 值下的各设备 MRI 值，其重要度-MTTR 曲线如图 5.4 所示。

图 5.4 中，设备重要度曲线依次从上至下依次为间隔控制单元、工程师工作站、通信链路、隔离刀闸、断路器。随着 MTTR 的增大，功能整体稳态可用率下降，各 IED 设备重要度均衰减。对于间隔控制单元，同样由于重要度不仅与系统其他 IED 可靠性相关，而且与自身可靠性相关，随着系统平均修复时间 MTTR 的增加，间隔控制单元的重要度衰减。此外，考虑到 IED 的可修复性，从功能稳态可用率的角度出发，IED 重要度变化相对较小。

从 IED 重要度分析结果可以看出，当仅考虑间隔联锁功能时，在当前功能分

布方式下，间隔控制单元的设备重要度最高。从重要度相关知识可以看出，提高间隔控制单元的可靠性时，对功能整体可靠性的提升最大。

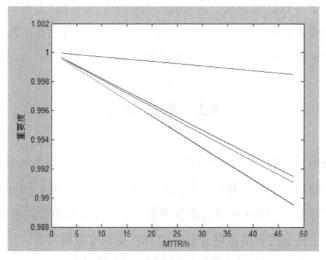

图 5.4　各 IED 重要度-MTTR 曲线

当 t=100h 时，间隔控制单元和工程师工作站的故障率从1×10^{-6}次/h 变化至50×10^{-6}次/h，功能的可靠度-故障率曲线如图 5.5 所示。

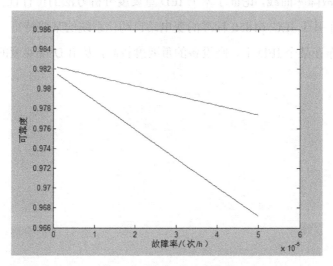

图 5.5　可靠度-故障率曲线

图 5.5 中，上方曲线为工程师工作站，下方曲线为间隔控制单元。显然，间

隔控制单元故障率增加时，对功能的可靠性影响比工程师工作站大，即间隔控制单元重要度高。

在此仅考虑了 IED 只涉及一个功能时的重要度，当 IED 上逻辑节点涉及到多个功能时，则应从系统的角度，同时分析所有逻辑节点对系统可靠性的影响，即将相应的功能可靠度函数用系统可靠度函数表示。

5.3 本章小节

本章主要研究 IED 重要度的分析方法。本书的出发点都是从 IEC 61850 标准的内涵出发，即功能的自由分布，因此在计算 IED 重要度时，同样应结合具体功能分布方式进行分析。IED 可以看作各逻辑单元所构成的集合，从 MRI 的标准定义出发，提出了基于逻辑节点联合分布的 IED 重要度分析方法。然后，基于功能可靠度分析方法和功能稳态可用率分析方法，研究了相应的 IED 重要度分析方法，对 IED 重要度与系统运行时间、系统平均修复时间的关系特性进行了分析。其中，以间隔联锁功能为例，分别绘制相应的 IED 重要度时间曲线、重要度-MTTR 曲线以及可靠度-故障率曲线，论证了本书 IED 重要度分析方法的可行性。分析结果也进一步验证了基于 IEC 61850 标准的变电站自动化系统的某些特征，如多个逻辑节点集中分布在某个 IED 上，则设备的重要度较高，从 IED 重要度的角度提供了参考依据。

第 6 章　变电站自动化系统通信网络分析

变电站自动化系统的任务包括电气量的采集和电气设备的状态监视、控制和调节，实现变电站正常运行的监视和操作，保证变电站的正常运行和安全；在发生故障时，完成对瞬态电气量的采集、设备的监视和控制，迅速切除故障，进行故障后变电站恢复正常运行的操作。变电站自动化系统通信网络是变电站自动化系统的重要组成部分，主要任务是为控制命令、电气量采样值、设备监控信息和事件报警等数据可靠的传输提供高速通道，是变电站实现自动化的关键技术之一。

6.1　变电站自动化系统通信网络体系结构

6.1.1　早期的变电站自动化系统通信网络

1. 基于 BitBus 和 RS-485 技术的通信网络

BitBus 和 RS-485 分别是 Intel 公司和美国电子工业协会指定的串行总线通信标准[194]。国内外变电站自动化技术发展的早期，大多采用这类低速的串行总线，将变电站内的自动化设备连接到一起，组成通信网络进行数据交换。但是随着变电站电压等级的升高、设备数量的增加，网络规模逐渐扩大，这种简单串行通信技术的不足也慢慢暴露出来：

（1）通信速率低，一般不超过 9.6kb/s，在进行大量实时数据的传输时显得力不从心。

（2）网络上只能有一个主节点，无法实现多主节点的冗余系统，使得系统可靠性较差。

（3）数据通信方式为命令响应式，从节点只能在收到主节点的命令后才能响应，许多重要信息得不到及时的传送，致使系统的实时性差、传输效率低下。

（4）抗干扰和纠错能力差，不适合分布安装在现场一次系统间隔内。

2. 基于现场总线的通信网络

为了解决 BitBus 和 RS-485 串行通信总线系统中出现的问题，变电站自动化系统通信网络的解决方案逐渐转向了当时日益发展起来的现场总线技术。基于网络技术的现场总线无论在通信速率和实时性，还是在可靠性、开放性和组网的灵活性上，均远远高于简单的串行通信技术。因而在短时间内便成为了变电站自动化系统的主力通信技术。目前，主要有 CAN 总线和 LonWorks 总线应用于变电站自动化系统内部通信网络。

文献[195]通过分析计算，认为 PROFIBUS 现场总线可以适应小型变电站自动化系统内部通信的要求，数据的实时性能够得到保证。文献[196]介绍了基于 CAN 总线的变电站综合自动化系统中通信管理机的软、硬件开发过程，通过通信管理机对总线中报文收发的控制提高了系统的实时性、可靠性和灵活性。文献[197]使用 CAN 总线技术进行了变电站过程层通信网络的构建，并建立了过程 CAN 总线实时性能分析模型，分析了数据报文的网络时延。文献[198]介绍了应用支持点对点通信的 CAN 2.0B 规约实现集中网络的保护和控制方案的实例，包括基于 CAN 总线的接地选线、基于 CAN 总线的网络化母线保护和基于 CAN 总线的电压无功控制。文献[199]设计出了一套基于 CAN 总线技术的变电站监控系统，具有可靠性高、通信速度快、抗干扰能力强、组态灵活等优点。文献[200, 201]研究了 LonWorks 总线技术应用于变电站自动化系统通信的可行性，并分别设计出了基于 LonWorks 总线的变电站自动化系统。文献[202]则以 LonWorks 总线为例，建立了变电站通信网络的仿真模型，对网络性能进行了研究，从而为更好地选择网络参数提供了依据。

但是现场总线技术应用于变电站自动化系统通信网络的黄金期并没有持续多久。随着变电站自动化系统功能的不断增加和对网络性能要求的越发严格，现场总线技术的诸多局限性渐渐显露出来。在通信设备多、数据量大的变电站自动化系统中，使用现场总线作为主干通信网络时，存在以下不足：

（1）变电站通信节点超过一定数量后，数据的响应速度下降到不能接受的水平，实时性无法得到保证，难以适应大型变电站对通信系统的要求。

（2）网络带宽仍然十分有限，在传输故障录波、配置文件等数据量大的信息时，导致命令、采样值信息的传输延迟增大。

（3）总线型拓扑结构在网络任一点出现故障时，均可能导致整个系统的崩溃，而且难以诊断故障点。

（4）由于标准不统一，许多网络设备和软件需要专门设计，很难实现基于不同现场总线变电站自动化系统通信网络的互联。

3. 基于以太网技术的通信网络

由于以太网技术的不断发展，工业以太网技术逐渐成熟及其在工业现场环境中的成功应用，使得以太网应用于变电站自动化系统通信领域具备了一定的技术条件。美国电力科学研究院采用以太网技术对变电站通信网络进行了研究，在特定的"最恶劣"情况下对比了以太网和 12Mb/s 令牌传递 PROFIBUS 网络的性能。结果表明，无论是通过共享式 Hub 连接的 100Mb/s 以太网还是通过交换机连接的 10Mb/s 以太网，都能满足对变电站自动化系统通信网络实时性的要求，并且二者均快于令牌传递 PROFIBUS 网络。同时，国内外的许多生产厂商也逐步尝试将以太网技术用于各自最新推出的变电站自动化系统中。如 GE 公司的 GESA 变电站自动化系统、GE-Harris 公司的 PowerComm 系统、ALSTOM 公司的 Space 2000 系统，还有北京四方公司研制的 CSC 2000 变电站自动化系统。

6.1.2 以太网技术的优势

1. 以太网的发展与体系结构

1973 年加利福尼亚 Xerox 公司 PARC 研究中心的 Bob Metcalfe 首次提出以太网（Ethernet）概念。1980 年，DEC、Intel 和 Xerox 三家公司宣布了第一个以太网标准 DIX 1.0，1982 年经过修改后的版本 DIX 2.0 被发布。随后 IEEE 802 委员会以 DIX 2.0 为基础，经过 IEEE 成员修改并投票通过，于 1989 年发布了 IEEE 正式标准，编号为 IEEE 802.3，之后又产生大量的修订版和增补版。尽管以太网和 IEEE 802.3 有所区别，但通常认为以太网与 IEEE 802.3 是兼容的。IEEE 又将 IEEE 802.3 标准提交给国际标准化组织（International Organization for Standardization，ISO）第一联合技术委员会（JTC1），再次通过修订形成了 ISO 8802.3 国际标准。以太网标准化后，随着其网络带宽的逐渐提高和用户量的迅速膨胀，以太网技术的价格由于摩尔定律和规模化生产体系而直线下降，按梅特卡夫定律其价值呈指数上升，所以得到了广泛的推广，取得了极大的成功，其凭借超过80%的市场分额，在世界范围内的局域网市场上处于领先地位。

以太网是基于OSI七层参考模型的，从模型各层功能来看，以太网要具有收发功能，而且还需与传输介质相连，所以物理层和数据链路层是必不可少的。介质访问控制是数据链路层的主要任务，以太网的数据链路层实际上是由两个独立的部分组成：MAC子层（Media Access Control）和LLC子层（Logical Linking Control）。以太网的体系结构与OSI参考模型的对应关系如图6.1所示。

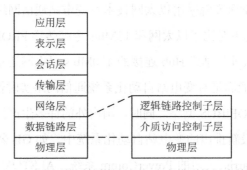

图 6.1 　以太网体系结构与 OSI 参考模型的对应关系

MAC子层负责控制对网络的访问，它必须保证两个或者更多的工作站不会同时试图向网络发送数据，以太网是使用CSMA/CD协议来实现的；除此以外 MAC层还须维护数据进入和离开网络时的有序性。因此，MAC子层具有MAC 寻址、帧类型识别、帧控制、帧拷贝等类似功能。LLC子层的主要作用是为高层协议与介质访问控制子层之间提供连接，此外，还需要实现一些控制功能，如生成和解释用于控制数据流的命令、检测到传输错误时的恢复操作等。链路控制信息作为LLC协议数据单元以太网帧的数据字段所承载。

2. 交换式以太网的全双工通信

采用交换机取代传统的Hub形成的交换式以太网，各端口报文的收发不再受到传统以太网 CSMA/CD 介质访问控制协议的限制，是以太网走向确定性的里程碑。加上全双工通信、优先级策略、虚拟局域网等交换式以太网支持技术，保证了实时性信息的快速传输。

交换机是一个具有简化、低价、高性能和端口密集等特点的数据交换产品，相当于多端口智能网桥。每个端口连接到一个以太网接口，同时具有接收和发送的功能。端口的内部逻辑都连接到纵横开关上，当交换机从端口收到以太网帧后，从帧头中获取目的地址，立即在其内存中的地址表内进行查找，以确认该目的地址的网卡与哪一个端口相连，随即将接收帧的端口通过纵横开关与目的端口连通，发送该数据帧。如果在地址表中没有目的地址的记录，交换机将数据包广播到所有端口，当目的端口有数据包返回交换机时，交换机从该数据包中提取出新的MAC，并更新地址表。交换机的交换策略有直通式、存储转发式以及介于两者之间的混合转发模式。交换机任意两个端口间都可以建立专用连接通道，此通道的带宽由两个端节点独占，每个端口都是一个独立的冲突域，提供了更高的带宽，避免了与其他端口发送数据的碰撞冲突问题。而且交换机可以同时建立多个逻辑连接，使多个端口并行传输数据包，从而提高了网络的利用率。

传统以太网的信息传输都需要通过单条共享介质，数据的收发遵循CSMA/CD 协议，因此在技术上无法实现同时接收和发送数据，否则就会引起冲突，只能工作在半全双工模式。交换机的每个端口允许同时接收和发送数据帧，取消了总线的竞争使用，实现了全双工工作。网络中的设备可以在任何时候都以链路最高速度收发数据，这样就消除了冲突以及网络性能中的其他影响，使得链路的有效带宽加倍。交换机与全双工通信同时使用，不仅显著提高了网络的实时性能，也增强了以太网的灵活性和可扩展性。实际上全双工交换式以太网被认为具有"完全的确定性"。

3. 优先级策略

采用全双工交换式以太网技术也不能完全保证数据传输的实时性，例如当有多个节点同时向交换机的同一端口连续发送报文时，这些报文将在输出端口的缓冲区内排队等待发送，这样便产生了时延，如果等待发送的报文数量不断增加，超过了缓冲区的存储能力，就会有报文被丢弃，造成传输失败。

随着以太网交换机中引入 IEEE 802.1p 标准，使交换机中实现信息分类和优先级传输成为了可能。为了处理不同优先级的报文，交换机在每个输出端口设置了多个队列缓冲区，只有高优先级的缓冲区为空时，才能发送低优先级的报文，给予了优先级高的数据以更快的响应时间，从而确保了实时性信息的传输时间。

IEEE 802.1p 标准对优先级的标记采用了带 IEEE 802.1Q 规范的以太网数据帧格式，增加的标签控制信息字段长度为 4 字节，位于以太网数据帧的源地址和长度字段之间，其帧结构如图 6.2 所示。

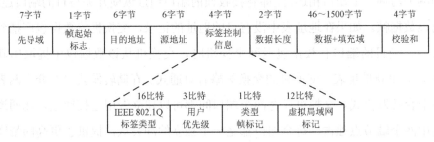

图 6.2 插入优先级标签后的以太网帧格式

标签控制信息字段的前两个字节总是被设为 0x8100，称为 IEEE 802.1Q 标记类型；后面的两个字节中，前 3 个比特是用户优先级标签字段，可以用来提供 0～7 之间 8 种不同优先级，优先级 0 的级别最低，优先级 7 为最高级；接下来 1 个比特是类型帧标记，如果该位数据为 1，表示在 MAC 数据帧中携带的 MAC 地址全部是用规范格式来表示的；最后 12 个比特用来定义虚拟局域网的标识号。

4. 虚拟局域网技术

交换机只是划分了冲突域、避免了信道冲突，但是所有的设备仍然处于同一个广播域中，大量广播信息所带来的带宽消耗和网络延时对用户的影响仍不容忽视。虚拟局域网技术（VLAN）的出现打破了传统网络的许多概念，使网络结构变得灵活、方便，并为网络提供了充裕的带宽及良好的可管理性。VLAN 是指在交换式以太网的基础上，采用网络管理软件构建可跨越不同网段的、与设备物理位置无关的逻辑组。逻辑组的划分可以是按照功能、工程组或应用的构架为基础的。数据帧通过 IEEE 802.1Q 标签中的虚拟局域网类型标识来确定所属的 VLAN，数据帧的传输限制在本 VLAN 中。

在局域网络中，许多数据是以广播形式发送的，而大量的广播信息极有可能造成网络的堵塞。通过 VLAN 技术把一个大型局域网划分为几个小的 VLAN，把广播信息限制在各个 VLAN 内部，大大减少了 VLAN 中的广播信息，提高了网络效率。

由于各个 VLAN 之间不能直接进行数据通信，必须通过路由器来转发。如果 VLAN 之间没有路由器相连接，就会形成一个与外界相隔离的独立的局域网，安全性可以得到较大程度的提高。如果对 VLAN 之间的路由器进行适当的设置，可以实现 VLAN 之间的安全访问控制。

5. 工业以太网

尽管多种现场总线技术在诸多领域的控制系统中得到了广泛的应用，但是各种不同的现场总线都沿用了各大公司的专有技术，导致各种通信协议相差较大，要实现不同产品间的互连非常困难，不能真正实现透明的信息互访，大量工作都浪费在了协议转换上。IEC 制定 IEC 61158 国际标准的初衷是将各种现场总线归纳为一种统一的标准。但是事与愿违，由于支持各总线的集团间的利益冲突，使 8 种现场总线成为了国际标准，其实质就是没有真正统一的通信标准。随着企业对从现场控制层到管理层实现全面、无缝的信息集成的要求不断高涨，现场总线技术难以达到这一要求，加上其信道带宽低等缺点，使得人们不得不寻找一种新的通信方式来适应未来发展的需要。这时在办公自动化领域取得了巨大成功的以太网，逐渐走进了工业控制领域。

随着工业控制领域对网络通信系统的要求不断提高，现场总线技术的缺憾逐渐显露，而以太网的优势越来越引起了人们的重视。与现场总线相比，以太网具有许多优点：通信速率高、应用广泛、成本低廉、易于信息集成、可持续发展潜力大。以太网正是凭借着上述这些优势一步步走向工业控制领域。然而，以太网的产生与发展都是以商业应用、办公自动化为目标的，在面对工业控制领域中更高、更苛刻的要求时，其自身的一些缺点便成为了应用过程中的障碍。传统以太网的这些缺点有时可能是致命的。

（1）传统以太网的实时性差，传输时间具有不确定性。

由于 CSMA/CD 协议的存在，使得以太网的确定性和实时性难以保证。这种通信不确定性会导致系统控制性能下降，控制效果不稳定，甚至引起系统振荡。

（2）工业现场环境下以太网可靠性问题。

工业现场环境与办公自动化环境相比条件恶劣，要求工业控制网络必须具有气候环境适应性、耐冲击、耐振动、防尘防水、抗腐蚀性以及较好的电磁兼容性。

（3）总线供电的问题。

采用总线供电可以减少网络电缆，降低安装复杂性和费用，提高网络和系统的可维护性。但以太网电缆只用于传输信息，不能提供驱动现场设备的电能。

（4）安全性问题。

一方面以太网不是本质安全系统，在易爆或可燃场合，还需要解决防爆、隔爆等问题；另一方面，还要防止恶意的网络攻击，防止没有授权的用户进入网络的控制或管理层，造成网络安全的漏洞。

利用前文介绍的全双工交换式以太网、优先级机制和虚拟局域网技术，提高了网络的实时性和确定性，确保了实时性信息优先处理，限制了广播风暴，简化了网络管理，从而使工业以太网性能得到了增强。此外，还可以通过控制网络负载、提高网络链路带宽、优化网络拓扑结构和服务质量（QoS），进一步加强网络性能，使以太网更适合工业控制领域的需要。

为了解决工业以太网对工业环境的适应性和可靠性的问题，国外的许多网络设备制造商已经开始积极开发适用于工业环境中的网络设备和连接器件。新研制的工业级以太网通信接口芯片价格较低，与各种现场总线芯片相比，具有很大的价格优势。此外，在实际应用过程中，工业以太网可以采用光纤作为传输介质，对重要的网段还可以采用冗余结构配置，以提高网络的抗干扰能力和可靠性。还可以配备实时网络监控软件和自诊断功能程序，通过对整个通信网络的监视，及时发现故障报警，迅速采取相应的处理措施，并将故障详细情况和采取的解决办法通知网络维护人员。

6.1.3 基于 IEC 61850 标准的变电站自动化系统通信网络

IEC 61850 标准按照变电站所要完成的功能和变电站自动化系统设备通信的需要，在逻辑概念上把变电站内的设备分为了三个层次，即变电站层、间隔层和过程层，从而在层与层之间形成了两个通信网络：变电站层通信网络和过程层通信网络。经过大量的研究与实践，现阶段变电站层已经具有了符合 IEC 61850 标准的基于以太网的通信网络。

1. 变电站层网络化

变电站层通信网络连接变电站层和间隔层的所有设备，实现变电站层设备和间隔层设备之间，以及间隔层设备之间、变电站层设备之间的数据交换。变电站层通信的网络化实现得比较早，早在变电站自动化技术产生时就开始使用简单的串行通信总线进行设备间的网络化通信，随后通过技术的不断更新，又产生了基于现场总线和基于以太网技术的组网方式。但是即便变电站层网络使用以太网技术进行组建，也不能就认为其符合 IEC 61850 标准。符合 IEC 61850 标准的变电站自动化系统通信网络，不仅需要基于标准中特殊通信服务映射所规范的网络技术，更需要网络设备和数据信息的建模利用面向对象技术，遵循标准中提供的模型，并通过一致性测试的检验，这样才能使设备具有互操作性，实现数据的共享。完整的变电站层网络化的变电站自动化系统通信网络体系结构可以简单表示为图 6.3。

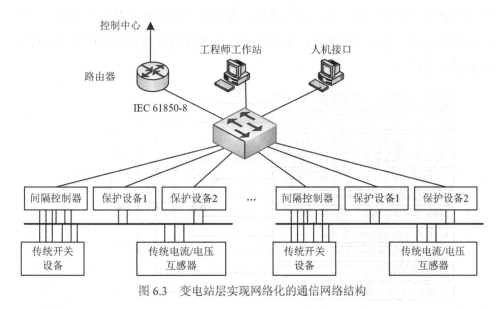

图 6.3　变电站层实现网络化的通信网络结构

2. 过程层网络化

如图 6.3 所示，变电站的过程层设备与间隔层设备间都是通过二次电缆点对点连接，进行"专线专用"的通信，大量过程信息无法共享；设备间的接线不仅消耗了大量的铜线电缆，而且接线方式复杂、安装维护困难；互感器有限的二次输出功率也限制了其驱动二次设备的数量。

电子式电流、电压互感器和光电式电流、电压互感器的研究迅猛发展，尤其是基于罗氏空心线圈的电流互感器已经进入实用化阶段。但是由于电子式互感器的输出信号一般是低功率的模拟信号，为了使信号不受恶劣环境的干扰，必须就地数字化，通过光纤传输，这就对互感器和间隔设备间的数字接口设备提出了新的要求，这时合并单元技术应运而生。

合并单元作为电流、电压互感器与保护、控制设备间数字接口，其主要功能是同步采集三相电流和电压互感器输出的数字信息，汇总后按照一定格式输出给间隔内的保护、控制等二次设备。IEC 在 IEC 60044-7/8 和 IEC 61850-9 中均对合并单元作出了定义，如图 6.4 所示。其中 IEC 61850-9 定义的合并单元输出的数据报文中不仅包括反映 12 路电流、电压信息的通用数据集的内容，还包括了状态指示数据集的内容，同时通信接口采用了以太网技术。合并单元即可连接新型的电子式、光电式互感器，也可作为传统互感器的数字接口，还可同时连接新、旧两类互感器，这为互感器技术过渡时期实现过程层网络化通信提供了条件。

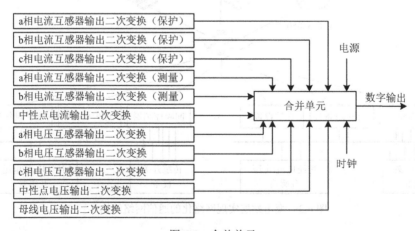

图 6.4　合并单元

首先将新型的电流式、光电式互感器和合并单元引入过程层设备，实现基于 IEC 61850-9-1 的互感器与间隔设备间串行点对点的网络化通信。但是由于传统断路器和开关设备的存在，它们与间隔层设备的连接还必须通过二次电缆，从而使这个阶段的过程层只能实现部分设备的网络互连，只有实时采样值数据利用网络传输，没有实现完整的过程层网络化。此时变电站自动化系统的通信网络结构如图 6.5 所示。

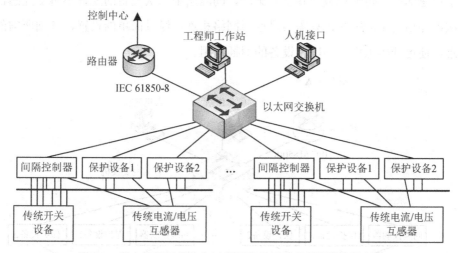

图 6.5　变电站层网络化和过程层部分网络化的通信网络结构

随着微处理器技术和电子技术的进步，控制技术、智能化和通信进一步向现场深入，例如使用伺服电动机作为驱动装置的智能断路器技术逐渐成熟。这些新型的断路器和开关设备拥有了符合 IEC 61850 标准中规范的网络接口，可以通过网络信息直接驱动设备动作。而且这些包含智能电子装置的高压一次设备可以方便地实现状态自动监测和故障诊断，并将状态、诊断信息通过网络快速传输给其他设备进行记录与分析。

将智能断路器等设备装载到过程层中，使所有过程层设备都具备了统一的网络接口，过程层设备与间隔层设备使用统一网络连接成为了可能，形成了真正意义上的过程层网络（又称过程总线），其结构如图 6.6 所示。

过程层网络化是具有划时代意义的：第一，随着过程层设备逐渐具有运算、控制等智能化的能力，使得原来在间隔设备内实现的部分功能可以分散到过程层设备中去完成，比如合并单元完成了对电流、电压互感器二次输出值的滤波、采样功能，直接输出数字式的采样值信号。第二，传统复杂的电缆接线方式被简单拓扑结构的网络取代，减少了铜线的使用量，降低了变电站的建造成本，同时也使通信网络便于管理和维护，降低了运行成本。第三，可以使所有信息封装成统一格式的数据包在过程层网络中传输，各种设备对网络上的数据"各取所需"，实现了信息的综合传输和数据共享。第四，间隔层中二次设备的配置不再受互感器二次侧输出功率的影响，只需与过程层网络相连，经过简单的设置，订阅所需的信息，便可开始工作，实现了设备的即插即用。

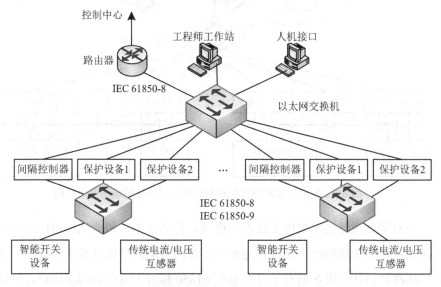

图 6.6　变电站层和过程层均实现网络化的通信网络结构

3. 变电站统一通信网络化

基于 IEC 61850 标准的变电站层网络和过程层网络使用了统一的底层网络技术，这为全变电站自动化系统设备使用统一通信网络通信，实现过程层到变电站层的无缝集成提供了先决条件。图 6.7 为利用交换式以太网技术组建的全站统一通信网络结构图。

全变电站的自动化设备采用高性能的数字通信网络技术连接起来，实现了数据信息的高速传输和高度共享，有利于变电站自动化系统的集成，提高系统的工作效率。还可以利用变电站层监控系统对一次设备进行连续监视和自诊断，将目前的定期检修改为状态检修，将运行支持系统（包括维修支持系统、恢复支持系统）纳入变电站自动化系统，进一步发挥变电站自动化对提高电网运行的稳定性和可靠性、降低运行和维护成本的作用、提高变电站的效益-成本比的优势。

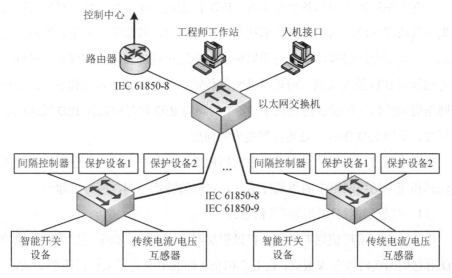

图 6.7　变电站层网络和过程层网络统一组网的通信网络结构

6.2　变电站自动化系统网络负载

通过对各逻辑节点协同工作时交换的数据的研究与分析，可以根据报文的周期性、数据量的大小和传输的实时性等要求，将变电站自动化系统通信网络中的负载分为三种类型，即周期性信息、突发性信息和文件传输型信息。

6.2.1　周期性信息

周期性信息在过程层网络中主要表现为采样值数据。采样值数据是将电流、电压互感器二次输出的模拟量进行 A/D 转换后形成的数字量，是变电站自动化系统实现保护、测控、计量等功能的基础。合并单元 IED 将同一时刻的三相电流、电压采样值数据组成一个报文，以固定的频率向保护、测控、计量等 IED 发送，每次传输的数据量恒定，从而形成了稳定的、可计算的网络负载，但其数据量大，传输时间要求严格。在 IEC 61850 标准中采样值数据被定义为原始数据报文，若要满足输电间隔保护和控制性能类报文的要求，其在网络中的传输时间被严格限制在 3ms 内。

在变电站层网络中的各个间隔内，IED 向变电站层监控系统发送的实时运行数据也是周期性的，同样具有数据帧长度相对稳定、传输频率固定、数据量大等特点。但是变电站层监控系统对于周期性信息的实时性要求没有保护、控制、计量等间隔层 IED 的要求高，所以对其网络传输时延的要求可以稍微放宽。变电站层网络周期性信息传输的问题在于：多个间隔内 IED 同时向监控 IED 发送周期性数据时，监控 IED 接收、处理数据能力的问题。

在变电站自动化系统通信网络中的周期性信息负载分为过程层网络中的周期性信息和变电站层网络中的周期性信息，它们的特点不同，应分别建模。

（1）过程层网络中的周期性信息。

电流、电压采样值周期性信息在过程层网络中传输，间隔层的保护、测控等 IED 对它们的实时性要求很高，在 IEC 61850 标准中定义了采样值模型（SAV）[22] 用于它们的建模，并提供了相关的抽象通信服务。在 IEC 61850 标准中一般的对象模型和通信服务都映射到应用层协议制造报文规范（MMS）[28] 上，而由于 SAV 报文具有较强的实时性，所以直接将其映射到网络的数据链路层，中间各层为空，避免了多层协议处理报文而产生的时延。

SAV 报文在传输机制上使用了发布者/订阅者通信结构。这种通信结构允许在一个数据发布者和多个数据接收者之间同时建立连接，形成点对点的直接通信[203]，它使同一采样值报文向保护 IED、测量控制 IED 等多个间隔设备同时传输成为了可能。在发布者和订阅者中都配置了相应的数据缓冲区，发布者通过事件驱动更新发送缓冲区，通信网络负责刷新接收缓冲区，订阅者便可从接收缓冲区中获得实时信息。在发布者输出 SAV 报文时为每个报文插入数据序列号，以便订阅者检测是否丢失了报文。当通信网络出现问题导致报文丢失时，订阅者并不要求发布者重新发送 SAV 报文，因为获得最新的电压、电流值比重传旧数据的意义更为重大。

SAV 报文流量的大小与采样分辨率和采样频率有关。设合并单元的采样分辨率为 16 位，同步采集 12 路电流、电压信号后加上相关信息形成了一个应用服务数据单元，（Application Service Data Unit，ASDU），在应用层 ASDU 将被封装成应用协议数据单元（Application Protocol Data Unit，APDU），再进入发送缓冲区。APDU 内允许由多个 ASDU（发送频率＝采样频率/N）组成，这样可以减少 SAV 报文的数量，降低网络负载，但是同时也降低了采样值数据的实时性。采用一个 ASDU 对应一个 APDU 帧的报文封装形式（发送频率＝采样频率），通过计算得出一个以太网帧格式 SAV 报文的大小，其中包括 26 字节以太网报头、4 字节优先级标签、8 字节以太网方式 PDU、2 字节 ASN.1 标记/长度、2 字节块的数目、46 字节基本数据集和 23 字节状态指示，共计 111 字节、888 位，再考虑以太网帧间隔 96 位，故报文长度为 984 位。在间隔内部，合并单元 IED 将采集到的 SAV 报文发送给保护和测控 IED，但保护 IED 和测控 IED 所需的采样值精度不同：首先为满足电能计量的要求，采样率选为 20 点每周波，即报文发送频率为 10000Hz。发送到测控 IED 的 SAV 报文网络流量计算如下：$(200×50)×984 = 9.84Mb/s$，而对于保护功能而言并不需要如此高的采样频率，每周波采样 40 点即可满足精度要求，即报文发送频率为 2000Hz，保护 IED 接收到的 SAV 报文流量为$(40×50)×984 = 1.968Mb/s$。两种 SAV 报文形成了稳定的网络负载，出于对报文实时性的考虑，为其分配优先级策略中的第 6 级标签（优先级从低到高分为 0～7 级）。

（2）变电站层网络中的周期性信息。

变电站层网络中的周期性信息是电流、电压采样值通过测量逻辑节点计算得出的电流有效值、电压有效值、功率和相角等数据，这些数据用于变电站运行，如刷新监控屏、进行状态估计计算、记录存储和远方传输等。IEC 61850-8-1 中将变电站层网络的特殊通信服务映射定义为 MMS-TCP/IP-Ethernet，所以，这些信息在映射到数据链路层之前要先通过传输层和网络层 UDP/IP（提供无连接服务，实时性较高）协议的封装。变电站层网络周期信息的传输频率不需要太高，能对变电站运行状态正确反应即可，但是报文长度由于数据量的增加与 SAV 报文相比有所加长。设定报文发送间隔为 20ms，大小为 256 字节，计算得出网络流量为 $50×256×8 = 0.1024Mb/s$，将其优先级定义为 5 级。

6.2.2 突发性信息

突发性信息是事件驱动型数据，多为控制命令、开关设备的状态变位信息。这些信息数据帧长度较短，系统正常运行时报文数量少。但是在一次系统发生故障时，突发性信息将会大量产生与传输，给网络性能造成很大的冲击，由于突发性信息对保障系统的安全十分重要，即使是在最恶劣的网络环境中其传输的实时性也必须得以保证。在 IEC 61850 标准中突发性信息被定义为快速报文或中速报文，其最为苛刻的传输时间要求小于 1/4 个工频周期，即 3ms。

过程层网络中的突发性信息包括保护跳闸命令、开关控制命令、闭锁命令、变压器分接头的调整、电容器的投切和断路器等开关设备的变位信息。变电站层网络的突发性信息比较典型的例子有开关状态信息、故障报警信息、监控系统的命令信息、全站联锁控制命令等。

各种形式的突发性信息都是变电站自动化系统中十分重要的数据，它们正确、快速的传输保证了变电站正常、安全的运行。为此 IEC 61850 标准中定义了面向变电站事件的通用对象（GOOSE）模型对突发性信息进行建模。与 SAV 报文相同，为了提高节点通信协议对报文的处理速度，GOOSE 报文也被直接映射到网络的数据链路层。GOOSE 报文的传输机制也采用了发布者/订阅者通信结构，从而实现了一条控制命令同时发送到多个被控对象的目的。

但是与 SAV 报文不同的是，GOOSE 报文中命令信息在理论上是不可以丢失的，如果报文发生丢失会给变电站带来灾难性的后果，所以 GOOSE 报文应重复发送，直到新状态、新命令的产生。由于 GOOSE 报文中的信息多为开关量等二进制数据，所以报文长度比较短，但是传统以太网帧有最小长度的限制，为 64 字节，加上以太网帧头 8 字节和优先级标志位 4 字节，故设定每个 GOOSE 报文的大小为 76 字节。为了保证每次发送的 GOOSE 报文均能以最快速的速度处理和传输，将 GOOSE 报文定义为最高优先级别 7 级，优于周期性信息。

6.2.3 文件传输型信息

文件传输型信息包括设备监视信息、自诊断信息、定值数据设置、配置文件等。这些信息数据量大、传输时间集中、持续时间长，但发送时间不确定，也具有突发性的特点。文件传输型信息对实时性要求不高，传输时限比较宽松，在 IEC 61850 标准中其传输时间定义在 0.5～1s 范围内。但是如此大量的数据在网络中传输会对实时性信息的传输时延产生巨大的影响。

文件传输类信息的最大特点就是数据量大、持续传输时间长、报文的实时性要求不高，但是这类信息对于变电站正常运行也十分重要，传输过程中也要保证文件的可靠性。TCP/IP 是一种面向连接的传输协议，通过在源节点和目的节点之间建立的独占通道进行数据传输，直到数据传输结束，连接才被解除。TCP/IP 协议保证了传输过程的高可靠性，但是由于在建立连接的过程中需要等待一段时间，所以 TCP/IP 协议的实时性稍显逊色。因此文件传输型信息在网络层和传输层选择了 TCP/IP 协议进行封装，再映射到底层以太网协议栈中。为了尽量减小文件传输类信息对实时性信息传输的影响，定义其优先级为 4 级。

6.3 变电站自动化系统网络组网模式分析

系变电站自动化系统通信网络的组网方案对系统性能的影响主要表现在以下两个方面：

（1）不同的网络结构，逻辑节点之间的逻辑连接所映射到的具体物理连接（包括通信链路和通信装置）是不同的，即逻辑连接的可靠性指标不同。

（2）不同的通信网络结构，其通信时延也存在差异性，可能会影响功能的正常实现。IEC 61850 标准选择以太网作为变电站自动化系统通信网络的基础，而以太网最大的问题是时延不确定性。目前，国内外很多学者对变电站中以太网的实时性进行了研究[204-206]，总地来说，相关研究表明在合理的系统通信设备配置和网络结构下，以太网的时延足以满足系统通信需求。而本书在该领域研究的重点是分析典型的组网方案对系统性能的影响，不考虑网络结构对系统通信时延的影响。

6.3.1 两种组网模式

以分布式联锁功能为例，研究组网方案对系统性能的影响。其中，分布式联锁与间隔联锁的最大区别是：前者是针对整个变电站的，属于变电站级分布式联锁，通过变电站级网络交换信息；而后者只作用于本间隔内，只需在过程层网络内交换数据。当然，分布式联锁功能需要间隔联锁功能的支持。本例中过程层网络采用面向间隔的组网方案。

两层式网络和全站统一式网络结构下的分布式联锁功能的结构如图 6.8 和图 6.9 所示。其中，加粗实体黑线为通信光纤链路，虚线为信号传输通路。设两种网络结构中的系统硬件配置一样。其中，在两层式网络结构中，间隔层设备必须具备多个以太网结构，以便同时与过程层网络和变电站层网络通信，而在全站统一式网络中，由过程层交换机实现间隔层设备与变电站层网络的通信，间隔层设备只需一套以太网接口。

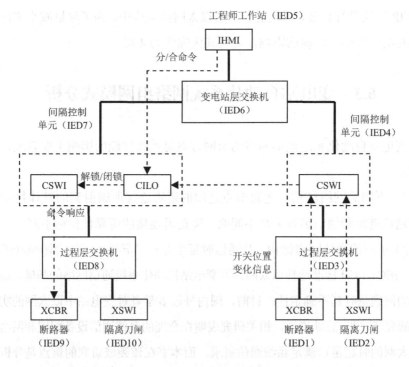

图 6.8　分布式联锁功能两层式网络结构

考虑到两种网络结构的特点对系统可靠性的影响，将间隔层设备与其端口分开考虑，即将间隔层设备等同于设备本身与通信端口的组合。同理，考虑到交换机的工作方式以及变电站内数据传输的方式,将交换机看作多个以太网端口的组合,并将以太网端口的故障率统一用设备的故障率表示。因此,相应的逻辑连接映射为通信端口及其对应的通信链路。

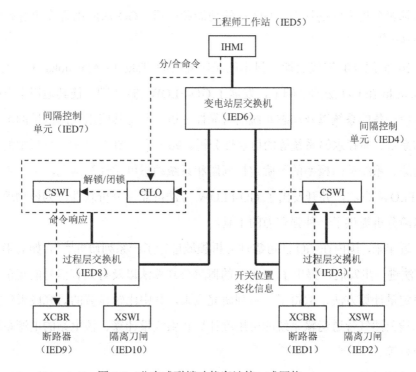

图 6.9　分布式联锁功能全站统一式网络

6.3.2　两种组网模式对系统性能的影响

1. 分析工具

(1) GO 法简介。

GO(Goal Oriented)法是一种以成功为目标导向的图形化的系统可靠性建模和分析方法[207]。20 世纪 60 年代中期,为了分析武器和导弹系统的可靠性和安全性,美国军方资助 Kaman 公司开发出了 GO 法,并将其应用至多类武器和导弹系统,进行可靠性和安全性分析。70 年代,GO 法得到进一步发展。Kaman 公司在美国电力研究所(EPRI)和其他公共事业赞助者的资助下,对 GO 法进行了更深入的研究,增加了 GO 法的操作符,将其应用领域进一步扩展,如将其应用到传统变电站和核电站的安全性和可靠性分析。80 年代初期，EPRI 继续出资用于 GO 法的理论和应用研究，进一步完善和发展 GO 法，并开发了 GO 法计算程序，并于 1983 年发表了关于 GO 法的研究报告，对 GO 法的基本原理和模型、GO 法和故障树分析方法的比较、GO 法的功能和应用、GO 法应用程序等进行了详细的论述[208]。

20 世纪 80 年代后期，日本船舶研究所的 Takeshi Matsuoka 和 Michiyuki Kobayashi 在 GO 法的基础上，发展了 GO-FLOW 方法[209]，使其适用于有时序、有阶段任务的系统以及动态系统的可靠性分析，并将其应用到沸水堆的堆芯应急冷却系统、储存水箱系统等的可靠性分析。90 年代，针对可靠性分析中的共因失效问题、系统故障概率的不确定性问题和系统动态可靠性等问题，进一步发展了 GO-FLOW 方法，并开发出了 GO-FLOW 方法可靠性分析软件，为核物理工业概率风险分析提供了一种强有力的工具。

近年来，国内在 GO 法可靠性分析领域进行了一系列研究[207]。如清华大学对 GO 法进一步发展，提出了 GO 法的概率公式算法以及有共有信号的复杂系统的概率定量计算方法，取得了一系列研究成果，其中比较显著的研究成果包括：西气东输天然气管道运输系统的可用度计算和供气量计算、核电站的电源系统安全性分析等。

总地来说，GO 法正逐步成为系统设计和可靠性、安全性分析的一种有效的、通用的分析方法。

（2）GO 法的基本概念和建模过程。

GO 法用于系统可靠性分析时，其基本思路与可靠性框图分析方法类似。其基本原理和步骤如下：

1）分析系统。根据系统功能结构，确定系统的输入和输出信号；根据系统功能，给定系统正常运行的判别依据；确定系统正常运行时，最小成功输出信号的集合。

2）绘制 GO 图。根据系统功能原理图和结构框图，按照一定规则翻译成能够反映系统功能结构以及系统组成部件之间逻辑关系的可视化模型，即以相应的操作符代表系统的元件或子系统。其中，各操作符的类型根据系统各部件特性和相互逻辑关系确定。根据系统功能原理图，将各操作符用信号流连接起来，依次对各操作符和信号流进行编号。

3）定量分析。一般来说，按照各操作符编号，依次输入并确定所有组成单元的状态概率数据。其中，状态概率数据是指各部件的可靠性参数，根据设备型号由生产厂家提供，或通过可靠性试验和统计分析得到。然后，按照操作符的运算规则，从输入操作符开始，逐步运算直至得出系统的最终输出信号，其中，GO图定量分析算法主要采用组合状态算法或概率公式算法。

4）评价系统。根据计算所得的系统可靠性指标（可靠度和可用率等），评估系统的整体可靠性，分析系统的薄弱环节。

其中，建立 GO 图和进行 GO 运算是 GO 法的核心。

GO 图用 GO 操作符来表示具体的部件或部件之间的逻辑关系，用信号流连接 GO 符号，表示具体的物理连接或逻辑上的进程。下面对操作符、信号流、GO图的建模过程进行详细介绍。

1）操作符。

操作符的属性有类型、数据和运算规则，类型是操作符的主要属性，反映了操作符所代表的单元功能和特征。GO 法共定义了 17 种标准操作符，具体如图 6.10 所示。其中 S 表示输入信号，R 表述输出信号。

在此对后面将用到的 4 种操作符的描述、用途进行介绍。其中，各操作符具体符号参见图 6.10。

类型 1：两状态单元。

两状态单元模拟的部件只有成功和故障两个状态，成功则信号能通过，故障则信号不能通过。

类型 1 操作符可以模拟具有成功和故障的两状态部件，如电阻、开关、放大器、阀门和管道等。

类型 2：或门。

或门操作符表示一个输出是多个输入的"或"逻辑关系，或门输出信号状态值取决于多个输入信号中的最小状态值。即主要分为两种情况，在两状态问题中，操作符只要有一个成功的输入信号，则有输出信号；在时序问题中，操作符在最早达到的输入信号中的时间点有输出信号。

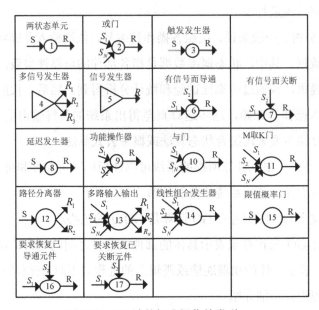

图 6.10　GO 法的标准操作符类型

或门操作符主要用于将多个信号用"或门"连接，并得到一个逻辑运算输出信号。

类型 5：信号发生器。

信号发生器操作符没有输入信号，它表示独立于系统的外部事件或另一系统发生的信号，是系统的输入信号。

信号发生器操作符用来产生一个起始信号，可以模拟信号发生器、电源、水源等，也可以表示环境对系统的作用，如温度、振动，或者模拟人为因素对系统的影响。

类型 10：与门。

与门操作符表示操作符的一个输出信号是多个输入信号的"与"逻辑关系。与门输出信号状态值取决于多个输入信号中的最大值。其同样分为两种情况：在时序问题中，操作符在最晚达到输入信号的时间点有输出信号；在两状态问题中，只有操作符的所有输入信号都成功时，才有输出信号。与门操作符主要用于将多个信号用"与门"连接，并得到一个逻辑运算输出信号。

2）信号流。

信号流表示系统操作符单元的输入和输出以及操作符之间的关联，并以此形成系统 GO 图。信号流的属性包括状态值和状态概率。其中，状态值可以用来表示系统的各种状态，如可以用状态值 0,1,...,N 代表多状态部件的（N+1）种状态，每种状态代表不同的流量值、浓度值等，相应的状态概率为 $P(0),P(1),...P(N)$，表示每种状态发生的概率，满足：

$$\sum_{i=0}^{N} P(i) = 1$$

3）GO 图。

将各操作符单元用信号流连接起来，以模拟系统的功能原理图、流程图或工程图等。

4）GO 运算。

GO 运算是指在建立 GO 图后，从 GO 图的输入操作符开始，根据与其相连的下一个操作符的运算规则，运算得出操作符的输出信号状态及其概率。同理，按照信号流序列逐个运算，直至得出系统的最终输出信号。

GO 运算有定性运算和定量运算两种。其中，GO 法定性运算的任务是分析系统处于各种可能状态的因素，得出代表系统的输出信号的状态，分析系统各状态的所有可能组合。而 GO 法定量计算的任务是通过 GO 运算得到 GO 图中每一个操作符的输出信号状态及其状态概率，并得出代表系统最终输出信号的状态概率。

进行可修复系统稳态可用率分析时，信号流的成功状态概率就是系统的可用率，故障状态概率就是系统的不可用率。具体运算过程参考文献[212]。

2. 影响分析

设两种网络结构中的系统硬件配置一样。其中，在两层式网络结构中，间隔层设备必须具备多个以太网结构，以便同时与过程层网络和变电站层网络通信，而在全站统一式网络中，由过程层交换机实现间隔层设备与变电站层网络的通信，间隔层设备只需一套以太网接口。

考虑到两种网络结构的特点对系统性能的影响，将间隔层设备与其端口分开考虑，即将间隔层设备等同于设备本身与通信端口的组合。同理，考虑到交换机的工作方式以及变电站内数据传输的方式，将交换机看作多个以太网端口的组合，并将以太网端口的故障率统一用设备的故障率表示。因此，相应的逻辑连接映射为通信端口及其对应的通信链路。

首先建立两种结构下的分布式联锁功能的 GO 图。两层式网络结构下的分布式联锁功能 GO 图如图 6.11 所示。

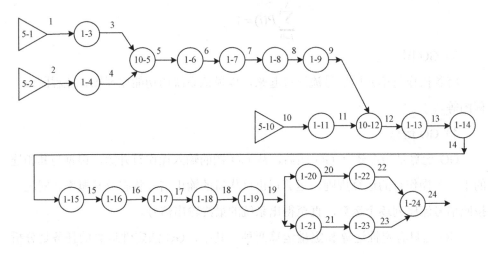

图 6.11　两层式网络结构下的分布式联锁功能 GO 图

图 6.11 中，各操作符编号和所代表的单元及其故障率数据见表 6.1。其中，本例中各 IED 故障率（单位：$\lambda \times 10^{-6}$ 次 /h）：工程师工作站 λ_1 =42.56，间隔控制单元 λ_2 =12.53，断路器 λ_3 =1.402，隔离刀闸 λ_4 =2.416，通信链路 λ_L =34.40。

表 6.1　图 6.11 中的操作符数据

编号	类型	单元	故障率	编号	类型	单元	故障率
1、22	5	断路器	1.402	8、15、16、17	1	间隔控制单元	12.53
2、23	5	隔离刀闸	2.416	10	5	工程师工作站	42.56
5、12、24	10	与门	/	13	1	变电站层交换机	27.16
6、19	1	过程层交换机	27.16	3、4、7、9、11、14、18、20、21	1	通信链路	34.40

全站统一式网络结构下的分布式联锁功能 GO 图如图 6.12 所示。

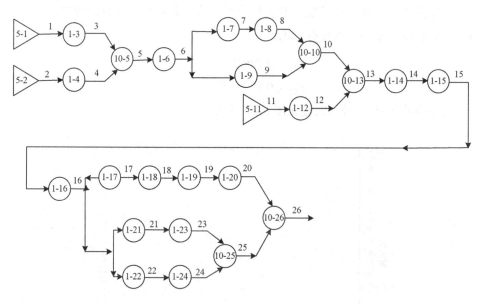

图 6.12　全站统一式网络结构下的分布式联锁功能 GO 图

图 6.12 中，各操作符编号和所代表的单元见表 6.2（省略了各单元的故障率数据，参见表 6.1）。

表 6.2　图 6.12 中的操作符数据

编号	类型	单元	编号	类型	单元
1、23	5	断路器	8、18、19、20	1	间隔控制单元
2、24	5	隔离刀闸	11	5	工程师工作站
5、10、13、25、26	10	与门	14	1	变电站层交换机
6、16	1	过程层交换机	3、4、7、9、12、15、17、21、22、	1	通信链路

为了便于理解，用图中相应的 IED 编号表示各单元，如 IED1 表示断路器，相应的 P_1 代表其可靠度，A_1 代表其可用率。其中，通信链路统一用编号 L 表示。

采用以上分析方法，利用状态概率算法，计算图 6.11 和图 6.12 的最终输出信号的成功概率，分别用 P_{S1} 和 P_{S2} 表示。

$$P_{S1}=P_1P_2P_3^3P_4^2P_5P_6P_7^3P_8^3P_9P_{10}P_L^9$$

$$P_{S1}=P_1P_2P_3^4P_4P_5P_6P_7^2P_8^4P_9P_{10}P_L^9$$

首先以计算功能的可靠度为例进行分析。代入各数据，计算两种网络结构中的分布式联锁功能的可靠度分别为：

$$P_{S1} = 0.999704^t$$

$$P_{S2} = 0.999625^t$$

其相应的可靠度-时间曲线如图 6.13 所示。

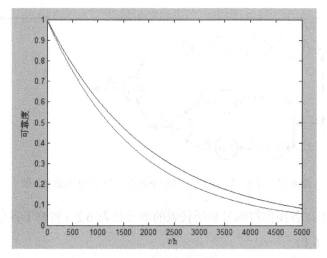

图 6.13　两种网络结构下的分布式联锁功能的可靠度-时间曲线

图 6.13 中，蓝色曲线（上）为两层式网络结构，绿色曲线（下）为全站统一式网络结构。

变电站通信网络结构的不同，对系统功能可靠性的影响是其中一个方面，另外一个重要方面是 IED 的重要度不同。

利用第 5 章介绍的 IED 重要度计算方法，分别计算两种网络结构下的间隔控制单元（IED7）和过程层交换机（IED8）的重要度，并分别做重要度-时间特性曲线。其中，两种网络结构中的过程层交换机重要度-时间曲线如图 6.14 所示。

图 6.14 中，蓝色曲线（上）为两层式网络结构，绿色曲线（下）为全站统一式网络结构。可见，全站统一式网络结构中，过程层交换机的重要度高于两层式网络结构中过程层交换机的重要度。

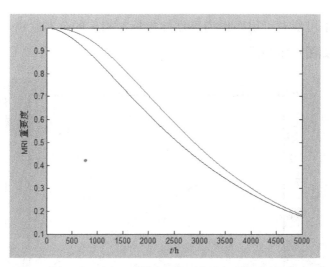

图 6.14　过程层交换机 MRI 重要度-时间曲线

同理，分析两种网络结构中间隔控制单元（IED7）的重要度-时间曲线，如图 6.15 所示。

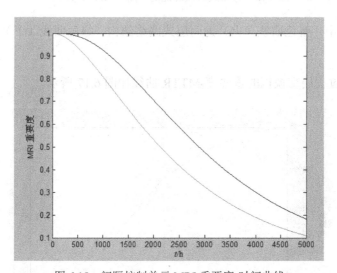

图 6.15　间隔控制单元 MRI 重要度-时间曲线

图 6.15 中，蓝色曲线（上）为两层式网络结构，绿色曲线（下）为全站统一式网络结构。可见，两层式网络结构中间隔控制单元的重要度高于全站统一式网络结构中间隔控制单元的重要度。

同理，采用稳态可用率作为可靠性指标，相应的分布联锁功能的可用率-MTTR 曲线如图 6.16 所示。

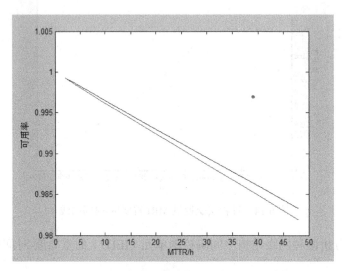

图 6.16　分布式联锁功能的可用率-MTTR 曲线

图 6.16 中，蓝色曲线（上）为两层式网络结构，绿色曲线（下）为统一式网络结构。

同理，过程层交换机的重要度-MTTR 曲线如图 6.17 所示。

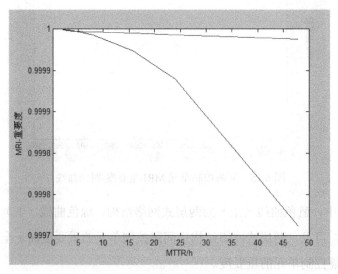

图 6.17　过程层交换机的重要度-MTTR 曲线

图 6.17 中,蓝色曲线(下)为两层式网络结构中过程层交换机的重要度-MTTR
曲线,绿色曲线(上)为统一式网络结构中过程层交换机的重要度-MTTR 曲线。

间隔控制单元(IED7)的 MRI 重要度-MTTR 曲线如图 6.18 所示。

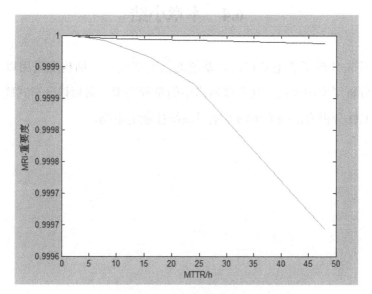

图 6.18   间隔控制单元的重要度-MTTR 曲线

图 6.18 中,蓝色曲线(上)为两层式网络结构中间隔控制单元的重要度-MTTR
曲线,绿色曲线(下)为统一式网络结构中间隔控制单元的重要度-MTTR 曲线。

分析以上结果可以得出:

(1)两层式网络结构下分布式联锁功能的可靠度和可用率比全站统一式网络
结构下的可靠性指标稍高,其主要原因在于全站统一式网络结构中,过程层交换
机对功能可靠性的影响较大,而其本身故障率相对较高。

(2)两层式网络结构下间隔控制单元的重要度高于全站统一式网络结构下设
备的重要度,其主要原因在于在两层式网络结构中,间隔控制单元需要同时与变
电站层和过程层交换信息等,对功能影响更大。

(3)全站统一式网络结构下过程层交换机的重要度高于两层式网络结构下设
备的重要度,其主要原因在于在全站统一式网络结构下,过程层交换机负责过程
层内部以及过程层与变电站层的通信,对系统功能影响较大。

综上所述，这里的分析结果与预期的分析结果一致，并实现了定量分析组网方案对系统可靠性的影响。

6.4 本章小结

本章首先分析了变电站自动化系统通信网络的体系结构及采用以太网的优势；然后分析了变电站自动化系统网络中的负载类型；最后以分布式联锁功能为例，采用 GO 分析方法研究组网方案对系统性能的影响。

第 7 章　变电站自动化系统的连锁故障研究

第 4 章研究了 IED 的可信设计，然而，复杂系统的设计过程极有可能会在系统中引入故障。可信系统必须尽量避免系统功能单元中潜在的故障不在系统中传播，以免影响其他的功能单元。本章将研究变电站自动化系统中基本功能单元——逻辑节点之间的故障传播规律，并提出有效的连锁故障抑制方法。

7.1　引言

智能电网的发展对电网的安全需求及供电可靠性不断提高，电网中的重要节点——变电站的安全性也显得极为重要，对变电站的保护与监控要求越来越高，变电站二次系统也越来越复杂。IEC 61850 标准规定的变电站自动化系统功能由若干相互交换数据的逻辑节点组成，且仅有逻辑节点中的数据才能进行交换。逻辑节点是一个由数据和方法定义的对象，与一次设备相关的逻辑节点不是一次设备本身，而是它的智能部分或者在二次系统中的映像。根据变电站的功能特点，IEC 61850 标准大约定义了 90 个逻辑节点，且提供了扩展定义逻辑节点的规则[25]。所有逻辑节点及其之间的复杂交互实现了基于 IEC 61850 标准的变电站监测、保护与控制功能。变电站自动化系统的潜在故障将会通过逻辑节点间的数据交换在相应的 IED 上反映出来。因此，从整体的角度探索逻辑节点之间的复杂交互特性对研究变电站自动化系统部件故障的连锁反应、传播机制、系统的演化机理有重要的意义。

近年来，复杂网络（Complex Network）作为复杂系统研究的热点，正受到各领域研究人员的密切关注[192]。从整体的角度来考虑复杂系统，用复杂网络来描述从技术到生物直至社会等各类开放复杂系统的骨架[193,194]，是研究其拓扑结构和动力学性质的有力工具。在电力系统安全方面，应用复杂网络理论研究电网的结构脆弱性、分析复杂电网中连锁故障传播机理的方法取得了众多成果[118, 195-198]。

这些研究成果均集中在大电网复杂性方面，对监测、保护和控制日益复杂的变电站自动化系统中的连锁故障研究尚不多见。本章将 IEC 61850 标准定义的变电站自动化系统功能中逻辑节点之间的交互关系抽象成一个复杂网络，统计逻辑节点交互网络的特征参数。在此基础上，建立变电站自动化系统连锁故障传播模型，探索变电站自动化系统中连锁故障的传播规律，为基于 IEC 61850 标准的变电站自动化系统建设提供一定的参考。

7.2 变电站自动化系统的复杂网络特性

7.2.1 复杂网络理论

1. 复杂网络的研究进展

网络的研究历史可以追溯到 1736 年欧拉对"七桥问题"的解答。在欧拉解决七桥问题之后相当长的一段时间里，图论并没有获得足够的发展，直到 1936 年才出版了图论的第一部专著，此后图论开始进入发展的快车道。20 世纪 60 年代，两位匈牙利数学家 Erdos 和 Renyi 建立的随机图理论（Random Graph Theory）被公认为在数学上开创了复杂网络理论的系统性研究。为了进一步揭示社会网络的统计性质，诸多科学家做了大量实验，其中包括著名的六度分离实验[199]，即地球上任意两个人要发生联系，只需要经过平均 5 个人就可以实现。这是基于大量统计得出的结果，与我们日常生活中遇到的问题相似：突然有一天发现你的朋友的朋友也是你的朋友，因此感叹这个世界真小，这就是社会网络的小世界特性。科学家协作网、Internet 等都有类似的小世界特性。此实验结果的发现，使人们对复杂网络的研究不仅仅局限在数学领域，而是渗透到化学、物理学、生物学、社会经济、信息科学等众多学科中。

20 世纪 60 年代以来，随机图理论在将近 60 年的时间里一直是研究复杂网络结构的基本理论，但绝大多数的复杂网络结构并不是完全随机的。1998 年 Watts 和 Strogatz 提出小世界（Small-World）网络概念[114]。1999 年 Barabasi 和 Albert 发现无标度（Scale-Free）网络特性[115]，突破了随机网络模型的束缚，揭示了复杂系统网络结构所包含的各类特征，奠定了复杂网络研究的基础。进入 21 世纪以后，复杂网络的研究呈现快速发展的趋势，相关的研究论文数量几乎呈指数上升，其主要原因在于：

（1）越来越强大的计算设备和迅猛发展的 Internet，使得人们能够收集和处理规模巨大且种类不同的实际网络数据。

（2）学科之间的相互交叉使得研究人员可以广泛比较各种不同类型的网络数据，从而揭示复杂网络的共性。

（3）以还原论和整体论相结合为重要特色的复杂性科学的兴起，促使人们开始从整体上研究网络的结构与性能之间的关系。

今后该领域的研究重点可能是更加重视发生在实际网络上的动力学行为。

2. 复杂网络的基本概念与统计特征

根据基本单位之间是否存在相互作用，一个网络可抽象地表示为由点集 V 和边集 E 构成的图 $G = (V, E)$。如果任意点对 (i, j) 与 (j, i) 对应同一条边，则该网络称为无向网络（Undirected Network），否则称为有向网络（Directed Network）。如果给每条边都赋予相应的权值，那么该网络就称为加权网络（Weighted Network），否则称为无权网络（Unweighted Network），无权网络也可看成是每条边的权值都为 1 的等权网络。权值往往代表不同的含义，如科学家协作网中权值表示合作关系深浅，社会关系网中权值可以代表熟悉程度等。图 7.1 是典型的三种不同类型的网络。

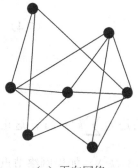 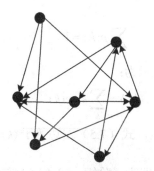

（a）无向网络　　　　（b）有向网络　　　　（c）加权值网络

图 7.1　不同类型网络的例子

为研究网络的结构特征，一些参数常被用来分析复杂网络的统计特性。

（1）平均路径长度 L。

网络中两个节点 i 和 j 之间的距离 d_{ij} 的定义为连接这两个节点的最短路径上的边数。网络中任意两个节点之间的距离的最大值称为网络的直径，记为 D：

$$D = \max_{i,j} d_{ij} \tag{7.1}$$

网络的平均路径长度 L 定义为任意两个节点间最短路径长度的平均值：

$$L = \frac{1}{\frac{1}{2}N(N-1)} \sum_{i \geqslant j(i,j \in V)} d_{ij} \tag{7.2}$$

式中：N 是网络节点数，网络的平均路径长度也称为网络的特征路径长度。平均路径长度主要反应各个节点间的紧密程序。具有小世界效应的网络即使非常复杂、规模异常庞大，它的平均路径长度依然很小。

（2）节点度数 k 和度分布 $P(k)$。

度（degree）是单独节点的属性中简单而又重要的概念。节点 i 的度数 k_i 指连接该节点的边数，计算公式为

$$k_i = \sum_i^N a_{ij} \tag{7.3}$$

式中：a_{ij} 是网络的连接矩阵单元；N 是网络节点数。

对所有节点的 k_i 求均值，可得到网络的平均度数 $\langle k \rangle$。$P(k)$ 表示的是一个随机选定的节点的度恰好为 k 的概率，显然在所有网络节点中总可以找到一个这样的节点，满足：

$$\sum_k p(k) = 1 \tag{7.4}$$

度分布 $P(k)$ 的 n 阶矩表示为：

$$\langle k^n \rangle = \sum_k k^n p(k) \tag{7.5}$$

如果 $n=1$，即为一阶矩，式（7.5）左边等于 $\langle k \rangle$，右边为 $\sum_k k^n p(k)$，这正是 k 的平均值；如果 $n=2$，即为二阶矩，式（7.5）左边等于 $\langle k^2 \rangle$，如果网络节点之间的度的差异很大，这一项值就很大，因此可以利用这个量来表征网络节点度

的加减。

度分布反应网络的整体性质。有向网络中一个节点的度分为出度（out-degree）和入度（in-degree）。节点的出度指从该节点指向其他节点的边的数目；节点的入度指从其他节点指向该节点的边的数目。节点的度能够体现该节点的"重要"程度，直观上看，一个节点的度越大就意味着这个节点在某种意义上越"重要"。

（3）聚类系数 C。

在朋友关系网络中，某个人的两个朋友很可能彼此也是朋友，这种属性称为网络的聚类特性。聚类系数用来描述网络聚集程度的一个参数。已知节点 i 的度数为 k_i，k_i 个节点之间最多有 $\dfrac{k_i(k_i-1)}{2}$ 条边，而实际只存在 E_i 条边，则节点 i 的聚类系数 C_i 表示为

$$C_i = \frac{2E_i}{k_i(k_i-1)} \tag{7.6}$$

所有节点聚类系数 C_i 的平均值即为网络的聚类系数 C。显然，$0 \leqslant C \leqslant 1$，$C=0$ 当且仅当所有的节点均为孤立节点，即没有任何连接边；$C=1$ 当且仅当网络是全局耦合的，即网络中任意两个节点都直接相连。

对于一个含有 N 个节点的完全随机的网络，当 N 很大时，$C=O(N^{-1})$。而许多大规模的实际网络都具有明显的聚类效应，尽管它们的聚类系数远小于 1，但却比 $O(N^{-1})$ 大得多。事实上，在很多类型的网络（如社会关系网络）中，你的朋友的朋友同时也是你的朋友的概率会随着网络规模的增加而趋向于某个非零常数，即当 $N \to \infty$ 时，$C=O(1)$。这表明这些实际的复杂网络并不是完全随机的，而是在某种程度上具有类似于社会关系网络中"物以类聚，人以群分"的特性。

（4）介数 b。

节点 i 的介数 b_i 是指网络中通过该节点的最短路径的数目，它反映了节点 i（即网络中有关联的个体）的影响力。

3. 复杂网络的基本模型

为了更好地描述与揭示实际网络的统计特性，人们提出了四类典型的网络模型：规则网络、随机网络、小世界网络和无标度网络。

（1）规则网络。

规则网络中的节点按照确定的规则连接在一起，包括全局耦合网络、最邻近耦合网络和星型网络，如图 7.2 所示。

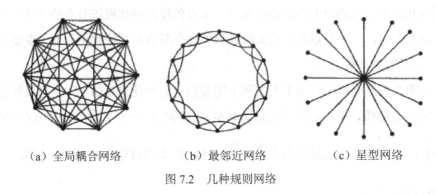

（a）全局耦合网络　　　（b）最邻近网络　　　（c）星型网络

图 7.2　几种规则网络

全局耦合网络：网络中任意两个节点都有边与之相连，具有 N 个节点的网络的边数为 $\dfrac{N(N-1)}{2}$，这种网的聚类系数很大，往往达到 1。然而大多数实际网络都是很稀疏的。

一个被大量研究的稀疏规则网络模型是最邻近网络，其中每一个节点只与其周围的邻居节点相连。具有周期边界条件的最邻近耦合网络包含 N 个围成一个环的点，其中每个节点都与它左右各 $K/2$ 个邻居点相连，这里 K 是一个偶数。对于较大的 K 值，最邻近耦合网络的聚类系数为

$$C_{nc} = \frac{3(K-2)}{4(K-1)} \approx \frac{3}{4} \tag{7.7}$$

最邻近耦合网络不是一个小世界网络，对固定的 K，该网络的平均路径长度为

$$L_{nc} \approx \frac{N}{2K} \to \infty \quad (N \to \infty) \tag{7.8}$$

星型耦合网络有一个中心点，其余的 $N-1$ 个点都只与这个中心点连接，而它们彼此之间不连接。星型网络的平均路径长度为

$$L_{star} = 2 - \frac{2(N-1)}{N(N-1)} \to 2 \quad (N \to \infty) \tag{7.9}$$

星型网络的聚类系数为

$$C_{star} = \frac{N-1}{N} \to 1 \quad (N \to \infty) \tag{7.10}$$

（2）随机网络。

随机网络是由匈牙利数学家 Erdos 和 Renyi 提出并命名的，是网络中的节点按一定的随机方式连接在一起的网络。基本的生成方法是：给定 N 个点，从中随机选择一对节点并以概率 p 连接，执行随机选择边 $\frac{N(N-1)}{2}$ 次，得到的网络总边数为 $p\frac{N(N-1)}{2}$。该网络的平均度 $\langle k \rangle = p(N-1)$，度分布为泊松分布。

（3）小世界网络。

1998 年 Watts 和 Strogatz 提出小世界网模型，指出小世界特性是众多网络的一个基本属性，并给出了该网络的建模方面与机制解释，这个网络被称为 WS 小世界模型[114]。1999 年 Newman 和 Watts 又提出了新的构造小世界网络的方法，即不再删除边，而是以一定的概率 p 增加边，但不允许自连接和重复连接，这种模型称为 NW 小世界模型[200]。小世界网络具有较短的特征路径长度和较高的聚类系数：

$$\begin{cases} C \gg C_{random} \\ L \geqslant L_{random} \end{cases} \tag{7.11}$$

式中：C_{random} 是与小世界网络具有相同节点数和相同平均度数的随机网络的聚类系数；L_{random} 是与小世界网络具有相同节点和相同平均度数的随机网络的平均路径长度。

（4）无标度网络。

随机网络和 WS 小世界模型的一个共同特征是网络的连接度分布可以近似用泊松分布来表示，在度平均值处 $\langle k \rangle$ 有一峰值，然后呈指数快速衰减。即当 $k \gg \langle k \rangle$ 时，度为 k 的节点几乎不存在。因此，这类网络也称为均匀网络或指数网络。近年在复杂网络研究上的另一重大发现是包括 Internet、WWW 以及新陈代谢网络等网络的连接度没有明显的特征长度，其度分布满足幂律形式 $p(k) = k^{-\gamma}$，称为无标度网络。

为了解释幂律分布的产生机理，Barabasi 和 Albert 提出了 BA 无标度网络模型[115]，这种网络的度分布在双对数坐标系中是一条直线，其构造步骤如下：

1）首先生成一个含有 m_0 个点的简单网络，再给网络添加新节点，这些新节点同时连接到已经存在的网络中 m 个点，且 $m < m_0$。

2）每次添加新的节点与已经存在节点连接概率为

$$\prod(k_i) = \frac{k_i}{\sum_j k_j} \tag{7.12}$$

式中：k 是已存在的点 i 的度。

由式（7.12）可知，度越大的节点越可能被连接到，这样那些度大的节点的度会变得越来越大，而某些度小的节点的度依然很小，这种情况也称为"富者更富"或"马太效应"。

7.2.2 变电站自动化系统功能的自由分布

1. 功能定义及分类

IEC 61850 标准共有十部分，其中第五部分（IEC 61850-5 变电站内通信网络和系统）规定了系统功能的通信要求和设备模型。其中，与本书相关的定义如下：

（1）变电站自动化系统（Substation Automation System，SAS）：对变电站一次系统进行运行保护、监视的系统。

（2）功能（Funcition）：变电站自动化系统执行的任务。一般来讲，一个功能由若干相互交换数据的逻辑节点组成。

（3）分布式功能（Distributed Function）：由位于不同物理装置上的两个或多个逻辑节点共同完成的功能。分布式功能的某个逻辑节点失效时，功能可能完全失效或降级运行。

（4）逻辑节点（Logical Node，LN）：代表物理装置内某项功能执行时的某些操作，是一个由数据和方法定义的对象，是数据交换功能的最小部分。

（5）逻辑连接（Logical Connection，LC）：逻辑节点之间的通信连接。

（6）智能电子设备（Intelligent Electronic Device，IED）：由一个或多个处理器构成的、能够接收外部资源信息或向外部资源发送数据和控制命令的装置，是一个能够完成一个或多个特定逻辑节点任务的实体。

（7）物理装置（Physical Device，PD）：在 IEC 61850 标准中，物理装置等同于 IED，本书中也采用这一设定。本书所说的 IED 均是指物理装置。

（8）物理连接（Physical Connection，PC）：IED 之间的通信连接。

（9）互操作性（Interoperability）：同一厂家或不同厂家的两个或多个 IED 之间交换信息并协同操作的能力。

CIGRE WG 34.03 工作组在关于变电站的数据流的报告中，分析了变电站自动化需要完成的 63 种功能，主要包括系统支持功能、系统配置和维护功能、运行和控制功能、本地过程自动化功能、分布式过程自动化功能、分布式自动化支持功能。

（1）系统支持功能。

系统支持功能用以管理系统本身和支持整个系统的运行。在正常情况下，系统支持功能在系统后台连续不断地执行，以保证系统处于良好的运行状态。系统支持功能对过程没有直接影响，主要包括网络管理、时钟同步和节点自检等功能。

（2）系统配置和维护功能。

系统配置和维护功能主要实现设置和改变配置数据以及恢复系统配置信息等。系统配置和维护功能在变电站自动化系统配置阶段、系统升级和扩展或其他主要变化时被运行。一般来说，系统配置和维护功能的响应时间可以大于 1s。系统配置和维护功能包括：设定参数、节点标识、配置管理、软件管理、系统安全管理、逻辑节点运行方式控制、测试模式。

（3）运行和控制功能。

运行和控制功能的主要作用是将系统或过程的信息显示给运行人员，同时，使运行人员通过命令、利用人机接口来实现对过程的控制，这是变电站日常运行所必须的。运行和控制功能主要包括（某些具体实例）：运行方式控制、权限控制与识别、刀闸等的控制、告警管理、事件管理、正常运行数据获取、扰动记录和故障数据的获取、即时变位的管理、参数区的切换、日志管理。

（4）本地过程自动化功能。

本地过程自动化功能是指利用系统和过程层的数据，直接在过程层上运行的并不需要运行人员介入的功能。本地过程自动化功能并不是严格意义的本地功能。它至少由三个逻辑节点组成，包括功能核心逻辑节点、过程层接口逻辑节点和人机接口（IHMI）逻辑节点。本地过程自动化功能主要包括以下几类：保护功能、本地自动化功能（如间隔联锁）、计量和测量功能等。

（5）分布式自动化支持功能。

分布式自动化支持功能不直接作用于过程，通过自动检查运行功能或过程层自动化功能所需的条件，进而判断是否执行某些操作，无须运行人员介入，从而避免人员伤害和设备损坏，与安全密切相关。分布式自动化支持功能主要包括变电站级联锁功能和分布式同期控制。

（6）分布式过程自动化功能。

分布式过程自动化功能利用系统和过程层的数据在过程层自动运行，同样无需运行人员的介入。其主要特点在于逻辑节点分配在不同的设备上，如间隔控制单元可以自由分布多个逻辑节点。典型的分布式过程自动化功能包括：通用自适应保护、反向闭锁（自适应保护功能的实例）、断路器失灵、负荷减载、负荷恢复、自动顺控、电压无功控制、馈线切换和变压器转供。

从系统各功能的定义、结果和相互作用可以看出：系统支持功能用以管理系统本身，系统配置和维护功能也只在变电站自动化系统配置阶段、系统升级和扩展时被运行，两者对过程没有直接的影响，且响应时间要求不是很严格。此外，从某种程度上来说，系统大部分运行和控制功能对系统的安全可靠运行的影响相对较小，功能响应时间可以大于或等于 1 秒，如日志管理、事件记录等。

2. 基于 IEC 61850 标准的功能分解模型

为了实现对功能自由分布的支持，IEC 61850 标准定义了与设备无关的功能，并把功能分解成逻辑节点。逻辑节点是指具有通信能力的最小功能模块，包含多个数据，每个数据可以有多个数据属性，数据属性的值代表功能实现需要的信息。

IEC 61850-5 中附录 G 对变电站自动化系统功能的任务、启动条件、结果、性能、分解以及相互作用进行了描述，如间隔联锁功能，其各方面定义如下：

任务：根据联锁规则，监视开关设备的操作命令，对可能引起故障或产生危险的操作命令予以闭锁。

启动条件：任何开关设备（如断路器、隔离刀闸、接地刀闸）的位置变化，均应启动联锁条件的计算。

结果：开放或闭锁将要执行的开关操作。当实现间隔联锁时，将联锁原因提供给人机接口。

性能：开放或闭锁命令必须以大约 10ms 的整体传输时间传输。

分解：IHMI、ITCI、CILO、CSWI、XCBR、XSWI。

相互作用：其他间隔层联锁、变电站级联锁。

基于 IEC 61850 标准，间隔联锁功能的逻辑节点连接图如图 7.3 所示。

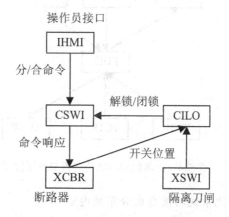

图 7.3　间隔联锁功能的逻辑节点连接图

间隔联锁功能的基本原理：若影响联锁功能的开关设备（断路器、隔离刀闸、接地刀闸）位置改变，过程层设备内的 XCBR（断路器）或 XSWI（隔离开关）将开关位置变化信息传输至相应的间隔层设备上的 CILO（联锁）。CILO 根据接收到的开关位置变化信息，进行联锁逻辑运算，判断该操作是否合法，并且将开关操作结果传送至 CSWI（开关控制）。如果允许该操作，则 CSWI 发送控制命令给 XCBR；如果不允许该操作，则立即闭锁该操作，撤销控制命令输出。

同理，基于 IEC 61850 标准，系统其他功能均可以分解为逻辑节点连接图。IEC 61850 标准对距离保护功能的相关描述如下（以输电线距离保护为例）：

任务：输电线距离保护保护一条输电线路。

启动条件：在警戒状态（阻抗超过门槛 1），发出起动信号；在紧急状态（阻抗超过门槛2），发出跳闸命令。

结果：跳开相关断路器，切除故障电流，保护输电线路。

性能：响应时间在5～20ms范围内。

分解：CALH、IHMI、ITCI、ITMI、PDIS、TCTR、TVTR、XCBR，其他一次设备相关逻辑节点。

相互作用：事件管理、告警管理、扰动/故障记录数据获取、自适应保护。

距离保护功能的逻辑节点连接图如图7.4所示(不考虑远方监视和控制端口)。

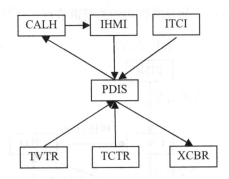

图7.4　距离保护功能的逻辑节点连接图

3. 变电站自动化系统功能自由分布的内涵

变电站自动化系统功能自由分布有两层含义：一是一个功能可以由一个或多个IED通过交换信息协作完成；二是构成某个功能的逻辑节点可以不受空间的限制而自由地分布在任意IED上。IEC 61850标准允许设备厂家和用户根据自己的需要自由地分配功能，并且能保证功能自由分配之后IED之间的正常通信。

功能的自由分布通过逻辑节点在IED中自由分布来实现，其实现原理简述如下：首先，根据功能特性，把功能分解成逻辑节点，用通信信息片（Piece of Information for Communication，PICOM）来描述逻辑节点之间的交换的数据；然后通过抽象通信服务接口（Abstract Communication Service Interface，ACSI）建立逻辑连接来传递PICOM，这些逻辑连接通过特定通信服务映射（Specific Communication Service Mapping，SCSM）被映射到IED之间的具体的物理连接上，这样整个功能的实现过程不受功能分布方式、硬件配置和网络结构等限制，即实现了自由分布。

以断路器同期控制、距离保护、过电流保护三个具体功能为例，对功能自由分布的实例进行说明。其中，功能、逻辑节点、物理设备之间的对应关系如图 7.5 所示。

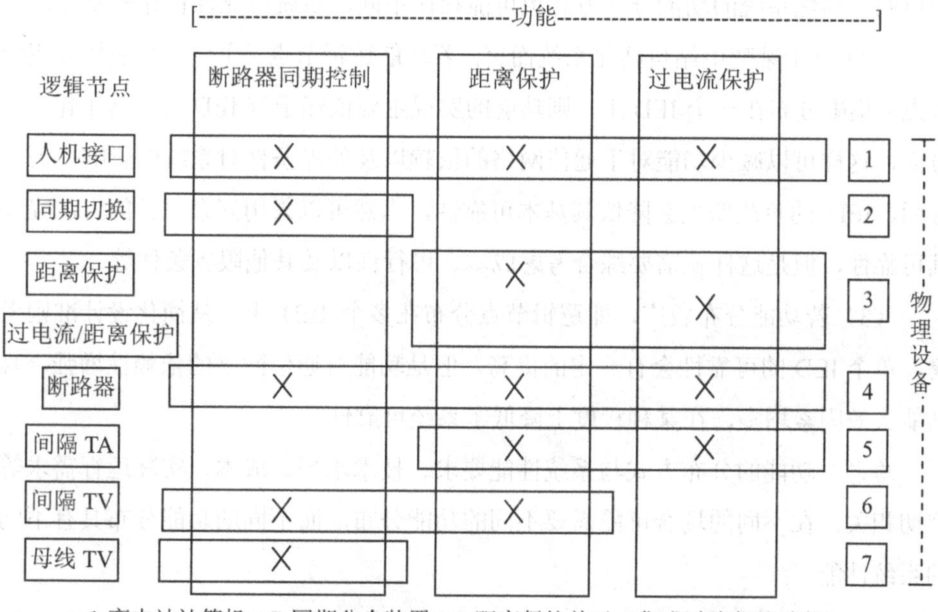

1-变电站计算机；2-同期分合装置；3-距离保护单元（集成过流保护功能）；
4-间隔控制单元；5-电流互感器；6-电压互感器；7-母线电压互感器

图 7.5　逻辑节点应用实例

图 7.5 中，基于 IEC 61850 标准，断路器同期控制功能被分解为人机接口、同期切换、断路器、间隔 TV 和母线 TV 五个逻辑节点，具体由变电站计算机、同期分合装置、间隔控制单元、电压互感器和母线电压互感器实现；距离保护功能由变电站计算机、距离保护单元、间隔控制单元、电压互感器和电流互感器实现，分解为人机接口、断路器、距离保护单元、间隔 TV、间隔 TA 等逻辑节点；过电流保护功能分解为人机接口、过电流保护、断路器和间隔 TA，由变电站计算机、距离保护单元、间隔控制单元、电流互感器实现。同理，根据上述功能的分布方式，距离保护和过电流/距离保护两个逻辑节点分布在同一物理设备中，而其他逻辑节点均单独分布，这是其中一种具体实现方案，即功能的

某种具体分布方式。

4. 功能自由分布对系统性能的影响

功能自由分布对系统性能的影响主要表现在以下几个方面：

（1）系统功能的分布方式具有灵活性，即使是同种规模和电压等级的变电站，变电站自动化系统的功能分布方式也可能存在不同，系统可靠性也存在差异。

（2）对于某变电站自动化系统而言，若功能逻辑节点（主要指功能核心逻辑节点）集中分布在一个 IED 上，则功能的实现主要依赖于该 IED 的正常工作，一方面，这样可以减少功能对于通信网络的依赖以及外界条件对系统的影响；另一方面，IED 的负载增大会降低其基本可靠性，当然可以采用冗余设计的方法提高其可靠性，但是这样就需要综合考虑成本、可行性以及其他限制条件等。

（3）若功能分布较广，即逻辑节点分布在多个 IED 上，从简化设计准则考虑，单个 IED 的可靠性会有一定的提高，但是功能对通信网络的依赖性增强，且功能失效因素增多，在某种程度上降低了系统可靠性。

总之，功能的分布方式与系统性能要求、技术水平、成本、实际运行需求等密切相关，在不同的场合可能需要不同的功能分布，而不同的功能分布具有不同的系统性能。

图 7.6 为变压器保护和电压控制逻辑节点以及间隔联锁功能组合在间隔控制单元上。

同理，变压器保护和电压控制功能逻辑节点位于同一 IED 中，而间隔联锁功能位于另一 IED 中的情况，如图 7.7 所示。

显然，在图 7.6 和图 7.7 所示的两种功能分布情况下，系统性能水平是不一致的，包括可靠性、通信时延、安全性等均存在一定的差异。如从功能可靠性的角度来说，电压控制和变压器保护以及间隔联锁功能逻辑节点位于同一个 IED 中时，电压控制功能、变压器保护和间隔联锁功能的正常运行均主要取决于间隔控制单元的正常工作；而当电压控制和保护逻辑节点、间隔联锁逻辑节点分别位于两个 IED 中时，则系统功能的正常运行分别主要取决于相应的 IED 的正常工作。上述两种功能分布方式下的逻辑连接大部分映射为 IED 内部通信事件，因此，功能对通信网络的依赖性小。若将电压控制功能和变压器保护功能分别置于两个 IED 中

则两个 IED 之间存在通信链路，功能对通信网络的依赖性变大。因此，从系统的
角度来说，两种功能分布方式下的系统可靠性和 IED 重要度均存在差异性。

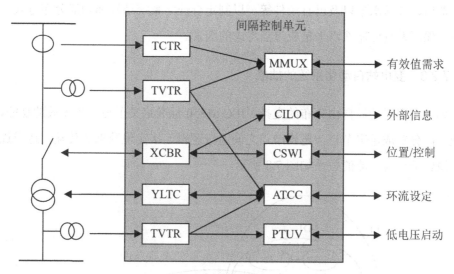

图 7.6　功能逻辑节点在一个 IED 中

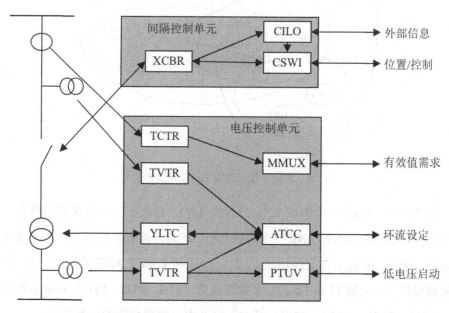

图 7.7　功能逻辑节点在两个 IED 中

系统的可靠性是变电站自动化系统在设计、运行中重点关注的一个指标。

IEC 61850-3 中对变电站自动化系统的可靠性和可用性的相关指标进行了描述。对于变电站自动化系统而言，在对系统进行设计和优化时，需要综合考虑可靠性水平、费用、技术水平以及已有条件等，以制定合理的系统结构和功能分布方式。其中，保证系统可靠性水平是应重点考虑的因素。

7.2.3　变电站自动化系统的抽象

为了实现对功能自由分布的支持，IEC 61850 标准定义了与设备无关的功能，并把功能分解成逻辑节点，逻辑节点之间通过逻辑连接实现数据的传输。逻辑连接、逻辑节点及功能的关系如图 7.8 所示。

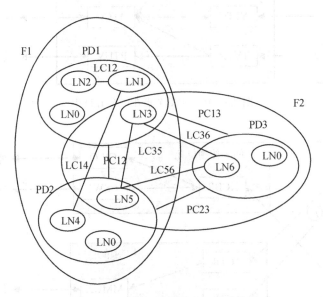

图 7.8　逻辑连接、逻辑节点及功能的关系

图 7.8 中，功能 F1 分解成 LN1、LN2、LN3、LN4、LN5 五个逻辑节点，功能 F2 分解成 LN3、LN5、LN6 三个逻辑节点。逻辑连接表示逻辑节点之间需要交换信息，如 LC36 表示在实现功能 F2 时，LN3 和 LN6 之间需要交换信息。在具体实现过程中，功能 F1 和 F2 由三个物理装置（PD1、PD2、PD3）和多条物理连接（PC13、PC12、PC23）实现。其中，LN0 表示物理装置的自我描述。

如果逻辑节点之间存在 PICOM（Piece of Information for Communication）的

传输，即认为源逻辑节点到目的逻辑节点之间存在一条有向的逻辑连接。例如，开关控制器 CSWI 向人机接口 IHMI 报告断路器的状态，即认为存在一条从 CSWI 到 IHMI 的有向逻辑连接。根据 IEC 61850-5[25]定义的 PICOM，将逻辑节点看成网络的节点，逻辑连接看成网络的边，基于 IEC 61850 标准的变电站自动化系统就可以抽象成一个有向复杂网络，如图 7.9 所示。

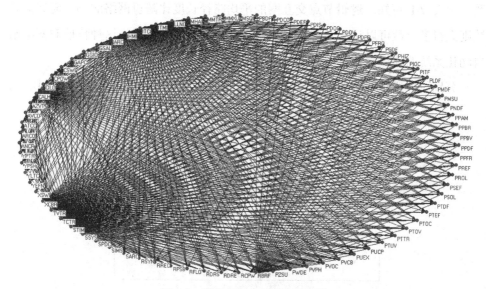

图 7.9　逻辑节点交互的复杂网络

由于像发电机这样的实体已超出变电站标准范围，且 IEC 61850-5 附录 A 中没有规定与其他逻辑节点的交互关系，图 7.9 中忽略了以"Z"开头的逻辑节点，故只考虑了 80 个逻辑节点。如果变电站自动化系统要增加额外的功能，也可以启用或者自定义相应的逻辑节点。

7.2.4　变电站自动化系统的复杂网络特征

根据 7.2.1 中所述的统计特征参数，分别计算逻辑节点交互网和相同节点随机网络的平均路径长度及聚类系数，结果见表 7.1。

表 7.1　逻辑节点交互网与随机网络的统计特征

网络	N	总边数	$\langle k \rangle$	L	C
逻辑节点交互网	80	772	9.65	1.9587	0.567386
随机网络	80	772	9.65	1.8868	0.119192

根据 7.2.1 中的描述，小世界网络具有较短的特征路径长度和较高的聚类系数。由表 7.1 可知，逻辑节点交互网的平均路径长度比随机网络的小，而聚类系数则大得多。故可以认为，逻辑节点交互网属于小世界网络，这种特性对变电站自动化系统的连锁故障有推波助澜的作用。

分别统计逻辑节点的入度与出度分布，得到的度分布如图7.10和图7.11所示。

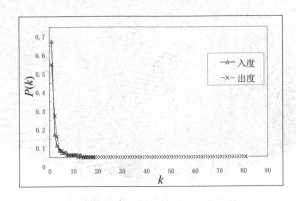

图 7.10　线性坐标下逻辑节点的度分布

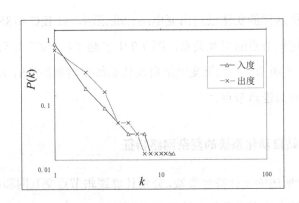

图 7.11　双对数坐标下逻辑节点的度分布

可以看出，在双对数坐标下，逻辑节点交互网的度分布近似呈一条直线。采用最小二乘法得到拟合曲线的表达式：

入度分布： $P(k) = 0.6228k^{-2.137}$

出度分布： $P(k) = 0.5098k^{-1.48}$

7.2.1 中提到，度数服从幂律分布的网络称为无标度网络。无标度网络的特点在于它存在着极少数具有大量连接的节点。这类节点对网络功能有重要影响，使网络同时具有对随机故障的鲁棒性和对选择性攻击的脆弱性。

从上述分析可知，基于 IEC 61850 标准的变电站自动化系统中，逻辑节点交互网络同时具有小世界和无标度特征，即存在少数逻辑节点的度数很高，其他大部分的逻辑节点均聚类在少数逻辑节点周围，导致平均路径长度较小。

7.3 变电站自动化系统的连锁故障传播模型

7.3.1 故障传播

在很多实际网络中，一个或少数几个节点或边发生故障（这种故障可能是随机发生的，也可能是蓄意攻击造成的）会通过节点之间的耦合关系引起其他节点发生故障，这样就会产生连锁效应，最终导致相当一部分节点甚至整个网络崩溃。这种现象称为连锁故障，有时也称为"雪崩（avalanche）"。例如，在 Internet 中，对少数路由器进行病毒攻击会导致路由器过载，迫使数据包重新路由，从而引起其他路由器接连过载，产生雪崩效应。在电力网络中，断路器故障、输电线路故障和电站发电单元故障常常导致大范围停电事故。大规模的连锁故障一旦发生，往往具有极强的破坏力和影响力。例如，2003 年 8 月，由美国俄亥俄州克利夫兰市的 3 条超高压输电线路相继过载烧断引起的北美大停电事故，使得数千万人一时陷入黑暗，经济损失估计高达数百亿美元。在社会与经济网络中也会发生类似的雪崩效应，20 世纪 90 年代末爆发的亚洲金融危机就是一个典型的例子。

随着人类社会日益网络化，人们对各种关乎国计民生的复杂网络的安全性和可靠性提出了越来越高的要求，也作出了很多努力。在电力系统方面，诸多学者提出了一系列的连锁故障模型，但是大规模的连锁故障仍然时有发生。因此，有必要对连锁故障的发生规律、机理、预防与控制进行深入研究。

7.3.2 耦合映像格子模型

耦合映象格子（Couple Map Lattices，CML）模型最初是由 Kaneko 提出的[201]。考虑一个包含时间空间的系统，也就是讨论空间所有点的状态随时间的变化行为。因为单点的状态时间变化会受到邻近点状态的影响，为了准确描述这个系统，可以地写成偏微分方程：

$$\partial_t u = F(u, \partial_x u) \tag{7.13}$$

式中：u 为状态矢量；x 为空间矢量；t 为时间。

可以通过以下步骤建立耦合映象格子模型，对时空非线性系统进行定性描述：

（1）在一个网络上选取一个或一些状态场变量，这里的变量是宏观变量而非微观变量，网络的拓扑结构和维数与被选择物理空间相同。

（2）将系统发展过程分解成一系列独立的分量。

（3）每个独立过程分量随时间的发展过程可由网络上格点的简单并行动力学过程来替换。

（4）让各个独立过程分量随着时间的发展依次进行演化过程。

例如，对于反应扩散过程：

$$\partial_t u = F(u) + \varepsilon \nabla^2 u \tag{7.14}$$

按照上述步骤，该过程可以分解为局部反应过程和扩散过程两个分量。以简单的一维空间及周期性边界条件来说，局部反应过程可以通过并行一个非线性映象来表述：

$$x(i) \rightarrow x'(i) = f[x(i)] \tag{7.15}$$

式中：x 为系统状态；i 为格子坐标（$i = 1, 2, \cdots, L$）；L 为系统尺寸。

对于扩散过程的表达，通过将拉普拉斯算子离散化，即

$$x'(i) \rightarrow (1 - \varepsilon) x'(i) + \left(\frac{\varepsilon}{2}\right)[x'(i+1) + x'(i-1)] \tag{7.16}$$

最后可得到一个耦合映象格子模型：

$$x_{n+1}(i) = (1 - \varepsilon) f[x_n(i)] + \left(\frac{\varepsilon}{2}\right)\{f[x_n(i-1)] + f[x_n(i+1)]\} \tag{7.17}$$

式中：n 为离散化后的时间，周期性边界条件由 $x_n(0) = x_n(L)$ 实现。可见，耦合映象格子模型是一个将空间、时间离散化，但状态变量仍保持连续的动力学系统。对于时空非线性系统，还可以构造其他简单的模型进行描述。

耦合映象格子模型具有如下优点[202]：

（1）基于时空系统的半宏观描述，数值模拟计算效率很高。

（2）整个计算过程的并行程度很好，可以直接并行化，由于各格点计算过程完全相同，非常适合在并行计算机上计算。

（3）计算的高效率使我们可能对参数空间进行扫描，得到系统参数变化时各种时空行为相互转化的规律。

（4）在耦合映象格子模型的理论研究中，低维动力系统理论的一些结果仍有可能得到直接推广，如李雅普诺夫指数、信息熵等。

（5）系统演化过程可分解成一些简单过程，相应的解析过程比偏微分方程容易得多。

7.3.3 基于 CML 的连锁故障模型

自 Kaneko[201]提出 CML 模型后，该模型已被广泛用于研究复杂系统的时空动力学行为。近来年，人们已经开始研究具有小世界或无标度拓扑结构的 CML 中的动力学行为[203]。下面介绍 Wang 等[204]提出的一种基于 CML 的连锁故障模型。

考虑如下包含 N 个节点的 CML 模型：

$$x_i(t+1) = \left| (1-\varepsilon)f[x_i(t)] + \varepsilon \sum_{j=1, j \neq i}^{N} \frac{a_{i,j} f[x_j(t)]}{k(i)} \right|, \quad i = 1, 2, \cdots, N \quad (7.18)$$

式中：$x_i(t)$ 表示第 i 个节点在 t 时刻的状态。N 个节点的连接信息用连接矩阵 $A = (a_{i,j})_{N \times N}$ 表示，若节点 i 和 j 之间有边相连，则 $a_{i,j} = a_{j,i} = 1$；否则 $a_{i,j} = a_{j,i} = 0$。且规定任意两个不同的节点之间至多只有一条边，不充许节点和自身相连。这样 A 就是一个只包含 0 和 1 的对称矩阵，且对角线元素为 0。$k(i)$ 是节点 i 的度，$\varepsilon \in (0,1)$ 表示耦合强度。非线性函数 f 表示节点自身的动态行为，这里选择混沌 Logistic 映射：$f(x) = 4x(1-x)$，当 $0 \leqslant x \leqslant 1$ 时，$0 \leqslant f(x) \leqslant 1$。式（7.18）中的绝对值保证各节点的状态非负。

如果节点 i 的状态在 m 个时序内始终在 $(0,1)$ 范围内，即 $0 < x_i(t) < 1$，$t \leq m$，那么称节点 i 处于正常状态。如果在 m 时刻，节点 i 的状态 $x_i(m) \geq 1$，则称节点在此刻发生故障。在这种情况下，节点在以后的任意时刻的状态恒等于零，即 $x_i(t) \equiv 0$，$t > m$。在节点状态按照式（7.18）迭代演化的网络，如果所有 N 个节点的初始状态都在 $(0,1)$ 范围内，并且没有外部扰动，那么所有的节点将永远保持正常状态。

为了研究由于单个节点受到攻击导致的连锁故障，在 m 时刻给某个节点 c 施加一个外部扰动 $R \geq 1$：

$$x_c(m) = \left| (1-\varepsilon)f[x_c(m-1)] + \varepsilon \sum_{j=1, j \neq c}^{N} \frac{a_{c,j}f[x_j(m-1)]}{k(c)} \right| + R \tag{7.19}$$

在这种情况下，节点 c 在第 m 时刻发生故障。因此，对所有的 $t > m$，有 $x_c(t) \equiv 0$。在第 $m+1$ 时刻，所有与节点 c 直接相连的节点都将受到 m 时刻 c 节点状态 $x_c(m)$ 的影响，并且这些节点的状态值由式（7.18）计算得出。此时计算出的节点状态值有可能大于 1，从而引起新一轮的节点故障。反复进行这个过程，节点故障就可能扩散。

7.3.4 基于 CML 的变电站自动化系统故障传播模型

7.3.3 中所述模型已被应用在软件[205]、城市交通系统[206]等方面的连锁故障研究中。在此基础上，Cui 等[207]提出了基于 CML 的边扰动连锁故障模型。马秀娟等[208]提出了适合描述有向网络的连锁故障模型。

本书在上述模型的基础上提出一种基于 IEC 61850 标准的变电站自动化系统连锁故障模型。设逻辑节点交互网络包含 N 个逻辑节点，则 CML 的连锁故障模型为

$$x_i(t+1) = \left| (1-\varepsilon_1-\varepsilon_2)f[x_i(t)] + \varepsilon_1 \sum_{j=1, j \neq i}^{N_1} A_{j,i} \frac{f[x_i(t)]}{\deg^+(i)} + \varepsilon_2 \sum_{i=1, i \neq j}^{N_2} A_{i,j} \frac{f[x_i(t)]}{\deg^-(i)} \right| \tag{7.20}$$

式中：$x_i(t)$ 是第 i 个节点在 t 时刻的状态。N 个节点的连接信息用连接矩阵 $A = (a_{ij})_{N \times N}$ 表示。若以节点 i 为源，j 为目的节点存在有向边，则 $a_{ij} = 1$；若以节点 j 为源，i 为目的节点存在有向边，则 $a_{ji} = 1$；若 i 和 j 之间无边相连，则

$a_{ij} = a_{ji} = 0$，且规定网络中不允许存在重复边和自环。因此矩阵 A 是一个只包括 0、1 元素的非对称矩阵，且对角线元素均为 0。N_1 表示存在入度元素的个数，N_2 表示存在出度元素的个数。$\deg^+(i)$ 表示节点 i 的入度，$\deg^-(i)$ 表示节点 i 的出度。$\varepsilon_1 \in (0,1)$ 表示节点 i 的入边耦合强度，$\varepsilon_2 \in (0,1)$ 表示节点 i 的出边耦合强度。非线性函数 f 表征节点自身的动态行为，此处选择混沌 Logistic 映射：$f(x) = 4x(1-x)$，当 $0 \leqslant x \leqslant 1$ 时，$0 \leqslant f(x) \leqslant 1$。另外，式（7.20）中的绝对值符号保证各节点的状态非负。

若节点 i 的状态在 m 个时序内始终在（0,1）范围内，即 $0 < x_i(t) < 1$，$t \leqslant m$，那么称节点 i 处于正常状态。若在 m 时刻，节点 i 的状态 $x_i(m) \geqslant 1$，则称节点 i 在此刻发生了故障。这种情况下，节点 i 的状态在以后的任意时刻恒等于零，即 $x_i(t) = 0$，$t > m$。在节点状态按照式（7.20）进行迭代演化的过程中，若所有 N 个节点的初始状态都在（0,1）范围内，并且没有外部扰动，那么所有的节点将永远保持正常状态。

为了研究由于单个节点受到冲击导致的连锁故障，在 m 时刻给某个节点 i 施加一个外部扰动 $R \geqslant 1$，有：

$$x_i(t+1) = \left| (1 - \varepsilon_1 - \varepsilon_2) f[x_i(t)] + \varepsilon_1 \sum_{j=1, j \neq i}^{N_1} A_{j,i} \frac{f[x_i(t)]}{\deg^+(i)} + \varepsilon_2 \sum_{i=1, i \neq j}^{N_2} A_{i,j} \frac{f[x_i(t)]}{\deg^-(i)} \right| + R$$

（7.21）

在这种情况下，节点 i 在第 m 时刻发生故障，因此对所有的 $t > m$，有 $x_i(t) = 0$。在第 $m+1$ 时刻，所有与节点 i 直接相连的节点，即 i 的邻居节点，都将受到 m 时刻 i 节点的状态值 $x_i(m)$ 的影响，并且这些节点会根据式（7.20）进行状态值的更新，而更新的结果可能使有的节点状态值大于 1，从而节点会发生失效，又引起新一轮节点状态值的更新，导致连锁故障。反复进行这个过程，节点的故障规模就可能扩散，最终导致网络的崩溃。

7.4 实验与结果分析

智能电网开放网络环境下，变电站自动化系统面临多方面的安全威胁，如网络攻击、恶意破坏、设备自身故障等。这些对系统的威胁归根结底是针对系统中的一类或者多类设备的威胁，可以进一步认为是针对设备中的逻辑节点的威胁。由第 7.2 节的分析可知，功能完整且基于 IEC 61850 标准的变电站自动化系统中的逻辑节点交互网络是一个有向复杂网络，分析这个复杂网络中节点失效在网络中的传播，就可以研究逻辑节点失效在变电站自动化系统中的传播规律。将上述安全威胁统一归纳为对逻辑节点不同程度的扰动，根据 7.3.4 中的连锁故障模型，这里主要关注以下问题：

（1）不同攻击方式下（随机攻击、蓄意攻击），一个逻辑节点故障后，对系统其他逻辑节点的影响。

（2）蓄意攻击情况下，不同逻辑节点的故障对系统其他逻辑节点的影响。

（3）扰动大小对故障传播的影响。

仿真实验在 Matlab 7.0 环境中编程实现，所有的数据取 50 次实验的平均值。根据图 4.9 构造具有 80 个逻辑节点交互网络的连接信息矩阵，并设定相关参数：$\varepsilon_1 = 0.2$，$\varepsilon_2 = 0.6$，设 $I(t)$ 为故障规模，t 为时间。

7.4.1 随机攻击与蓄意攻击实验结果

仿真实验中，随机攻击是在 80 个逻辑节点中随机选择 50 个节点，在第 5 个时刻分别施加一定程度的扰动，计算单个节点故障的传播情况，然后取 50 个节点故障传播情况的平均值。根据变电站自动化系统的功能特点及逻辑节点度的统计，蓄意攻击是以部分保护功能逻辑节点 PDIS、PTOC、CILO、PLDF 为功能关键节点，以度较大的 IHMI、RBRF、STIM、TCTR、TVTR、XCBR 为连接关键节点，对它们施加不同程度的扰动，分析故障传播情况。在第 5 个时刻分别给上述逻辑节点施加 $R = 1 \sim 8$ 的扰动，所有数据取 50 次实验的平均值。仿真结果见图 7.12 至图 7.17。

图 7.12 是 $R=1$ 时的故障扩散过程，可见，随机攻击和针对 CILO 的蓄意攻击的故障均没有扩散，而 IHMI 面对轻微扰动时，存在一定程度的故障扩散。因为变电站的所有监测与控制功能都要通过人机接口设备来处理，这类 IED 的故障传播得很快。而其他大部分逻辑节点实现的功能出现故障后，其影响只在某单一功能模块内。

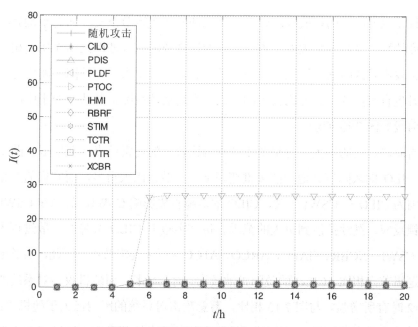

图 7.12 随机攻击和蓄意攻击比较（$R=1$）

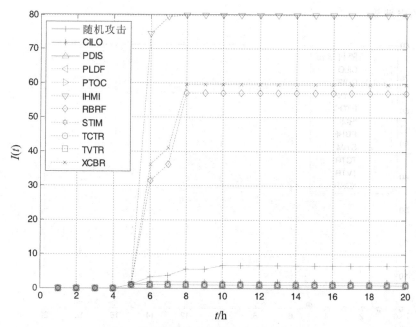

图 7.13 随机攻击和蓄意攻击比较（$R=2$）

对 IHMI 施加 $R=2$ 的扰动，故障在两个时刻时就会致整个系统崩溃，针对断路器的扰动也使故障的扩散程度较大。这也证明了逻辑节点交互网的小世界特性及无标度特性,少数度数大的节点对系统的连锁故障有推波助澜的作用。相比而言,随机攻击时故障的扩散比某些节点的蓄意攻击时要大,这是因为随机选择攻击对象时也有可能选择到度比较大的节点,平均后的故障扩散情况介于中间。故障扩散曲线如图 7.13 所示。

随着施加扰动的增大,对整个系统影响比较大的逻辑节点逐渐增多。图 7.14 中显示 CILO 的故障较其他功能关键逻辑节点扩散范围大得多,而它们的度相差不大,因为 CILO 与 CSWI 相关,CILO 的故障首先影响 CSWI,故障在 CSWI 中产生连锁反应,继续扩散到更大的范围。仿真实验中 CILO 故障的扩散过程为:CILO→CSWI→XCBR、GAPC、ARCO、ATCC→更多逻辑节点。因此,与其他功能关键逻辑节点相比,CILO 的故障扩散较大、时间较长。而随机攻击对系统的影响比 $R=2$ 时有所增强。与图 7.13 相比,蓄意攻击对系统的影响已大于随机攻击。因此,在攻击强度逐渐增加时,对功能和度关键节点的蓄意攻击比随机攻击对系统的破坏更严重。

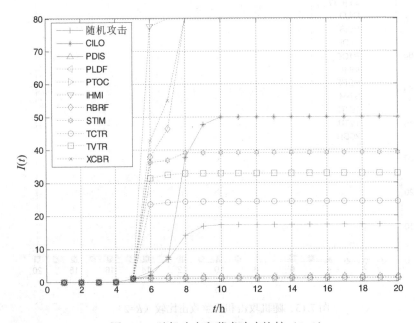

图 7.14　随机攻击和蓄意攻击比较（$R=3$）

由图 7.15—图 7.19 可知，随着扰动进一步增加，对功能关键节点和度关键节点的蓄意攻击使故障扩散到整个系统,随机攻击时故障的扩散范围也进一步扩大。

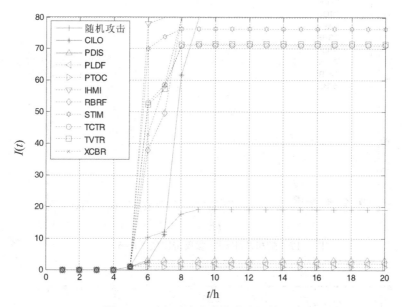

图 7.15 随机攻击和蓄意攻击比较（$R=4$）

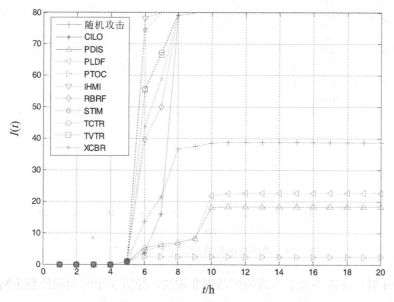

图 7.16 随机攻击和蓄意攻击比较（$R=5$）

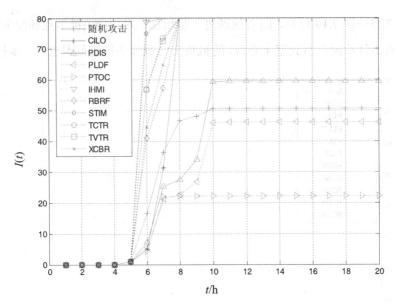

图 7.17　随机攻击和蓄意攻击比较（R=6）

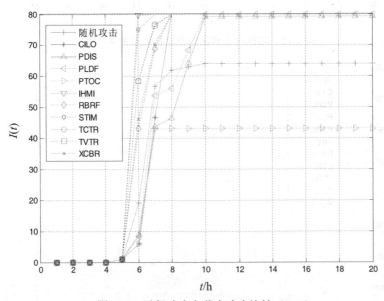

图 7.18　随机攻击和蓄意攻击比较（R=7）

当 R=4 时，连接关键节点故障扩散得非常快，经历 3 个时刻就使整个网络崩溃。继续增加扰动的程度，存在一个扰动阈值 R=5，使功能关键逻辑节点的故障开始向整个系统扩散。当扰动增加到 8 时，不管是随机攻击还是蓄意攻击都会使故障扩散到整个系统，可见 $R=8$ 是一个攻击强度的阈值点。所以对于变电站自动化系统这类安全关键系统来说，某个部件的严重故障对整个系统都会有比较大的影响。相比而言，随机攻击时故障的传播要慢一些。随着扰动强度的增加，针对大多数节点蓄意攻击的故障程度都超过了随机攻击。

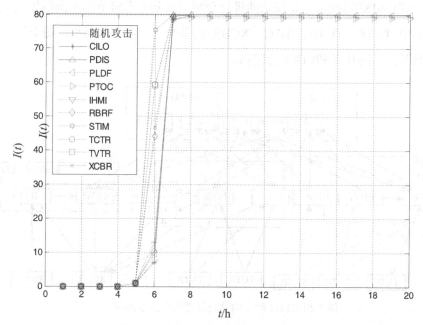

图 7.19   随机攻击和蓄意攻击比较（$R=8$）

通过随机攻击和蓄意攻击的比较，可得出如下结论：

（1）总体上来说，蓄意攻击比随机攻击对系统的破坏程度大，这与 7.2.3 中统计得出的逻辑节点交互网的无标度特性相符。

（2）轻微的扰动可使度关键节点的故障迅速扩散，证明了 7.2.3 中得到的逻辑节点交互网的小世界特性。

（3）随着扰动的增大，无论什么形式的攻击，故障的扩散程度都会逐渐增大，并且存在一个阈值点使故障扩散到整个系统。说明系统中部件在面对攻击时，存在一定的抵御能力，随着攻击强度的加大，部件没有能力抵御这种攻击而完全失效时，其失效会扩散到整个系统。

7.4.2 实例分析

以 T1-1 型输电变电站为例对其自动化系统进行分析。T1-1 型输电变电站主要包括系统的相关保护、运行和控制功能。

基于 IEC 61850 标准,对系统功能进行分解后得到的逻辑节点连接图如图 7.20 所示。其中 TVTR、TCTR、IHMI、XCBR 的多个实例未全部列举,图中的箭头表示逻辑节点之间存在 PICOM 的传输。

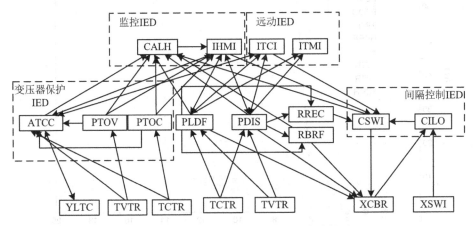

图 7.20　T1-1 型变电站功能逻辑节点连接图

图 7.20 中,各逻辑节点在 IED 上分布于监控工作站(IHMI、CALH)、远动工作站(ITCI、ITMI)、差动保护单元(PLDF)、距离保护单元(PDIS)、变压器保护控制单元(PTOV、PIOV、ATCC)、间隔控制单元(CILO、CSWI)、YLTC(分接头)、断路器(XCBR)、隔离刀闸(XSWI)、电流互感器(TCTR)、电压互感器(TVTR)。

统计图 7.20 中逻辑节点交互网络的平均路径长度为 2.3746,聚类系数为 0.4279;而相同节点的随机网络的平均路径长度为 1.7959,聚类系数为 0.2734。故基于 IEC 61850 标准的 T1-1 型变电站的自动化系统逻辑节点交互同样满足小世界特性。根据 7.3.4 中的连锁故障模型,仿真参数与 7.4.2 相同。这里只以扰动 R=2 为例,功能关键节点和连接关键接点故障扩散曲线如图 7.21 所示。可见,存在与 7.4.2 中相同的结论,功能关键节点 CILO 的故障扩散的范围比其他节点稍大,其故障传播的路径为 CILO→CSWI→PDIS、PLDF、PTOC、PTOV→TCTR、TVTR；
PDIS 的故障传播路径为 PDIS→TCTR、TVTR、CXBR→CALH。

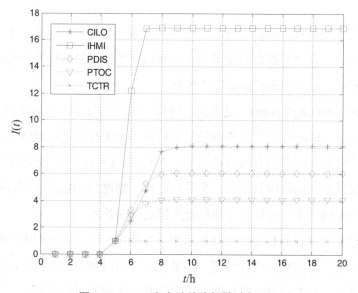

图 7.21　T1-1 变电站故障扩散过程（$R=2$）

由上述分析得到如下结论：

（1）逻辑节点的度数对故障的扩散起重要的作用。某个节点的度数越大，它对应的传播路径就越多，扩散范围就越大。在资源有限的情况下，优先保护度数比较大的节点比随机选择节点进行保护的效果好得多。因此，在变电站自动化系统中，对一些包括连接关键节点的 IED 应采取必要的保护措施。

（2）无标度特征对选择性攻击的脆弱性。从仿真结果可以看出，对部分逻辑节点的选择性扰动可使故障很快地传播，直至系统崩溃。在逻辑节点交互网络中，少数节点连接多，度数很高，当变电站自动化系统增加功能时，网络规模增大，这些节点的度数将随新节点的接入进一步增加。所以，必须在变电站自动化系统中安装人机接口装置，对 CT、VT 传感器等采取冗余配置，以应对蓄意攻击。

（3）扰动越大，故障传播得越快，故障范围也越大。扰动可以理解为系统部件的故障严重程度、网络攻击的破坏性大小。提高部件的可靠性可以有效地阻碍故障的传播。

7.5 变电站自动化系统连锁故障的抑制

前面研究了随机攻击和蓄意攻击情况下，故障在系统中的传播规律。结果表明，一定强度的攻击会在耦合的逻辑节点之间迅速传播，最终导致系统崩溃。因此，有必要采取一定的措施抑制故障的传播。

牵制控制（Pinning Control）是通过对网络中的一部分节点施加控制，达到对整个网络的控制。Wang 等[209]将牵制控制策略应用到无标度动态网络中，通过对一部分节点的牵制，使得所有节点稳定到了平衡点。Chen 等[210]通过研究得出，在线性或非线性复杂网络中只需对一个节点进行牵制控制。Bao 等[211]将牵制控制应用到耦合映象格子中，可以有效地抑制连锁故障的传播。

本节将借鉴预测控制和牵制控制的思想，对变电站自动化系统中的连接关键节点和功能关键节点的状态进行预测，当某节点当前时刻的状态正常，而下一时刻的状态异常时，就对该节点实施牵制，以使其后续状态保持正常。

7.5.1 预测控制

预测控制是 20 世纪 80 年代初开始发展起来的一类新型计算机控制算法。该算法直接产生于工业过程控制的实际应用，并在与工业应用的紧密结合中不断完善和成熟。预测控制具有控制效果好、鲁棒性强、对模型精确性要求不高的优点，广泛应用在化工过程、电力生产和航空等领域，其基本思想为当前控制动作是在每一个采样瞬间通过求解一个有限时域开环最优控制问题而获得[212]。预测控制的三个基本要素为：

（1）预测模型：指一类能够显式地拟合被控系统特性的动态模型。

（2）滚动优化：指在每个采样周期都基于系统的当前状态及预测模型，按照给定的有限时域目标函数优化过程性能，找出最优控制序列，并将该序列的第一个元素施加给被控对象。

（3）反馈校正：用于补偿模型预测误差和其他扰动。

考虑一个单输入单输出系统：

$$y(t+1) = f[y(t), y(t-1), \cdots, y(t-n), u(t), u(t-1), \cdots, u(t-m)] \tag{7.22}$$

式中：m 和 n 分别为输入、输出的阶数；$u(t)$ 为 t 时刻的输入；$y(t)$ 为 t 时刻的输出。

在时刻 t，系统将来的输出 $y_p(t+i \mid t)$（$i = 1, 2, \cdots, H_p$）可以由式（7.22）预测得到，这些输出值依赖于以前的输出、输入、系统当前输出 $y(t)$、将来的控制输入 $u(t+i)$（$i = 0, 1, 2, \cdots, H_u$），H_u 是控制步长，H_p 是预测步长，且 $H_u < H_p$。当 $H_u < i < H_p$ 时，$u(t+i) = u(t+H_u-1)$。预测控制的目的就是通过计算一个给定的目标函数计算 H_u 步控制量，目标函数定义为：

$$\min_{\Delta u(t+k)} \left\{ J = \sum_{k=1}^{H_p} [y_p(t+k \mid t) - y_r(t+k)]^2 p + \sum_{k=0}^{H_u-1} [\Delta u(t+k)]^2 q \right\} \tag{7.23}$$

式中：p 和 q 为权重系数，第一项使预测输出与期望输出之差最小，第二项 $\Delta u(t+k) = u(t+k) - u(t+k-1)$ 表示控制的代价最小。

7.5.2 变电站自动化系统连锁故障抑制方法

由 7.4 节描述的连锁故障传播模型可知，变电站自动化系统中逻辑节点的状态由式（7.20）描述，当在某一时刻某个节点被施加一定程度的扰动时，该节点状态按式（7.21）的方式演化迭代，会导致其他节点状态的异常，并进一步在系统中传播。则牵制节点 i 的状态可以表示为

$$x_i(t+1) = \left| (1 - \varepsilon_1 - \varepsilon_2) f[x_i(t)] + \varepsilon_1 \sum_{j=1, j \neq i}^{N_1} A_{j,i} \frac{f[x_i(t)]}{\deg^+(i)} + \varepsilon_2 \sum_{i=1, i \neq j}^{N_2} A_{i,j} \frac{f[x_i(t)]}{\deg^-(i)} \right| + u_i(t) \tag{7.24}$$

式中：$u_i(t)$ 是时刻 t 对节点 i 的预测控制规则。

式（7.24）中，为了保持所有被牵制的节点处于正常状态，对这些节点实施一步预测控制。监测集合 M 中的节点，如果当前状态正常，而预测到其下一步状态异常的节点形成实际牵制节点集 P，$P \subset M$。

下面介绍对牵制节点的一步预测控制算法。

设 $H_p = H_u = 1$，$\Delta u_i(t) = u_i(t) - u_i(t-1)$，则式（7.24）可以写成：

$$x_i(t+1) = \left|(1-\varepsilon_1-\varepsilon_2)f[x_i(t)] + \varepsilon_1\sum_{j=1,j\neq i}^{N_1}A_{j,i}\frac{f[x_i(t)]}{\deg^+(i)} + \varepsilon_2\sum_{i=1,i\neq j}^{N_2}A_{i,j}\frac{f[x_i(t)]}{\deg^-(i)}\right|$$
$$+\Delta u_i(t) + u_i(t-1)$$

$$(7.25)$$

将式（7.25）代入到式（7.23）中，得：

$$\min_{\Delta u_i(t)}\left\{J = p\left|\left|(1-\varepsilon_1-\varepsilon_2)f[x_i(t)] + \varepsilon_1\sum_{j=1,j\neq i}^{N_1}A_{j,i}\frac{f[x_i(t)]}{\deg^+(i)} + \varepsilon_2\sum_{i=1,i\neq j}^{N_2}A_{i,j}\frac{f[x_i(t)]}{\deg^-(i)}\right|\right.\right.$$

$$(6.26)$$

$$\left.\left. +\Delta u_i(t) + u_i(t-1) - x_{is}(t+1)\right\}^2 + [\Delta u_i(t)]^2 q\right\}$$

对式（7.26）中的 $\Delta u_i(t)$ 求偏导 $\dfrac{\partial J}{\partial \Delta u_i(t)} = 0$ ，有：

$$\Delta u_i(t) = \frac{p}{q+p}$$

$$\left\{x_{is}(t+1) - u_i(t-1) - \left|(1-\varepsilon_1-\varepsilon_2)f[x_i(t)] + \varepsilon_1\sum_{j=1,j\neq i}^{N_1}A_{j,i}\frac{f[x_i(t)]}{\deg^+(i)} + \varepsilon_2\sum_{i=1,i\neq j}^{N_2}A_{i,j}\frac{f[x_i(t)]}{\deg^-(i)}\right|\right\}$$

$$(7.27)$$

式中：$x_{is}(t+1)$ 为参考值，作用是保持节点状态的正常。

基于上述分析，预测牵制控制算法描述如下：

（1）设定参数 $x_{is}(t+1)$、p、q 和监测节点集合 M。

（2）检查 t 时刻集合 M 中每一个节点的当前状态和下一步的预测状态，形成实际牵制节点集 P。

（3）对于节点集 P 中的每一个节点，依据式（7.27）求得控制增量 $\Delta u_i(t)$。

（4）将 $\Delta u_i(t)$ 加到 $u_i(t-1)$，产生控制规则 $u_i(t)$，将 $u_i(t)$ 应用到牵制节点上。

（5）$t+1 \rightarrow t$，如果控制过程没有结束，返回第（2）步。

7.5.3 实现策略

前面提出了基于预测控制的变电站自动化系统连锁故障抑制方法。然而，如何在变电站自动化系统中实现此方法也是一个关键问题。本节将对这个问题作初步的探讨，提出可行的实现策略。

基于 IEC 61850 标准的变电站自动化系统由若干相互交换数据的逻辑节点组成，且仅有逻辑节点中的数据才能进行交换。逻辑节点是一个由数据和方法定义的对象，与一次设备相关的逻辑节点不是一次设备本身，而是它的智能部分或者在二次系统中的映像。所以，逻辑节点是变电站自动化系统中的基本功能单元。文献[213]的研究结论为我们提供了思路，该文分析了逻辑节点的特点，认为逻辑节点和 MAS（Multi-Agent System）中的 Agent 具有相似的基本特性，可以完成不同的分布式功能。近年来，MAS 理论和技术在电力系统的故障检测[214]、变电站保护[215]、潮流分析[216]、电力市场[217]、负荷预测[218]和微网控制[219]等多方面得到了应用。本节在众多研究成果的基础上，采用 MAS 技术实现变电站自动化系统连锁故障的抑制策略。

1. Agent 与 MAS

广义的 Agent 包括人类、物理世界的机器人和信息世界的软件机器人。狭义的 Agent 则专指信息世界中的软件机器人或称软件 Agent，它是代表用户或其他程序，以主动服务的方式完成一组操作的机动计算实体。这里"主动服务"指：①主动适应，在完成操作的过程中，它可以获得、表示并在以后的操作中利用关于操作对象的知识以及关于用户意图和偏好的知识；②主动执行，用户无须对一些任务发出具体指令，只要当前状态符合某种条件，就可以代表用户或其他程序完成相应的操作。"机动"指在所处的计算环境中灵活的访问机制以及同其他 Agent 通信和协作的机制。

MAS 指由多个 Agent 组成的系统，能进行问题求解，能随环境改变而修改自己的行为，并能通过网络与其他 Agent 进行通信、交互、协作、协同完成求解同一问题的分布式智能系统。MAS 用模拟人类社会系统的运作机制来提高计算机系统解决复杂问题的能力。好比一个人无法完成很多复杂的任务，单个 Agent 也无法设计成足够的功能来完成诸多问题，所以，采用多个 Agent 进行协作，通过任务分解和协调提高整个系统的能力是比较好的方案。

更多关于 MAS 的内容，如 MAS 的特征、通信机制、协同机制等方面可以参考相关文献[220]。

2. MAS 实现牵制控制的原理

（1）Agent 的结构设计。

LN 是 IEC 61850 标准规定的变电站自动化系统的基本功能单元，它具有 Agent 的相关属性，因此可以将 LN 看作一个独立的 Agent。这里根据 LN 的特点和本书对 Agent 的需求来定义其功能与结构。Agent 的功能可以分为内部功能和外部功能，内部功能指 Agent 为了完成一定的功能需具备的能力，包括保存来自被控对象的所有数据信息、感知数据的变化并分辨变化类型、分析引起控制状态变化的原因、运用处理规则解决出现的问题；外部功能指 Agent 与环境的交互，包括与其他 Agent、用户及其他外部对象的信息交互、协商和资源共享。

MAS 中的 Agent 包括两类：普通 Agent 和监测 Agent。普通 Agent 实现 LN 的所有功能，监测 Agent 实现对牵制逻辑节点集的监测。

LN 的基本组成如图 7.22 所示，此图源自 IEC 61850-7-1[27]。

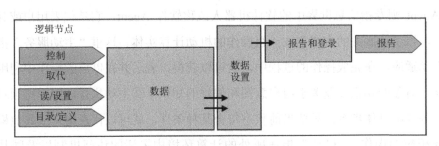

图 7.22　LN 的基本组成

控制和报告组成逻辑节点接口的一部分，对数据进行操作的其他服务有：取代（用固定值替换数据值）、读/设置（对数据或者数据集进行读和设置）、目录/定义（GetDataDirectory 读数据目录和 GetDataDefinition 读数据定义）（检索数据实例的目录信息和数据实例的定义信息）。从抽象观点来看，逻辑节点的实例如图7.23 所示，服务可以被理解为由 PICOM 携带信息[27]。

根据图 7.22 和图 7.23 及上述分析，设计如图 7.24 所示的普通 Agent 结构。其中，环境感知模块、通信模块、执行模块负责与系统环境和其他 Agent 进行交互，获取环境的状态并向其他 LN 报告；描述数据库包含对自身状态和环境的描述以及 LN 所要完成的功能和任务；信息处理模块负责对感知和接收到的信息进

行初步加工、处理和存储；决策与控制模块运用知识库中的知识对信息处理模块
所得到的外部环境信息和其他 LN 的通信信息进行进一步的分析、推理，为进一
步的通信或从数据库任务列表中选择适当的任务供执行模块执行，以作出合理的
控制决策。

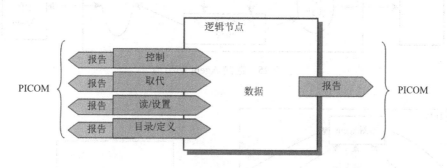

图 7.23　逻辑节点的实例

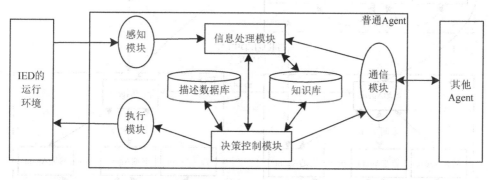

图 7.24　普通 Agent 的结构

监测 Agent 对所在 IED 内 Agent 的状态进行监测，一旦发现异常，立即启动
牵制控制算法，同时还与其他 IED 中的监测 Agent 进行交互。监测 Agent 的结构
如图 7.25 所示。

（2）MAS 的原理。

将 LN 看作 Agent 后，整个变电站自动化系统就是一个复杂的 MAS，其结构
如图 7.26 所示。

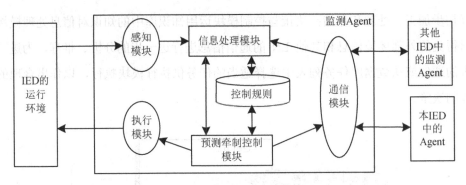

图 7.25　监测 Agent 的结构

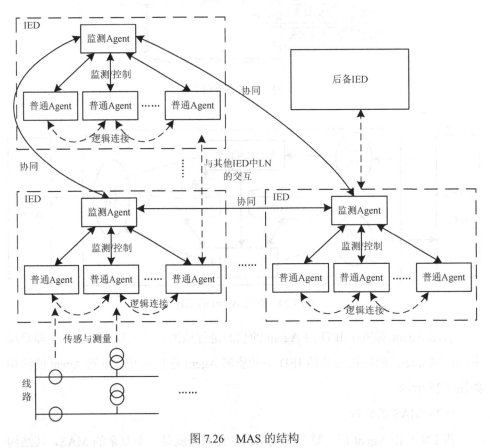

图 7.26　MAS 的结构

　　由于变电站自动化系统包含若干 IED，而一个 IED 又包含若干 LN，因此，一个 IED 组成了一个简单的 MAS，而整个变电站自动化系统则是一个复杂的

MAS。图 7.26 表述了基于 MAS 的变电站自动化系统的结构，为使图尽可能地简单清晰，只代表性地画出了三个元素，如 IED、普通 Agent 等。在每一个 IED 中除了若干普通 Agent 之外，还设置了一个监测 Agent，负责本 IED 中需要牵制 LN 的监测，并与其他 IED 中的监测 Agent 进行交互，一旦发现异常，立即启动牵制控制算法，以保证 LN 状态的正常。由于 IEC 61850 标准规定了 LN 功能自由分布和分配，所有功能被分解成逻辑节点，这些节点可分布在一个或多个物理装置中，当一个 IED 中的 LN 失效，就可以用其他 IED 中具有相同功能的 LN 来替代。同时系统中还设置了后备 IED，当某个 IED 失效，通过监测 Agent 的协同，启动后备 IED 完成失效 IED 的基本功能。

不同 IED 的 Agent 间通过 IEC 61850 标准规定的协议进行通信，通常采用 GOOSE，而同一 IED 内的 Agent 间则可通过内部消息机制通信，这样既快速又节省资源。

7.5.4 仿真实验

根据前面所述，连接关键节点和功能关键节点的故障传播较快，所以选择监测逻辑节点集 M={PDIS, PTOC, CILO, PLDF, IHMI, RBRF, STIM, TCTR, TVTR, XCBR}。为了比较预测牵制控制的效果，在集合 M 的基础上再加上部分节点组成集合 N={PDIS, PTOC, CILO, PLDF, IHMI, RBRF, STIM, TCTR, TVTR, XCBR, ITIC, ITMI, CALH, RREC, CSWI, GAPC}，设定参数 $p=q=0.5$，$x_{is}(t+1)=0.9$，以扰动 R=3 为例，实验结果如图 7.27 和图 7.28 所示。

比较图 7.27 和图 7.14，实施牵制控制后，不管是随机攻击还是蓄意攻击，故障的总规模均有不同程度的减小。然而，在蓄意攻击下，仍有一部分度比较大的逻辑节点的故障扩散到了除监测节点以外的所有节点。为了比较监测节点集合大小对预测牵制控制效果的影响，在集合 M 的基础上增加六个逻辑节点，形成监测集合 N，实验结果如图 7.28 所示，与图 7.27 相比，故障的总规模均有不同程度的减小。最明显的是针对 CLIO 的攻击，故障传播的规模从近 40 减少到 0。分析得出，与 CLIO 关系最紧密的逻辑节点 CSWI 在监测节点集合中，致使针对 CLIO 的攻击不再经过 CSWI 传播。

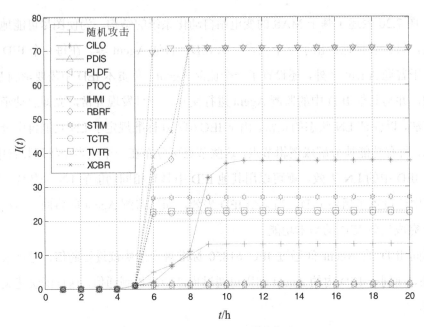

图 7.27　故障扩散过程（监测节点集为 M，$R=3$）

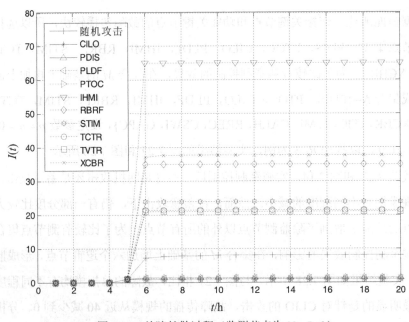

图 7.28　故障扩散过程（监测节点为 N，$R=3$）

为了进一步研究监测节点集合大小对控制效果的影响，对不同攻击情况下，不同监测节点集与失效规模的关系进行研究。由于节点功能的差异，当监测集大小相同而节点类型不同时，失效规模可能存在差异。为保证不失一般性，随机选取一定数量的节点作为监测节点集，且所有数据取 50 次实验的平均值。仍然考虑随机攻击和针对部分关键节点的蓄意攻击，以 $R=3$ 为例，仿真结果如图 7.29 所示。其中，横坐标表示监测节点数占网络总节点数的比例；纵坐标表示因攻击失效节点数占网络总节点数的比例。

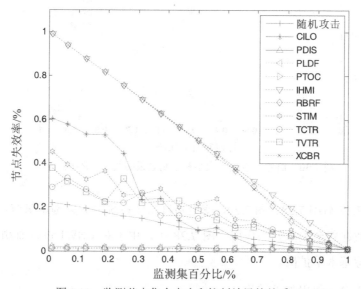

图 7.29　监测节点集合大小和控制效果的关系（$R=3$）

由图 7.29 可知，当对某些度关键节点进行攻击时，如 TCTR、TVTR 等，随着监测节点的增加，节点的失效率出现明显的波动。因为仿真中监测节点是随机选择的，虽然监测节点数增加了，但有可能选择的节点对被攻击节点的故障扩散没有抑制作用。不过，从总体上来看，随着监测节点的增加，在一定的攻击下，节点失效率的整体趋势是下降的。特别是对功能关键节点 CILO 攻击时，随着监测节点的增加，节点失效率下降最为明显。

图 7.30 进一步表现了不同攻击强度对监测节点集大小与最终失效率的关系的影响。当 R 增加到 6 时，整体失效率与图 7.29 有相同的规律。随着攻击强度的增加，度关键节点的故障很快扩散到整个系统，因此，监测节点增大可以更加明显

地抑制故障扩散。

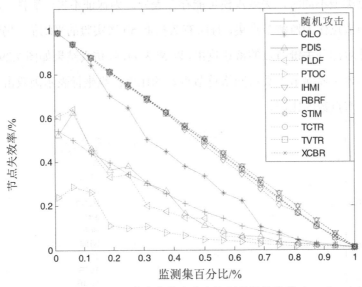

图 7.30　监测节点集合大小和控制效果的关系（$R=6$）

比较图 7.27 与图 7.28、图 7.29，变电站自动化系统中的关键逻辑节点的监测对故障的扩散起着至关重要的作用。图 7.28 中，由于对 CSWI 进行监测，CILO 攻击时的故障基本不扩散。

通过以上分析得出如下结论：

（1）牵制节点越多，故障传播越能得到有效抑制。

（2）对故障传播的关键节点实施牵制控制，能有效地抑制故障的传播。为了节约成本，没有必要无限制地增大监测节点集，而只需要对故障传播的某些关键节点进行监测并实施牵制控制。

（3）牵制在一定程度上阻断故障传播的路径。除了对节点实施牵制控制外，对于某些度关键节点及功能关键节点，必须采取安全防护措施，并进行冗余配置。当主设备发生故障时，由备份设备接管相应的任务，使其不成为连锁故障产生的源点。

7.6　本章小结

本章从复杂网络的角度，将基于 IEC 61850 标准的变电站自动化系统抽象成一个逻辑节点交互的有向复杂网络，统计表明该网络具有小世界和无标度特性。然后在基于 CML 的复杂网络连锁故障模型基础上，提出一种基于 CML 的变电站自动化系统故障传播模型，仿真实验表明逻辑节点交互网络的小世界和无标度特性对系统中故障传播具有推动作用。接下来对 T1-1 型变电站自动化系统进行了实例分析。在上述研究基础上，提出了对连锁故障的抑制方法及实现策略，仿真实现表明，提出的方法能有效地抑制故障的传播。

第8章　变电站自动化系统电子式互感器故障诊断

变电站自动化系统就是对变电站一次设备进行监测与控制的信息系统，系统的信息均来自安装在一次设备上的传感器，即电流互感器和电压互感器。保证系统信息来源的可信是变电站自动化系统安全运行的基础，也是保证电网调度部门作出正确决策的依据。本章将采用信号处理的方法对变电站电流互感器的输出信号进行处理，通过识别信号中不同类型的畸变，达到电子式互感器故障诊断的目的。

8.1　变电站自动化系统电子式互感器的故障特征

8.1.1　电子式互感器的特点

电子式互感器是智能变电站中的典型设备之一，它的功能是采用电子测量和光纤传感来对电力系统中的电流、电压进行测量，其输出供保护设备、控制设备以及其他类似的二次设备使用。与广泛使用的电磁式互感器相比，电子式互感器的体积小、绝缘简单、重量轻，且电流互感器动态范围宽、无磁饱合、二次输出可以开路、电压互感器无谐振现象等，所以在工程中得到应用。根据 IEC 60044 标准，电子式互感器包括连接传输系统和二次转换器的一个或多个电流、电压传感器，将被测量按比例传送给测量仪器、仪表和保护与控制装置。图 8.1 为 IEC 标准给出的单相电子式互感器的结构框图。

电子式互感器的原理与电磁式互感器有很大区别，它采用了一些光学器件和电子器件等相对易耗的元器件，故其可靠性也呈现了一些新的特点。一旦状态出现异常，将不能保证输出数据的可信，这会直接影响到变电站内二次设备功能的实现。当前，还没有比较有效的方法对运行中的电子互感器进行在线监测与故障诊断。因此，对电子式互感器的工作状态进行在线监测，当发生故障或者出现异常时发出报警，可极大提高整个系统的可靠性。

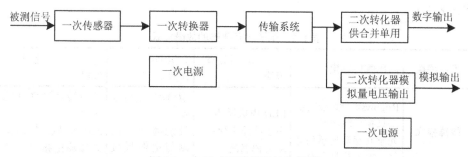

图 8.1　电子式互感器的结构框图

目前，对电子式互感器的研究主要集中在测量精度和稳定性，如温度变化对电子互感器测量准确度的影响[221]、外界变化的磁场对 Rogowski 线圈电流互感器的影响[222]。文献[223]分析了基于 Faraday 磁光效应的光学电流互感器传感头的失效模式与失效机理；文献[224]建立了电子式电流互感器的可靠性模型，利用后果分析法和故障树对其可靠性进行了分析。从已有文献来看，对电子式互感器可靠性的研究仅限于事前分析，缺乏对其在线检测和诊断方面的研究。

故障诊断就是利用被诊断系统中的各种运行数据和状态信息进行综合处理，得到关于系统运行状况和故障情况的评价过程。IEC 60044 标准指出，电子式互感器的可靠性应与变电站所有电子设备的可靠性同等对待，决定其可靠性的主要问题是内部采用的大量光学和电子元器件，因此必须从电子互感器的组成来分析故障特征，以便于进行故障分类。

8.1.2　电子式互感器的故障特征

为了便于分析电子式互感器运行时各个组成部分的故障特征，根据其部件组成情况，图 8.2 给出了电子式互感器的可靠性框图。

图 8.2　电子式互感器的可靠性框图

按照图 8.2 所示的框图，结合文献[224]的分析，电子式互感器典型的故障模式见表 8.1。

表 8.1　电子式互感器的故障模式

工作模块	高压侧传感模块	高压侧信号处理模块	高压侧电源模块	低压侧信号处理模块
故障模式	Rogowski 线圈性能不良输出线断开；光学互感器传感头老化，温度特性变差	LED 模块损坏；电子线路老化；积分器温漂	DC/DC 模块故障；供能线圈二次侧与电源板接触不良	光电转换器件性能变差；同步时钟信号丢失；模拟输出接口芯片损坏

表 8.1 中的故障模式会对电子式互感器的输出造成不同程度的影响，如温度特性变化导致信号漂移，器件性能变差；Rogowski 线圈断开或者高压侧信号模块失去电源会导致无信号输出。为便于后面的分析，将电子式互感器的故障进一步分类，见表 8.2。

表 8.2　电子式互感器的故障分类

分类方法	故障类型	说明	举例
故障程度	硬故障	结构损坏导致的故障，幅值较大，变化突然	结构损坏，模块故障
	软故障	特性的变异，一般幅值较小，变化缓慢	温度特性变化导致的信号漂移；器件性能变差
存在时间	间歇性故障	时好时坏，易修复	
	永久性故障	失效后不能再恢复正常	
发展进程	突变故障	信号变化速率大	结构损坏
	缓变故障	信号变化速率小	器件性能变差

结合表 8.2，且从便于信号分析的角度来看，考虑电子式互感器的两大类故障：突变型故障和渐变型故障。其中突变型故障又可分为固定偏差故障、完全失效故障；渐变型故障主要分为温度特性变化导致的变比偏差、故障漂移偏差故障。下面对各种故障的数学模型进行分析。

（1）互感器输出信号的数学模型。

在进行电子式互感器的输出信号测量时，因测量本身的随机性及外界环境的干扰，无法做到测量值的绝对准确，因此而产生的差异称为随机误差或自由噪声。同时，因电子式互感器本身元器件的异常导致的测量值和真实值的差异称为系统误差。设 x_t 为某一时刻的测量值，k 为互感器的变比，x_t' 为测量变量在某一时刻的真实值，f_t 为某时刻测量的系统误差，v_x 为测量的随机误差，则测量值可以表示为

$$x_t = kx_t' + f_t + v_x \tag{8.1}$$

系统误差 f_t 主要是由元件故障导致的，不同故障类型有不同 f_t 表达形式。

（2）固定偏差。

固定偏差主要指故障测量值与正确值相差一恒定常。设 b 为一常数，则有

$$f_t = b \tag{8.2}$$

将式（8.2）代入式（8.1）有：

$$x_t = kx_t' + b + v_x \tag{8.3}$$

固定偏差的故障波形如图 8.3 所示。

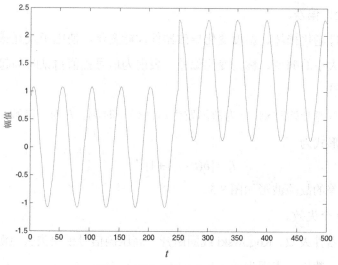

图 8.3 固定偏差的故障波形

（3）漂移偏差。

电子互感器长时间连续运行后，温度的变化使光学、电子器件的性能变差，无法反映信号真实的情况。输出信号的大小随时间发生规则或者不规则的变化。

设 t_s 为故障开始时刻，t 为故障发生后的任一时刻，b 为一常数。当线性变化时，其表现形式为

$$f_t = b(t - t_s) \tag{8.4}$$

漂移偏差的故障波形如图 8.4 所示。

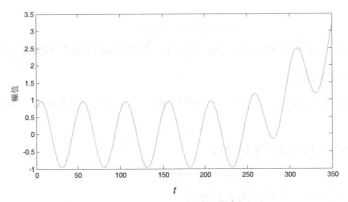

图 8.4　漂移偏差的故障波形

（4）变比偏差。

因元器件老化损坏、温度变化导致器件性能变化，使电子式互感器的输出信号发生幅值大小的畸变，称为变比偏差，表现为信号幅值自某时刻起缓慢地变大或变小[221, 225]。

设 t_s 为故障开始时刻，t 为故障发生后的任一时刻，b 为一常数。当线性变化时，其表现形式为

$$f_t = [b(t - t_s) + 1]x_t' \tag{8.5}$$

变比偏差的故障波形如图 8.5。

（5）完全失效。

当光学器件失效、Rogowski 线圈断开或高压侧信号模块失去电源时，测量信号始终为某一数值，表现为

$$x_t = b, \quad b \text{ 为常数} \tag{8.6}$$

从以上分析可知，只有完全失效比较容易检测，而固定偏差、变化偏差、漂移偏差较难发现，而这几类故障采集的信号长期偏离正常值，对变电站二次设备功能的执行影响较大。本书针对这三类故障模式，避开了电子式互感器的数学模

型，通过信号处理的方法直接对故障进行诊断，为变电站自动化系统的正常运行提供保障。

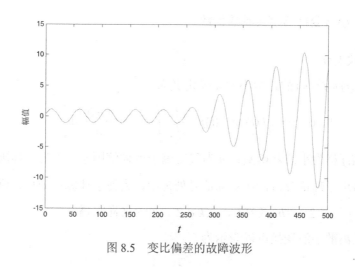

图 8.5   变比偏差的故障波形

8.2   基于小波变换多指标综合决策的故障信号识别算法

采用信号处理技术对传感器的故障信号进行识别，避免了传感器的数学模型，是一种被广泛应用的方法。其基本做法是先对传感器的输出信号进行小波多尺度分解，对信号的突变点进行定位，然后根据小波模极大值在多尺度上的表现与李普希兹指数的关系，识别传感器各个类型的故障信号。文献[145]采用形态学-小波变换对电厂主蒸汽温度传感器的各种故障信号进行识别，但温度传感器与电子式互感器的输出信号有较大的差异。文献[148]研究了变电站电子互感器的故障诊断，但只考虑了突变故障，对于渐变故障没有进一步的研究。

综合分析已有文献，基于信号处理的传感器故障诊断已成为研究的主流方法，且被应用到了生产过程的各种传感器中。在电力系统方面，针对电力系统暂态电流、电压信号的突变研究较多，对变电站电子式互感器故障诊断的研究尚不多见。由于单一参数难以对故障信号类型进行细节的识别，这里提出一种基于小波变换的电子式互感故障诊断方法，综合了李普希兹指数、小波系数能量比、信号的均值差，对故障信号进行识别。实验表明，提出的方法能有效地识别各种类型的故障信号。

8.2.1 小波变换与李普希兹指数

1. 小波变换

函数 $f(t) \in L^2(R)$ 的连续小波变换定义为

$$W_f(a,b) = \langle f(t), \varphi_{a,b}(t) \rangle = \frac{1}{\sqrt{a}} \int_{-\infty}^{\infty} f(t) \varphi\left(\frac{t-b}{a}\right) dt \tag{8.7}$$

式中：$\varphi_{a,b}(t)$ 称为小波基函数；a 为尺度因子或伸缩因子；b 为平移因子。连续小波变换常用于理论分析，在实际信号处理中，为便于计算机处理，常采用二进离散形式，即 $a = 2^j$，$b = k2^j T$，$j, k \in Z$，T 为采样间隔。

这样，离散小波变换可以表示为

$$W_f(j,k) = \langle f, \varphi_{j,k} \rangle = 2^{-\frac{j}{2}} \int_{-\infty}^{\infty} f(t) \varphi(2^{-j} t - kT) dt \tag{8.8}$$

假定 2^j 是放大倍数，则通过改变 j 的值就可以改变观测器信号的放大倍数，这就是小波变换的多分辨率特性。多分辨分析的子空间 V_{n+1} 可以用有限个子空间进行分解：

$$V_{n+1} = W_n \oplus W_{n-1} \oplus V_{n-1} = \dots = W_n \oplus W_{n-1} \oplus \dots \oplus W_0 \oplus V_0 \tag{8.9}$$

式中：V_j 是尺度 j 的尺度空间；$\oplus$ 是子空间的直和关系。因此，任何信号 $f(t) \in V_{n+1}$，可以分解为在 W_j 空间中的细节部分 $d_j(n)$ 和在 V_j 空间中的近似部分 $c_j(n)$。小波多分辨率分解树如图 8.6 所示。

小波多分辨率分解可由 Mallat 算法实现。对任意信号 $f(t) \in V_{n+1}$ 可写成线性组合形式：

$$f(t) = \sum_{k \in Z} c_{j,k} \varphi_{j,k}(t) + \sum_{m=1}^{j} \sum_{k \in Z} d_{m,k} \phi_{m,k}(t) \tag{8.10}$$

式中：$c_{j,k}$ 为尺度展开系数；$d_{j,k}$ 为小波展开系数；$\varphi_{j,k}(t)$ 为尺度函数；$\phi_{j,k}(t)$ 为小波函数。

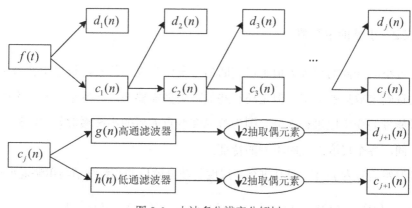

图 8.6　小波多分辨率分解树

2. 李普希兹指数

李普希兹指数是用来表现函数局部特征的一种度量，定义如下：

设信号 $f(t)$ 在 t_0 附近具有下述特征：

$$|f(t_0+h)-P_n(t_0+h)|\leqslant A|h|^\alpha，\quad n<\alpha\leqslant n+1 \tag{8.11}$$

称 $f(t)$ 在 t_0 处的李普希兹指数为 α，其中 $P_n(t)$ 是经过 $f(t_0)$ 点的 n 次多项式。并有：①一个信号 $f(t)$ 的李普希兹指数 α 越大，其光滑性越好，反之光滑性越差，奇异性越大；②如果 $f(t)$ 的李普希兹指数等于 α，$\int f(t)\mathrm{d}t$ 的李普希兹指数必定等于 $\alpha+1$，$\dfrac{\mathrm{d}f(t)}{\mathrm{d}t}$ 的李普希兹指数为 $\alpha-1$。

3. 小波变换模极大值的表现与李普希兹指数的关系

小波变换模极大值有一个重要性质，就是对不同局部的突变信号 $f(t)\in C^\alpha$，$0\leqslant\alpha\leqslant 1$，小波变换模极值随尺度的变化而变化。如果小波变换系数满足：

$$|W_a f(t)|\leqslant ka^\alpha \tag{8.12}$$

对于二进制离散形式小波变换 $a=2^j$，有

$$|W_{2^j} f(t)|\leqslant k(2^j)^\alpha \tag{8.13}$$

$$\log_2|W_{2^j} f(t)|\leqslant \log_2 k+j\alpha \tag{8.14}$$

式（8.14）中，$j\alpha$ 将小波变换尺度 j 与李普希兹指数 α 联系起来：当 $\alpha>0$ 时，小波变换的模极大值将随尺度 j 的增大而增大；当 $\alpha<0$ 时，小波变换的模极大值将随尺度 j 的增大而减小；当 $\alpha=0$ 时，小波变换的模极大值将不随尺度 j 改变。

8.2.2　小波能量系数

通过小波变换的模极大值可以判断信号发生突变的位置，根据李普希兹指数可以大致确定故障的类型。但是还有些故障类型需要通过计算小波变换不同尺度下信号能量的变化比进行区分。因为故障突变点前后的小波系数差别明显，能量分布不同，各个尺度能反映不同的特征。

设原始信号为 $f(t)$ ，对其进行多尺度小波分解后的高频细节与粗略逼近如下：

$$d_1(t):\quad d_1(1),\quad d_1(2),\quad d_1(3),\quad \cdots,\quad d_1(t_0-1),\quad d_1(t_0),\quad d_1(t_0+1),\quad \cdots,\quad d_1(n)$$
$$d_2(t):\quad d_2(1),\quad d_2(2),\quad d_2(3),\quad \cdots,\quad d_2(t_0-1),\quad d_2(t_0),\quad d_2(t_0+1),\quad \cdots,\quad d_2(n)$$
$$\vdots \qquad\qquad\qquad\qquad\qquad\qquad\qquad\qquad\qquad\qquad\qquad\qquad\qquad\qquad\qquad \vdots$$
$$d_j(t):\quad d_j(1),\quad d_j(2),\quad d_j(3),\quad \cdots,\quad d_j(t_0-1),\quad d_j(t_0),\quad d_j(t_0+1),\quad \cdots,\quad d_j(n)$$
$$c_j(t):\quad c_j(1),\quad c_j(2),\quad c_j(3),\quad \cdots,\quad c_j(t_0-1),\quad c_j(t_0),\quad c_j(t_0+1),\quad \cdots,\quad c_j(n)$$

其中：t_0 是故障突变时刻，取 t_0 时刻前窗口 $[m_1,m_2]$ ，t_0 时刻后窗口 $[m_3,m_4]$ ，则定义故障前后原数据的重构概貌窗口能量比 R_{energy} ：

$$R_{\text{energy}} = \frac{\displaystyle\sum_{k=m_3}^{m_4}[c_j(k)]^2}{\displaystyle\sum_{k=m_1}^{m_2}[c_j(k)]^2}, \quad m_2-m_1=m_4-m_3 \tag{8.15}$$

8.2.3　信号的均值差

信号的均值反映了信号幅度的平均值，故障点前后一定时间内均值的差异则反映了信号在故障点后信号幅值变化的大小。根据 8.1.2 中所述电子式互感器的故障类型，信号的均值差可以用来判别变化偏差类故障。

设原始信号为 $f(t)$ ，取故障时刻前窗口 $[n_1,n_2]$ ，后窗口 $[n_3,n_4]$ ，定义信号的均值差 $Diff_{\text{mean}}$ 为

$$Diff_{\text{mean}} = \left| \frac{1}{n_4-n_3}\sum_{k=n_3}^{n_4} f(k) - \frac{1}{n_2-n_1}\sum_{k=n_1}^{n_2} f(k) \right| \tag{8.16}$$

8.2.4　K-近邻法

对一个待测试样本进行故障类别区分，本质上就是一类模式识别问题。模式识别的基本方法有两大类，一类是将特征空间划分成决策域，这就要确定判别函数或确定分界面方程；另一类称为模板匹配，即将待分类样本与标准模板进行比较，看与哪个模板匹配度更好，从而确定待测试样本的分类。而近邻法则在原理上属于模板匹配，它将训练样本集中的每个样本都作为模板，用测试样本与每个模板作比较，看与哪个模板最相似（即为近邻），就将最近似的模板的类别作为自己的类别。譬如 A 类有 10 个训练样本，因此有 10 个模板；B 类有 8 个训练样本，就有 8 个模板。任何待测试样本在分类时与这 18 个模板都一一计算相似度，如最相似的近邻是 B 类中的，就确定待测试样本为 B 类，否则为 A 类。因此从原理上讲，近邻法是最简单的。

（1）最近邻决策规则。

假定有 c 个类别 $\omega_1, \omega_2, ..., \omega_c$ 的模式识别问题，每类有标明类别的样本 N_i 个，$i = 1, 2, ..., c$，可以规定 ω_i 类的判别函数为

$$g_i(x) = \min_k \left\| x - x_i^k \right\|, \quad k = 1, 2, \cdots, N_i \tag{8.17}$$

式中：x_i^k 的角标 i 表示 ω_i 类；k 是 ω_i 类 N_i 个样本中的第 k 个。按照式（8.17），决策规则可以写为，若 $g_j(x) = \min_k g_i(x)$，$i = 1, 2, \cdots, c$，则决策 $x \in \omega_j$。

上述决策规则的直观解释为，对未知样本 x，只要比较 x 与 $N = \sum_{i=1}^{c} N_i$ 个已知类别的样本之间的相似度（根据实际情况，可以是欧氏距离、马氏距离等），并决策 x 与离它最近的样本同类。

（2）K-近邻法。

对最近邻法进行推广就得到 K-近邻法：取未知样本 x 的 k 个近邻，看这 k 个近邻中多数属于哪一类，就把 x 归为哪一类，即在 N 个已知样本中找出 x 的 k 个近邻。

设这 N 个样本中，来自 ω_1 的样本有 N_1 个，来自 ω_2 的样本有 N_2 个，来自 ω_c 的样本有 N_c 个，若 $k_1, k_2, ..., k_c$ 分别是 k 个近邻中属于 $\omega_1, \omega_2, ..., \omega_c$ 类的样本数，则可

以定义差别函数为

$$g_i(x) = k_i , \quad i = 1, 2, \cdots, c \tag{8.18}$$

决策规则为：若 $g_j(x) = \max\limits_{k} k_i$，则决策 $x \in \omega_j$。

（3）样本之间的相似度量。

常见的样本之间相似度量的方法有欧氏距离、明氏距离、兰氏距离、马氏距离、各种类型的熵等，它们分别适用于不同的应用场合。马氏距离考虑到各种特性之间的联系，并且是尺度无关的，即独立于测量尺度，且受量纲的影响，两点之间的马氏距离与原始数据的测量单位无关。马氏距离还可以排除变量之间的相关性的干扰。这里选择马氏距离计算 K-近邻法中样本之间的距离。

设 $\sum$ 表示指标的协差阵：$\sum = (\sigma_{ij})_{p \times p}$

式中：$\sigma_{ij} = \dfrac{1}{n-1}\sum\limits_{a=1}^{n}(x_{ai} - \bar{x}_i)(x_{aj} - \bar{x}_j)$，$\bar{x}_i = \dfrac{1}{n}\sum\limits_{a=1}^{n}x_{ai}$，$\bar{x}_j = \dfrac{1}{n}\sum\limits_{a=1}^{n}x_{aj}$，$i, j = 1, 2, ..., p$

如果 $\sum^{-1}$ 存在，则两个样本之间的马氏距离为

$$d_{ij}^2(M) = (\boldsymbol{X}_i - \boldsymbol{X}_j)' \sum{}^{-1} (\boldsymbol{X}_i - \boldsymbol{X}_j) \tag{8.19}$$

式中：$\boldsymbol{X}_i$ 为样本 X 的 p 个指标组成的向量，即原数据的第 i 行向量。样本 $\boldsymbol{X}_j$ 类似。

8.2.5 算法实现

根据前面 8.2.1～8.2.3 的相关介绍，本书提出的基于小波变换多指标综合决策的电子式互感器故障信号识别算法的实现方法如下：

（1）生成训练数据。

根据电子式互感器输出信号的特征，以正弦信号 $f(t) = A\sin(\omega t + \alpha)$ 为例，对其中的三个参数幅值 A、角频率 ω、相位 α 分别设置一定的变化区间，随机生成一个信号，设定训练样本数为 N。

（2）提取特征（针对每一组训练样本数据）。

1）对 $f(t)$ 进行 bior3.5 小波分解，得到其高频细节与粗略逼近 $d_1(t), d_2(t), ... d_j(t), c_j(t)$，根据尺度 1、尺度 2 的模极大值判断是否发生故障，如果发生故障，求得故障点 t_0。

2）为了放大信号的奇异点，求 $f(t)$ 的一阶导数，对导数谱进行 bior3.5 小波分解，根据模极大值求得奇异点的李普希兹指数。

3）根据第（1）步中 $f(t)$ 小波分解的粗略逼近 $c_j(t)$，求故障前后原数据的重构概貌窗口能量比 R_{energy}。

4）根据定位的故障点 t_0，求 $f(t)$ 的加窗均值差 $Diff_{mean}$。

（3）K-近邻法识别。

随机给定若干个待测样本，在第（2）步训练模型的基础上利用 8.2.4 介绍的 K-近邻法进行预测，得出待测样本的故障类别，统计预测的准确率。

上述算法中选择求信号导数的李普希兹指数，主要考虑到对信号第二类间断点的识别。对一个漂移偏差的信号进行 bior3.5 小波分解，如图 8.7 和图 8.8 所示。

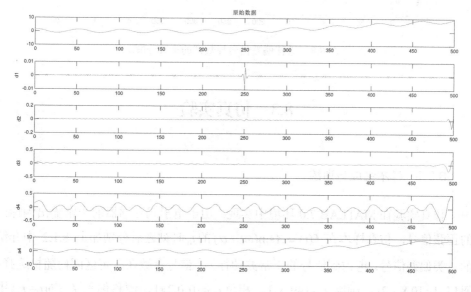

图 8.7　漂移偏差信号的小波分解

在图 8.7 和图 8.8 中都能看到奇异点，但从导数谱中可以明显地看到在奇异点处有一个间断，而原信号中并不明显。对于一些更加光滑的偏差信号，通过原数据可能找不到奇异点，所以算法中选择了求导数谱的李普希兹指数。

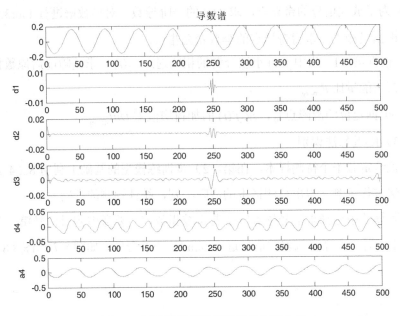

图 8.8 漂移偏差信号导数谱的小波分解

8.3 仿真实验

8.3.1 样本生成与训练

仿真实验在 MATLAB 7.0 环境中实现。由于电子式互感器的正常输出为标准的正弦信号，仿真样本在 $f(t) = A\sin(\omega t + \alpha)$ 的 t_0 时刻之后分别加上 8.1.2 中介绍的三类偏差信号。考虑到信号的正常波动行为，信号参数在一定区间内随机选择：幅值 $A \in [0.8, 1.2]$，频率 $f \in [49, 51]$，相位 $\alpha \in [0, 0.2\pi]$，漂移偏差 $f_t = b(t - t_0)$ 中 $b \in [0.02, 0.2]$，固定偏差 $f_t = b \in [0.5, 3]$，变比偏差 $\in [0.002, 0.01]$。按照上述参数的范围随机生成 500 个故障信号样本，根据 7.2 节描述的算法求得导数谱的李普希兹指数、故障前后原数据的重构概貌窗口能量比 R_{energy}、$f(t)$ 的加窗均值差 $Diff_{mean}$，这 500 个样本在三个特征值空间的聚类如图 8.9 所示。

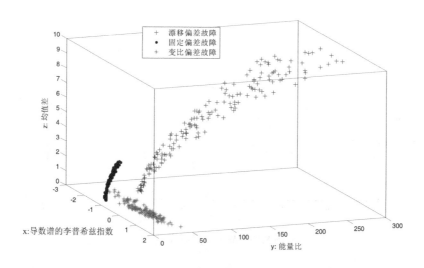

图 8.9　随机生成的 500 样本在特征值空间的聚类

由图 8.9 可知，三类随机样本呈现明显的聚类，三个特征值的组合很好地区分了三类随机样本。漂移偏差的李普希兹指数基本上大于 0；另外两类偏差的李普希兹指数基本上小于 0；固定偏差的李普希兹指数集中在-0.85 左右，且变化不大；然而变比偏差的李普希兹指数变化幅度较大，呈现均匀分布。所以通过李普希兹指数和能量比这两个特征难以对三类样本进行明显区分。所以上述三个参数分别从不同侧面反映了样本统计特征，较好地实现了三类随机样本的聚类，使模型具有较好的鲁棒性。

对图 8.9 进一步分析可以看出，漂移偏差的李普希兹指数分布呈现明显的 V 字型，近一半样本的李普希兹指数大于 0.6，另一半却小于 0.6。分别对这些样本进行分析发现，李普希兹指数大于 0.6 的样本刚好在信号的整数个周期结束时发生漂移偏差，而李普希兹指数小于 0.6 的样本的故障点偏离整数个周期点，且李普希兹指数越小，偏离整数个周期点越远。这也正好说明了李普希兹指数越大，信号的光滑性越好；反之光滑性越差，奇异性越大。

设故障点 t_0 为 250 时刻，图 8.10 中的故障点刚好在整数个周期，看上去比较平滑，李普希兹指数较大，而图 8.11 中的故障点光滑性较差，李普希兹指数较小。在随机生成的样本中，这两类样本的数量基本相等。

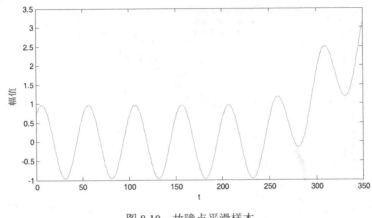

图 8.10   故障点平滑样本

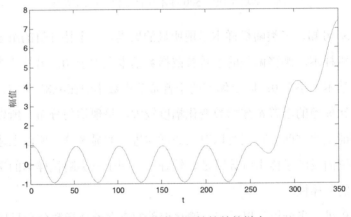

图 8.11   故障点光滑性较差的样本

8.3.2   模型测试

通过 8.3.1 中对随机生成的 500 个样本的训练，得到了一种电子式互感器的故障诊断模型，下面按生成训练样本的参数空间随机生成 100 个样本对模型进行测试。计算每个样本导数谱的李普希兹指数、故障前后原数据的重构概貌窗口能量比 R_{energy}、 $f(t)$ 的加窗均值差 $Diff_{mean}$，这 100 个样本的特征值见表 8.3，在三个特征值空间的分布如图 8.12 所示。可见，测试样本的分布特征与训练样本基本一致。

表 8.3　测试样本特牲值

（a）漂移偏差（40 个）

李普希兹	R_{energy}	$Diff_{mean}$	李普希兹	R_{energy}	$Diff_{mean}$	李普希兹	R_{energy}	$Diff_{mean}$
0.6844	14.3810	3.5780	0.4407	31.3187	3.9565	0.6577	11.7018	3.2408
-0.0265	149.5526	7.6949	0.6914	74.3660	8.2512	0.6897	125.3237	9.0350
0.6600	164.8792	8.3871	0.4072	37.0248	5.7566	0.0486	112.9435	7.8680
0.6145	26.8527	2.9748	0.3238	45.1667	6.3213	0.6281	40.3264	3.8963
0.6598	*9.8057*	*2.7278*	0.1408	74.3141	6.4162	0.6477	21.9465	3.8072
0.6889	244.4226	9.7304	-0.0597	154.3607	8.6508	0.1352	107.3501	7.1522
0.6784	125.7392	6.9900	0.6438	22.2286	3.3560	0.3792	44.5622	5.8251
-0.0552	158.4851	7.2670	**0.6828**	*8.0801*	*2.2558*	0.6608	13.4037	2.5470
0.6895	93.5406	6.2465	0.4601	31.0529	3.5292	-0.0534	138.8905	7.7337
0.6788	122.6792	7.1268	0.7354	15.9660	3.3572	0.6849	211.1586	9.5777
0.0340	134.3216	8.8436	-0.2187	176.5560	8.1385	0.3807	42.5736	6.0844
0.6410	63.2744	4.5411	-0.0034	155.8206	9.6218	0.1981	75.4651	8.1562
0.3407	56.3032	5.5420	0.7033	98.4459	5.9078	0.6828	35.8254	4.3152
0.7908	*10.0981*	*2.5893*						

（b）固定偏差（27 个）

李普希兹	R_{energy}	$Diff_{mean}$	李普希兹	R_{energy}	$Diff_{mean}$	李普希兹	R_{energy}	$Diff_{mean}$
-0.7663	**1.7030**	*0.5999*	-0.8005	1.9010	0.6179	-0.7973	2.2066	1.0418
-0.8633	9.3850	2.7115	-0.8163	2.4296	0.9877	-0.8500	4.8908	1.7255
-0.8428	4.1675	1.2493	**-0.7242**	**1.3547**	*0.3399*	-0.8770	5.6174	1.7902
-0.8403	4.7148	1.2537	-0.8413	3.2308	0.9923	-0.8195	2.4692	0.7672
-0.8712	10.4471	2.7022	-0.8896	2.6036	0.8197	-0.8616	6.1499	2.0991
-0.7941	2.0144	0.8449	-0.8656	7.7042	1.8367	-0.8542	6.2374	1.9315
-0.8681	5.0356	1.7450	-0.8736	13.8762	2.7630	-0.7668	1.3805	0.5746
-0.7593	**1.6277**	*0.4834*	-0.8374	3.7266	1.4663	-0.8697	9.5945	1.7904
-0.7564	1.6414	0.6269	-0.8445	2.7294	0.8691	-0.7512	1.5078	0.6056

(c) 变比偏差（33 个）

李普希兹	R_{energy}	$Diff_{mean}$	李普希兹	R_{energy}	$Diff_{mean}$	李普希兹	R_{energy}	$Diff_{mean}$
0.5042	28.1788	0.3603	-0.7666	14.3127	0.3605	-0.6279	16.4156	0.3591
-0.4393	25.9639	0.2689	-0.1078	24.7313	0.3815	-0.6702	12.8924	0.2761
-0.9852	16.8551	0.2935	-0.1272	21.1340	0.3209	0.9708	39.0943	0.0646
-0.7956	16.5757	0.1633	0.9665	32.2167	0.3611	0.3425	26.2676	0.3943
0.8065	25.8940	0.3340	-0.8939	20.6730	0.1302	-0.2144	28.9066	0.1894
-1.2068	36.9692	0.0609	-0.6600	16.8874	0.2506	-0.1433	31.2128	0.3432
-0.8913	17.5849	0.0040	2.0000	23.7618	0.3589	-0.6020	23.6176	0.2832
-0.7114	16.0598	0.3486	-0.8168	13.2810	0.0698	-0.6607	17.2547	0.3373
-0.7453	14.2226	0.3125	-0.7812	14.3793	0.2317	-0.7231	15.7434	0.2611
-0.4916	31.2698	0.1700	0.0934	25.2255	0.3144	0.1481	14.8383	0.3299
0.4176	19.6010	0.3813	-0.8379	11.5643	0.3212	-0.9865	30.0339	0.1237

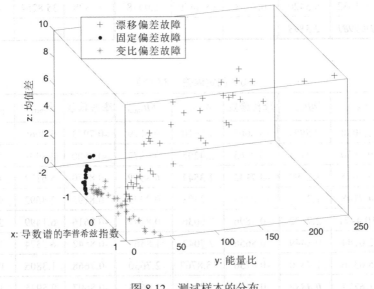

图 8.12　测试样本的分布

采用 K-近邻法进行预测，得出测试样本的故障类别，预测准确率为 94%，即有六个样本被错判（表 8.3 中以加粗斜体标出），其中有三个漂移偏差样本被错判为变比偏差，三个固定偏差样本被错判为变比偏差。将这六个被错判的样本在图

8.8 的基础上分别以圆圈和方框标出，如图 8.12 所示。

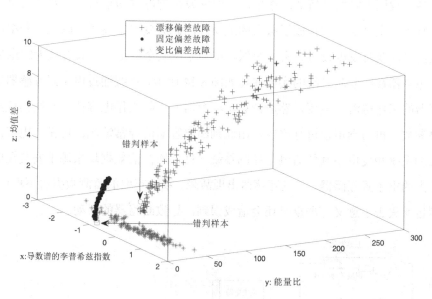

图 8.13　错判样本标示

从图 8.13 可知，错判的原因是样本离变比偏差故障的分布区域比较近或者存在交叉。为了提高模型预测的准确度，可以将本书提出算法中的 K-近邻法进行改进，采用剪辑近邻法，其实质是去除各类边界附近易对分类造成干扰的样本。对图 8.9 中的样本进行剪辑后，再用表 8.3 中的样本进行预测，准确率上升到了 98%，基本达到预期效果。

8.4　应用实例

本节将书中提出的电子互感器故障诊断方法集成在变电站高压并联电容器组在线监测系统中，并采集广西某地变电站电容器组运行时的数据进行检验，验证了方法的可行性。

8.4.1　应用背景

变电站并联电容器组用来进行无功补偿，以提供优质电能。然而电力电容器组长期运行在露天环境下，对高压高度敏感，极易老化和损坏，是较易发生故障的设备。我国电容器装置故障率偏高，经常发生群爆群伤事故，对系统安全运行和检修人员生命安全都构成了极大的威胁。因此对变电站高压并联电容器组进行在线监测，及时发现设备异常，对保障电力系统安全稳定运行具有重大的意义。

电容器在线监测系统的实现原理如图 8.14 所示，系统通过电子式互感器采集电容器的工作电流、电压，然后计算出电容器的实际工作电容值、介质损耗角等重要参数，再与额定值进行比较，由此判断电容器的异常情况。可见，电容器在线监测系统和变电站其他监测与控制系统一样，所需的数据均来源于安装在监测对象上的电子式互感器，一旦互感器出现故障，系统获取的监测数据将不再可信，监测也就失去了意义，严重时还会造成误判，导致断路器的误动。

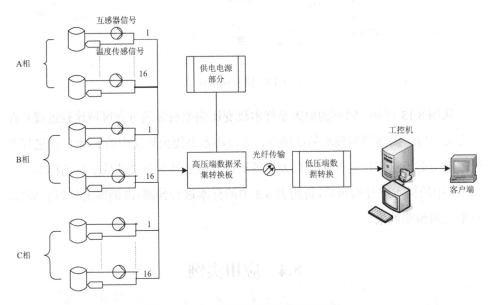

图 8.14　电容器在线监测系统原理图

8.4.2　应用原理

将提出的电子式电流互感器故障诊断方法集成在并联电容器故障在线监测系统中。通过电流波形区分是电容器故障还是互感器的故障。

并联电容器成套装置中发生的故障类型可分为：电容器本体类故障、熔断器类故障、开关类故障、串联电抗器类故障、放电线圈类故障等。无论是内熔丝电容器还是无内熔丝电容器，无论是合闸、分闸还是运行中，正常工作状态下，没有内部元件损坏时，各台电容器上电流的有效值是基本相等的。当发生内部电容器单元击穿或外部短路故障时，工作电流会发生相应的变化，这种电流的变化是瞬时突然变化的[226]，波形如图 8.15 所示。

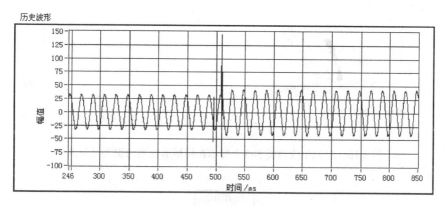

图 8.15　电容器内部单元击穿时的电流波形示意图

　　基于上述分析，如果电流波形在某时刻突然增大或减小，则认为是电容器发生故障；如果是其他的故障波形，则认为是互感器发生了故障。为了将本书提出的算法集成在电容器故障在线监测系统中，将电容器内部单击穿时的故障电流称为电容器击穿故障。这样，系统中的故障电流就可以分为四种：漂移偏差、固定偏差、电容器击穿故障偏差、渐变型变比偏差。采用 8.3.1 中的样本生成方法，这四类故障信号在李普希兹指数、小波能量系数、信号均值差这三个特征值空间中的聚类如图 8.16 所示。可见，这四类故障信号呈现明显的聚类，这为系统中实现故障信号的识别提供了基础。

　　在上述原理基础上，作者开发了电容器故障在线监测系统软件，电流互感器故障诊断流程如图 8.17 所示。

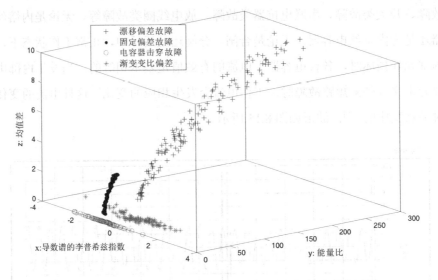

图 8.16　随机生成四类 500 个样本在特征值空间的聚类结果图

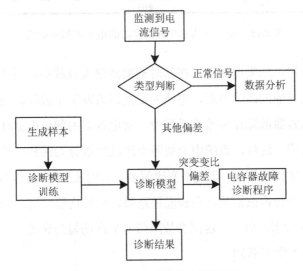

图 8.17　电流互感器故障诊断流程

8.4.3　实验结果

集成了本书提出的电子式互感器故障诊断方法的高压并联电容器故障监测系统在广西某变电站的运行界面如图 8.18 所示。

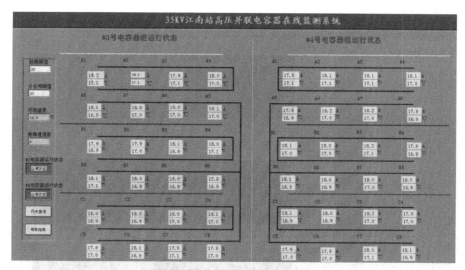

图 8.18　高压并联电容器故障监测系统的运行界面

　　图 8.18 是电容器监测的主界面，右边用电路中的电容符号表示电容器的连接方式，并显示了监测的电流与工作温度值；左边显示了电容器的运行状态。当鼠标移动到电容符号上时，系统自动弹出电流信号的波形分析窗口。当出现电流异常时，相应的电容符号变成红色以示报警。

　　正常情况下，与本书相关的电子式电流互感器故障诊断运行界面如图 8.19 所示。窗口左边显示了李普希兹指数、小波能量比、信号均值差、奇异点位置和故障类型等信息；窗口右边显示了采集的电流信号波形、电流信号的导数波形、导数信号进行 bior3.5 小波分解后尺度一的高频信号。由图 8.19 可见，正常情况下无法求出李普希兹指数，从小波高频 d1 信号波形图也看不到奇异点。

　　在系统运行过程中，系统采集到了电容器故障时的波形，如图 8.20 所示。系统能准确地判断，求出相关特征参数并报警。经检修人员停电检修，发该组电容器内部被击穿。

　　由于在系统运行过程中没有采集到真实的电子式电流互感器故障的电流信号，在图 8.21 中采用随机生成的方法模拟了一个漂移偏差的电流波形。通过对这种渐变故障波形导数谱进行 bior3.5 小波分解，从尺度一的高频信号可以清楚地看到奇异点，且采用本书提出的方法能准确地对这种故障信号进行分类。对于电子式电流互感器真实故障的识别，有待在运行过程进一步检验。

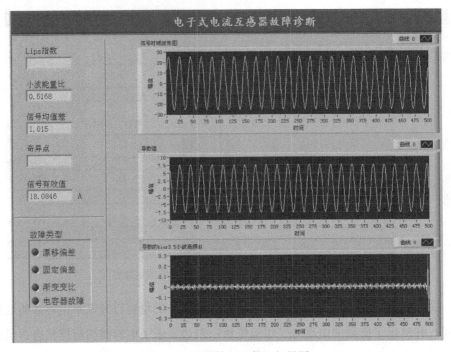

图 8.19 正常情况下的运行界面

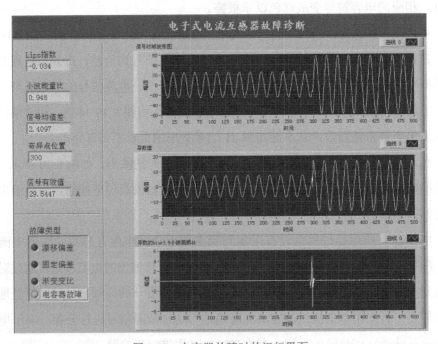

图 8.20 电容器故障时的运行界面

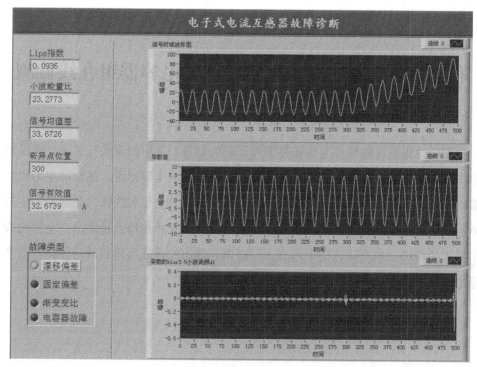

图 8.21　漂移偏差模拟时的运行界面

8.5　本章小结

　　本章首先分析了电子式互感器的故障特征，根据其故障特征提出了一种基于小波变换多指标综合决策的电子式互感器故障诊断方法。将互感器输出信号的导数谱进行 bior3.5 小波分解，以模极大值求得奇异点的李普希兹指数、故障前后原数据的重构概貌窗口能量比、信号的均值差三个指标对故障信号进行综合决策与识别。仿真实验表明，提出的方法能有效地识别各种类型的故障信号。将提出的方法应用于实践，集成在开发的变电站电容器在线故障诊断系统中，在广西某变电站投入运行，能有效地识别电容器组的故障。由于尚未采集到电子式电流互感器的故障电流信号，对现场电流互感器故障的诊断有待在运行过程中进一步检验。

第 9 章 变电站自动化系统并联电容器组在线监测

变电站为电压的转换与传输提供可信赖的服务，其中的重要任务之一就是消除电网中的谐波。因此，变电站中安装了大量的高压电容器组。然而，电力电容器组长期运行在露天环境下，对高压高度敏感，极易老化和损坏，是较易发生故障的设备，经常发生群爆群伤事故，对系统安全运行和检修人员生命安全都构成了极大的威胁。本章研究变电站高压并联电容器组的在线监测系统，保障其安全稳定地运行。

9.1 引言

随着国民经济的发展，电力需求日益增长，电力系统的额定电压等级和额定电流都有较大幅度的提高。同时随着电力电子技术的广泛应用，供电系统中增加了大量的非线性负载，如轧机、电弧炉等非线性负荷，以及各种功率因素较低的装置的应用，会引起电网电流、电压波形发生畸变，导致电网的谐波污染[246, 247]。严重的无功冲击造成了局部电网电压不稳及功率因素恶化，从而严重影响了电能质量和自动化设备的电气寿命。

这就要求供电企业不仅能为用户提供经济、安全可靠的电能，并能够提供优质的电能（即电压、谐波等方面进行合理的调节）。因此，在近几年的两网改造中，普遍在变电站内安装并联补偿电容器组，作为输电网无功调节的主要设备和方法。使得容性无功不足的现象得到了较大的改善，对保证电压稳定、降低系统线路损耗、保障电力系统安全可靠运行起到了重要作用。电力系统中容性功率的装置与感性负荷联接在同一电路中，当容性装置释放能量时，感性负荷吸收能量，而感性负荷释放能量时，容性装置则吸收能量，能量相互转换。感性负荷所吸收的无功功率可由容性装置输出的无功功率补偿。由于电力系统中存在大量的变压器，这些变压器都要吸收大量的感性无功功率。另外，当输电线路重负荷时，也将呈现为感性，而吸收大量感性无功功率。为提供这些设备所需的感性无功功率，同时避免无功功率长距离输送，在各变电站均安装了一定比例的电容器组。同时随着电网的快速发展，电容器组的组数和容量也迅猛增长。

并联电容器组安全可靠地运行无疑是无功补偿有效实施和优质供电的前提。然而电力电容器组长期运行在露天环境下，对高压高度敏感，极易老化和损坏，是较易发生故障的设备。在我国电容器装置故障率偏高，经常发生群爆群伤事故，对系统安全运行和检修人员生命安全都构成了极大的威胁[248]。

1997—2008 年期间，电容器的运行故障率一直很高。自 1996 年后，全膜电容器逐渐被接受并占据主导地位，随着国家城网、农网建设改造项目的启动，电容器生产和使用进入超速发展期，电容器的运行年故障率逐步上升，1997 年后上升至 1.2%～2%，还经常发生多年未见的爆炸着火事故，给电力系统的安全运行带来了较严重的威胁。近几年的电容器运行故障率[249]见表 9.1。

表 9.1　1997—2003 年的电容器年故障率的历史统计表

年份	1997	1998	1999	2000	2001	2002	2003
年故障率/%	1.27	1.48	1.51	1.39	1.63	1.91	1.13

根据国家电网公司统计，国家电网公司系统 35kV 及以上变电站并联电容器仅 2008 年上半年就发生故障 10356 台次：其中 500kV 变电站 1715 台次；330kV 变电站 333 台次；220kV 变电站 3434 台次；110kV 变电站 3957 台次；66kV 变电站 250 台次；35kV 变电站 667 台次。从中不难看出，目前电容器故障主要集中在 110kV 及以上高电压等级变电站中，即电力系统的主要变电站中，给电力系统的安全运行带来严重危害，也带来巨大损失。

以一个较低的估价水平考虑，每台电容器的直接和间接经济价值按 10000 元计，则上半年电容器故障造成的经济损失就达 1 亿多元。由此可见，对这些高压电容器进行实时在线监测、提前发现故障，对提高电容器运行可靠性意义重大，对提高电力系统安全运行亦意义重大。

传统的高压并联电容器组检修方法需要停电人工作业，费时费力，影响电网正常运行，而且试验的真实性得不到保证，其检修过程对设备也有一定的损伤。

随着电力系统的大容量化、高电压化和结构复杂化，对电力系统安全可靠性指标的要求也越来越高。这种传统的试验与诊断方法已显得越来越不适用，所以迫切需要对高压并联电容器设备的运行状态进行实时在线监测，以便能够及时发现电容器故障，并在故障扩大为事故前发出预警指示；记录故障发生时的电流、电压波形和谐波状况等参数，为故障分析提供第一手资料。

智能电容器在线检测系统主要由传感器、引下线、采集卡、传输光纤和工控机组成。为了便于安装和电抗器放电磁化，传感器采用可分裂有间隙磁路的电流传感器（CT），二次侧经电流-电压转换为电压信号输出。传感器安装在每台电容器的套管的根部，用来测量电容器的工作电流，并将电流值按照一定的关系转换为电压信号，电压信号通过带屏蔽层的引下线（3~8m）接入采集板，初步预处理后采集板上的 CPU 将模拟信号转换为数字信号，通过移植 TCP/IP 协议（lwip）将数字信号打包为 UDP 数据包，并通过光纤网络传输到下位机。下位机通过相应的软件对数据进行分析、处理、显示和存储，从而完成对电容器装置的在线实时监测。

在完成系统设计、安装、调试等工作的同时，为了能够对该电容器组在线监测系统进行进一步的详细分析，还有必要对该系统进行一定的模型抽象，从同步和异步两个方面进行分析，同步分析主要侧重于在实时性，可靠性，异步分析主要结合定时异步分布式系统模型来进行。

9.2 高压并联电容器在线监测研究现状

早在 20 世纪 70 年代，国内外就已经开始了对高压电容器组故障的分析与监测，在电容器组故障机理及其预防、监测方法、在线监测等方面进行了广泛的研究，取得了一定的研究成果，特别在理论和试验上有很多深入的研究，如电容器的保护熔丝的特性选择、保护动作原因分析、谐波对电容器的影响的初级讨论、防止过电压的措施、电容器维护的建议等方面的探讨[250-252]，不过这些研究主要集中在个别或者特定的问题上。

西安电力电容器研究所在温度、电压、谐波涌流等方面对电容器的影响进行了理论分析[253-255]，特别是在操作过电压、温度对寿命的影响上展开估计研究，也只限于理论层面，没有结合典型环境及有代表性的电容器进行研究。

目前对电容器组故障的在线监测装置的研究，主要是通过在线监测运行在高压下电容器试品的 C 和 $\tan\delta$（介质损耗角）值，来判断电容器设备是否故障，澳大利亚和日本的学者在介质损耗角 δ 做过一些研究，并开发了相关的在线监测装置[256-258]，已投入使用。同时华中科技大学的雷红才[259]、四川大学的党晓强[260]、华北电力大学的律方成等[261]提出了通过监测设备故障时所伴随的放电来判断电容器故障，也设计出了相应的在线监测装置。由于电容量的变化和介质损耗角的变化是放电积累到一定程度以后，产生的一个滞后的结果，这两个参数对环境温度、湿度、信号干扰很敏感，监测结果不理想。

2007 年，由广东电网公司、国网武汉高压研究院、华南理工大学电力学院合力研制的用于监测 10kV 的并联电容器组装置的在线状态的监测系统，是目前国内为解决电力电容器组实时故障录波、在线诊断的较好解决方案。该系统可以通过记录分闸、合闸、运行三个阶段的数据和波形，实时进行数据分析、判断，跟踪监测电容器的实时运行状态，从而达到对其状态的实时评估，并对故障和异常及时报警。但是该系统从高压侧到低压侧采用的电缆传输不适用于更高的电压等级，同时线缆多，绝缘处理，高低压测组装隔离都比较复杂，抗干扰能力较差。

也有应用于电力系统的采用光纤传输的采集系统，如韦英华等人的论文《110kV 高压线路监测电流的信号引入》[262]、李曙英等人的论文《基于光纤传输的高压母线温度在线监测仪的设计》[263]，普遍采用的是串口转光纤传输[264]。由于串口的速率限制，一般采集的路数少、采样率低，不能捕捉到高次谐波，即不适用于需要采集多路、高采样率的场合。本章将借鉴异步分步式模型，采用网口转光纤传输，传输容量大，可以满足多采集板多路高速采集数据的要求。

9.3 定时异步分布式系统模型

9.3.1 定时异步分布式系统简介

分布式系统是若干个独立的计算机的集合，但是对用户来说，该系统就像一台计算机。按照底层通信和进程管理服务是否能提供"确定的通信",分布式系统可以划分为同步分布式系统和异步分布式系统。确定的通信是指:

(1) 在任何时候有一个最小数目的正确进程。

(2) 正确的源进程发送到正确的目的进程的任何消息 m,必须在目的进程端,在已知有限时间内被接收并处理。

为了到达确定的通信,假定一个系统中故障的频率是受限的。该假设允许系统设计人员使用空间或时间冗余来掩饰低层的通信故障并提供确定通信的抽象。然而对几乎所有的分布式系统,假设故障频率是受限的并不合理。

可靠的系统都有着严格的规范,因此,即使有人试图修复一个系统的不可预测性,以达到确定的通信(如通过许可控制、资源分配、冗余通信信道等),通信故障的概率仍然是不可忽略的。因此对于许多可靠的系统,通信是确定的假设并不合理。不过,可以定义一个比同步系统模型的假设更简单的异步系统模型,并且这些假设之一被违背的概率远远小于同步系统,同时这个异步系统模型依然强大到足以作为可靠应用的构建基础来提供服务。

大多数关于异步系统的研究基于时间自由模型[265],该模型有以下特点:

(1) 服务是时间自由的,也就是说,输出和状态转换的发生在时间上是没有限制的。

(2) 进程间的通信是可靠的,即任何两个未崩溃进程之间发送的消息最终都会到达目的进程。

(3) 进程会发生崩溃故障。

(4) 进程不会访问硬件时钟。在时间自由模型中,一个进程无法区分未崩溃的(但非常缓慢)和崩溃的进程,因此使得很多在实践中很重要的服务不能实现[266]。

定时异步分布式系统模型(或简称定时模型)的定义如下,假设:

(1) 所有服务都定时:输出和状态转换应对应于输入发生,而且必须在客户期望的时间间隔之内完成。

(2) 进程间的通信是通过数据报服务来完成的,这些数据报服务并不可靠,通常存在遗漏(消息被丢弃)或者执行故障(消息迟交付)。

（3）进程可以访问硬件时钟。

（4）系统的通信频率和进程故障数没有限制。与时间自由模型相比，定时模型允许实际需要的分布式服务，如时钟同步、会员制、协商一致、选举和原子广播实现执行[267-271]。

定时模型和时间自由模型之间最重要的区别是本地硬件时钟的存在。许多分布式应用程序指定使用实时来约束。例如，如果一个组件出现故障，那么在 X 时间单位内，应用程序必须执行一些动作。

由于不需要假定硬件时钟或定时服务的存在，时间自由模型看起来比定时模型更普遍。然而，目前市场上的所有工作站都有高精度石英时钟，因此定时模型中要求的时钟并非一个实际的限制。此外，虽然许多实践中遇到的服务（如 UNIX 进程和 UDP）确实不作任何响应时间承诺，但是所有这些服务已成为事实上的"定时"，因为依赖于它们的高层抽象——人，要确定一个超时时间以决定是否已经出现故障。因此，从实际的角度来看，服务被定时和进程可访问硬件时钟的要求并没有让定时模型比时间自由模型更少见。

事实上，时间自由模型中进程间通信的故障定义比在定时模型中更强，时间自由模型中不能存在正确的进程被断开连接的运行，而定时模型中则允许运行过程中正确的进程被永久地断开。因此，时间自由模型排除了正确的进程被分割的可能性，而定时模型则允许将这些分割建模为大量信息的遗漏或执行故障的发生。因此，从实际的角度来看，定时模型比时间自由模型更普遍，因为：①它允许分进程分割的发生；②实际角度出来，它的定时服务和进程可访问硬件的假设并非受限。

9.3.2 定时异步分布式系统模型

一个定时异步分布式系统由有限的进程集合 P 组成，它们通过数据报服务完成通信。进程运行在网络的计算机节点上，如图 9.1 所示。节点和网络中的底层软件执行数据报服务。如果两个进程在不同的节点上运行，则说它们是遥远的；否则他们是本地的。每个进程 P 可访问本地硬件时钟，运行在每个节点的进程管理服务使用该时钟来管理闹钟——允许本地进程要求被唤醒。本书用 o、p、q 和

r 来表示进程；s、t、u 和 v 表示实时时间；S、T、U 和 V 来表示时钟时间；m 和 n 来表示信息。

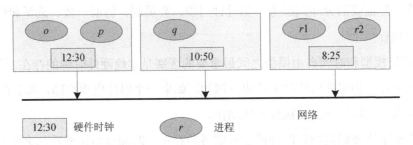

图 9.1 定时异步系统中的进程访问硬件时钟并通过网络中的数据报交流信息

1. 硬件时钟

（1）硬件时钟。

所有运行在一个节点上的进程可以访问该节点的硬件时钟。最简单的硬件时钟由一个振荡器和计数寄存器组成，计数寄存器随振荡器的计数递增，每次增加的一个时钟常数 G 称为时钟间隔。

这里用 RT 来表示实时时间的集合，CT 表示时钟时间值的集合。进程 p 的时钟 H_p 用实时时间到时钟时间的函数 H_p 来描述：

$$H_p : RT \rightarrow CT \tag{9.1}$$

式中：$H_p(t)$ 表示实时刻 t 时钟 p 显示的值，本地进程访问相同的时钟，而远程进程访问不同的时钟。因此，如果进程 p 和 q 运行在同一节点上，则 $H_p = H_q$。

由于振荡器的不精确性以及温度的变化和老龄化，硬件时钟通常会漂离实时时间，用硬件时钟漂移率来表示，一个硬件时钟漂移率表明硬件时钟相对于实时时间每秒漂离多少微秒。例如，$2\dfrac{\mu s}{s}$ 意味着时钟每秒增加 $1sec + 2\mu s$。

假设最大漂移率为 ρ 且 $\rho \ll 1$，ρ 限定了漂移率的最大绝对值。因此，一个正确的时钟漂移率范围为 $[-\rho, +\rho]$，如图 9.2 所示。ρ 对所有进程为已知常数。一个正确的时钟在测量的时间间隔 $[s, t]$ 内的误差为 $[-\rho(t-s) - G, \rho(t-s) + G]$。$G$ 为时间间隔，ρ 为已知的最大时钟漂移率。

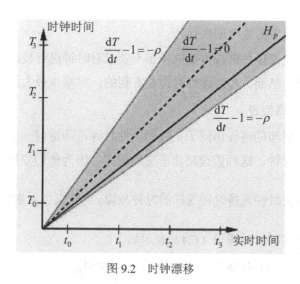

图 9.2　时钟漂移

定义一个判断 $\text{correct}_{H_p}^u$，当且仅当 P 的硬件时钟 H_p 在时刻 u 是正确的时，这个判断为真。这个定义是基于 H_p 在时刻 u 前要测量任何时间间隔 $[s, t]$ 内绝对误差最多为 $\rho(t-s)+G$ 的假设。

$$\text{correct}_{H_p}^u \triangleq \forall s, t: s < t \leqslant u \Rightarrow (1-\rho)(t-s) - G \leqslant H_p(t) - H_p(s) \leqslant (1+\rho)(t-s) + G$$

（9.2）

漂移率 ρ 的约束使得任何正确的时钟都将在实时时间的一个狭窄的线性包络内。分析完时钟漂移误差，就能够区分出系统漂移误差是由于其振荡器的不精确还是其他原因（如老化或环境的变化）导致的。用常数 C 来校准硬件时钟可以减少系统性的漂移误差。未校准时钟 H_p 及其校准配对体 $H_p^{\text{calibrated}}$ 的关系可表示如下：

$$H_p^{\text{calibrated}} = CH_p$$

（9.3）

硬件时钟校准可由 Internet 访问或 GPS 接收机的外部时间访问来自动完成。

如果在任何时刻，任何正确的时钟与实时时钟之间的偏差以一个已知常数为界，则称之为外部同步；如果任何两个正确时钟的偏差以已知常数为界，则称之为内部时钟同步。如果在一个系统中的所有正确时钟由已知常数 $\in$ 外部同步，则它们以 $2\in$ 内部同步。时钟可以在系统整个生命周期中校准一次。但是，对于老化的时钟，不间断地重新校准时钟才有效。对于存在持续漂移的所有时钟来说，内部和外部时钟同步需要定期执行。

定时异步系统模型外部或内部同步都不要求对时钟进行校准，只要求它们的漂移率以 ρ 有界。然而，校准硬件时钟是有利的，将减少最大漂移率。

（2）时钟故障假设。

假设每个未崩溃的进程访问了正确的硬件时钟，即访问一个硬件时钟漂移率最多为 ρ 的硬件时钟。这种假设简化了应用程序，因为他们要处理崩溃故障，但他们不必处理像快时钟或慢时钟这样的时钟故障。当且仅当 p 崩溃时，crashed_p^t 为真。本书可以将这种时钟假设（CA）表示如下：

$$(CA)\forall p, \forall t : \neg\text{crashed}_p^t \Rightarrow \text{correct}_{H_p}^t \tag{9.4}$$

实际上人们可以在以下意义上削弱这种假设。如果硬件时钟 H_p 在时刻 s 已经出现故障了，而进程 p 在时刻 $t \geqslant s$ 时读取时钟，在错误的时钟值返回之前 p 已经崩溃了。因为 p 不读取任何不正确的时钟信息，这种放宽的假设实际上就等于 CA 假设。特别是没有进程可以判断 H_p 是否失败。人们可以通过在较低协议层（转化为应用层进程）检测时钟故障来实现这种放宽的假设，并将它们转化为进程崩溃故障。

对于大多数系统，人们可以找到一个合理的硬件时钟出现故障概率很低的 ρ。这种概率是否可以忽略不计取决于应用程序，如果可以忽略不计，就不必检测时钟故障。但是，如果一个应用程序的要求过于苛刻以致于不能忽视，那么只能使用冗余的硬件时钟以确保时钟故障假设是正确的。

例如，可以使用两个冗余的硬件时钟（或至少有三个硬件时钟在使用时可隐藏错误）来检测单个的硬件时钟故障。该检测系统可定位于一个时钟读取程序，使其对更高一级的进程变得透明。无论何时，当一个进程想读取其硬件时钟，时钟的进程调用读取程序，这个程序读取两个冗余时钟。该程序使用两个值，以确定两个时钟相对漂移率是否在可接受的范围之内。如果硬件时钟的故障都是独立的，可以检测出的时钟故障的概率是非常高的。因此，当应用要求十分严格时，冗余时钟可以使得进程读取一个错误的时钟的故障概率变得微不足道。

2. 数据报服务

（1）数据报服务。

数据报服务提供单播（图 9.3）和广播消息（图 9.4）。定义如下：

● send(m,q)：发送单播消息 m 到进程 q；

● broadcast(m)：广播 m 到所有进程，包括消息 m 的源进程；

● deliver(m, p)：由数据报服务开始启动进程 p 来传送讯息 m。

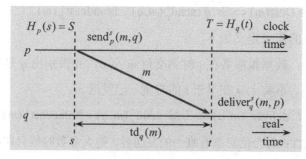

图 9.3　播消息传输

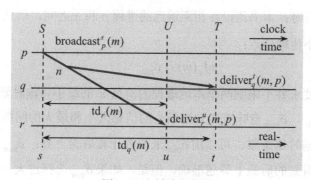

图 9.4　广播消息传输

为了简化数据报服务规范，假设每个数据报消息是唯一标识的。换言之，任何两个消息都是不同的，即使是同一个进程（在两个不同的时间点）且有相同"内容"。用 Msq 表示所有消息集。用下面的判断来表示数据报相关的事件：

● $\text{deliver}_q^t(m,p)$：实时时刻 t，由 p 发至 q，数据报服务交付信息 m。本书

　说明进程 q 在 t 刻收到 m；

● $\text{send}_p^t(m,q)$：调用函数 send(m,q)，p 在 t 时刻传输单播信息 m 至 q；

● $\text{broadcast}_p^t(m)$：调用函数 deliver(m)，p 在 t 时刻传输广播消息 m。

记 m 为 p 在 s 时刻发送（图 9.3）或广播（图 9.4）的信息，记 q 在 t 时刻接收到信息 m，分别记为 $\mathrm{st}(m)$ 和 $\mathrm{rt}_q(m)$。相应地，消息 m 的传输延迟 $\mathrm{td}_q(m)$ 定义为：

$$\mathrm{td}_q(m) \triangleq \mathrm{rt}_q(m) - \mathrm{st}(m) \tag{9.5}$$

函数 $\mathrm{sender}(m)$ 返回 m 的发送者。

$$\mathrm{sender}(m) = p \Leftrightarrow \exists s, q : \mathrm{send}_p^s(m, q) \vee \mathrm{broadcast}_p^s(m) \tag{9.6}$$

消息 m 的目的地 $\mathrm{Dest}(m)$ 是 m 送达处的进程的集合。

$$q \in \mathrm{Dest}(m) \Leftrightarrow \exists s, q : \mathrm{send}_p^s(m, q) \vee \mathrm{broadcast}_p^s(m) \tag{9.7}$$

数据报服务的需求定义如下：

- 有效性：数据报服务在 t 时刻交付 m 至 p，并识别出 q 是信息 m 的发送者，那么事实上 q 在早于 t 的时刻 s 已发送 m。

$$\forall p, q, m, t : \mathrm{deliver}_p^t(m, q) \Rightarrow \exists s, q : \mathrm{send}_p^s(m, q) \vee \mathrm{broadcast}_p^s(m) \tag{9.8}$$

- 无重复性：每个信息都有唯一的发送者，绝大多数时候只在终端交付一次。

$$\forall p, q, r, m, t, u : \mathrm{deliver}_p^t(m, q) \wedge \mathrm{deliver}_p^u(m, r) \Rightarrow q = r \wedge t = u \tag{9.9}$$

- 最小延时：本书假设在相距遥远的进程 p 和 q 之间，信息 m 有一个 $\delta_{\min}$ 的最小传输延迟：

$$\mathrm{td}_q(m) \geqslant \delta_{\min}$$

最小时延要求并不限制两个本地进程的消息 n 的最小传输时延：n 的传输延迟可能小于 $\delta_{\min}$。$\delta_{\min}$ 意味着当知道最小的信息大小和最大的网络带宽时，人们知道了消息传输时延下限。可以用 $\delta_{\min}$ 来改善计算后验上界：$\delta_{\min}$ 越接近最小的传输延迟，则得到的后验上界越准确。但是，如果 $\delta_{\min}$ 选择过大（如有一些远端的消息传输延迟小于 $\delta_{\min}$），计算出的界限就太小了。由于系统的网络配置有可能会改变，最安全的选择是假设 $\delta_{\min} = 0$。

数据报服务不确保信息的传输延迟上界的存在。但是，因为在该模型中的所有服务是定时的，因此可以定义一个单向超时延迟 δ，使得实际的信息发送或广播有可能在 δ 时间内被交付。一个具有小于 $\delta_{\min}$ 的传输时延被称为早到，如图 9.5 所示。在定时模式中，假设有没有早到的信息，即 $\delta_{\min}$ 选择得较好。消息 m 的最大传输延迟是 δ，即 $\delta_{\min} \leqslant \mathrm{td}_q(m) \leqslant \delta$ 称为及时。如果消息 m 的传输延迟大于 δ，即 $\mathrm{td}_q(m) \geqslant \delta$，则说 m 遇到了执行故障（或者 m 迟交付）。如果一个消息从来没有交付，则说 m 遇到了遗漏故障（或者 m 被丢弃了）。

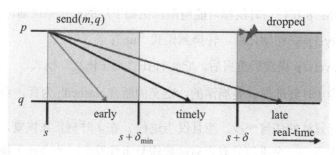

图 9.5　消息及时传输或者迟交付

（2）数据报故障假设。

源地址欺骗发生在：一个进程 p 发送一个消息 m 给进程 q，使得 q 相信是一个不同的进程 r（$r \neq p$）发送的消息 m。有效性假设意味着本书假定源地址欺骗的可能性微乎其微。当人们不能忽视这个可能性时，可以使用消息认证减少这种概率，使之成为可以忽略不计的。可以以一种对进程透明的方式做到。但是，如果没有特殊的硬件帮助，消息验证可能大幅增加传输时间。

总之，异步数据报服务是假定有一定的遗漏/执行故障的：可以丢弃消息，可能导致无法提供及时的信息，但可以忽略源地址欺骗和由系统发出的信息已损坏或交付多次的概率。广播消息允许不对称执行/遗漏故障，也就是说，一些进程及时收到广播消息，而其他进程可能会延迟收到或根本没有收到消息。由于 ρ、$\delta_{\min}$ 和 δ 是很小的量，本书将 $(1-\rho)\delta$ 和 $(1+\rho)\delta$ 等同于 δ，将 $(1-\rho)\delta_{\min}$ 和 $(1+\rho)\delta_{\min}$ 等同于 $\delta_{\min}$。

3. 进程管理服务

（1）进程模型。

一个进程 p 一定处于以下三种模式：

- up：正在执行其"标准"程序代码；
- crashed：停止执行代码，即不进行算法的下一步，并失去之前所有的状态；
- recovering：p 正在执行初始化，进程产生后或崩溃后重启。

一个进程崩溃或者"正在恢复"称为 down。以下事件可导致进程转换：

- start：p 被创建，在"正在恢复"模式启动；
- crash：p 在任何时侯都可能崩溃，例如下层的操作系统崩溃；
- ready：p 在初始化后，转换到模式"up"；
- recover：p 崩溃后重启后，它运行在"正在恢复"模式。

当且仅当 t 时刻进程 p 是崩溃的，定义的断言 crashed_p^t 为真。当 p 崩溃了，进程不能执行算法的任何一步。当且仅当进程 p 在 t 时刻正在恢复，定义的断言 recovering_p^t 为真。一个进程只有当启动或恢复事件发生时才会处于恢复中。

（2）时钟。

一个进程 p 可以设置一个报警时钟来将自己唤醒。当 p 要求在时钟时间 T 时被唤醒，当 $H_p(t)$ 显示至少是 T 时，进程管理服务会唤醒 p，称 T 为闹钟时间。进程 p 设置了报警时间 T 后不会运行，除非：①T 时间被唤醒；②唤醒之前收到警报时钟的消息。假设一个进程 p 在被唤醒前设置了报警时钟，因为前一个时钟 T 已经被覆盖了，即不能被 T 唤醒。也就是说，任何时候，进程 p 最多只能有一个活跃中的报警时钟。注意，基于定时异步系统模型提供的报警时钟，一个进程可以保留多个报警时钟。

使用以下判断来规定报警时钟的行为：

$\text{SetAlarm}_p^s(T)$：p 在实时时刻 s 被要求在实时时刻 u 被唤醒 $[H_p(u) \geqslant T]$，即当硬件时钟至少显示为 T 时，除非 p 在 T 之前接收到了消息，它才能进行下一步动作。

$\text{WakeUp}_p^u(T)$：进程管理服务在实时时刻 u 唤醒 p。

当一个进程 p 崩溃了，进程管理服务会忘记在崩溃前设置的报警时钟。如果 p 从不崩溃，则假设它最终会被所有激活的闹钟唤醒。报警时钟的行为被以下需求限制（AC=Alarm clock）：一个进程 p 在真实时刻 u 被报警时钟 T 唤醒，当且仅当：①硬件时钟 u 时刻至少显示为 T；②p 在之前的某个时刻 $s<u$ 时，要求在 T 时被唤醒；③在时间间隔$(s,u]$内，进程 p 没有崩溃、重写警报时钟，从 s 刻开始尚未被 T 唤醒。AC 需求可以表示成如下形式：

$$\forall p,u,S,T: \text{WakeUp}(T) \Rightarrow \wedge H_p(u) \geqslant T \wedge \exists s < u : \text{SetAlarm}_p^s(T)$$
$$\wedge \forall v \in (s,u]: \neg \text{SerAlarm}_p^s(T) \wedge \neg \text{crashed}_p^v \wedge \neg \text{WakeUp}_p^v(T) \tag{9.10}$$

令 t 为满足 $H_p(t) \geqslant T$ 的最早时间（最小值）。本书称 t 为由事件 $\text{SetAlarm}_p^s(T)$ 指定的真实警报时间。考虑到进程管理在真实刻 u 以闹钟时间 T 将进程 p 唤醒，即 $WakeUp_p^u(T)$ 运行。延迟 u-t 称为进程 p 经历的调度延迟。进程管理服务并不确保存在调度延迟的上界。但是作为定时服务，本书定义调度超时延迟为 σ，以致于真实的调度延时看上去比 σ 要小[50]。因为 ρ 和 σ 为很小的量，本书将 $(1+\rho)\sigma$ 和 $(1-\rho)\sigma$ 等同于 σ。

当一个未崩溃的进程 p 在指定的警报时间 T 的相对范围 σ 内没有被唤醒，则说它遭受了执行故障（见图 9.6），即当它被唤醒的时候，本地硬件时钟 H_p 显示的值要比 $T+\sigma$ 大。在这种情况下，则说 p 迟到了；否则，如果 p 在时间区域 $[T, T+\sigma]$ 内被唤醒，则说它是及时的。

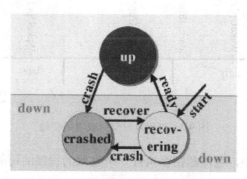

图 9.6　进程模式及其之间的转换

如果早于 T 被唤醒，p 被认为是过早。由于很容易避免过早被唤醒导致的故障（通过检测 $H_p \geqslant T$，如果 $H_p < T$ 则持续睡眠），因此定时模型假定进程不会遇到过早定时故障。

如果存在一个原本应该导致 WakeUp 事件的警报时钟 T，一个进程 p 在实时时刻 u 遭受执行故障：

$$\text{pFail}_p^u \triangleq \exists s \leqslant u,: \text{SetAlarm}_p^s(T)_p(u) > T + \sigma \wedge \forall v \in (s,u]:$$
$$\neg \text{WakeUp}_p^v(T) \wedge \neg \text{crashed}_p^v \wedge \forall S : \neg \text{SetAlarm}_p^v(S) \tag{9.11}$$

定义断言 timely_p^u 为真，当且仅在进程 p 在时刻 u 是及时的：

$$\text{timely}_p^u \triangleq \neg p\text{Fail}_p^u \wedge \neg \text{crashed}_p^u \tag{9.12}$$

扩展进程 p 及时的概念到时间区域 I：

$$\text{timely}_p^I \triangleq \forall t \in I : \text{timely}_p^u \tag{9.13}$$

注意，在及时过程中不包括信息的处理时间。原因是，在概念上定时模型中的协议将消息的处理时间加到了信息的传输延迟中。如果一个消息处理得太慢，则将信息转化执行故障。

（3）进程故障假设。

一个进程的执行可能会过早地停止（崩溃故障），或在 σ 时间内一个进程可能不会被唤醒（执行故障），但是进程可以从崩溃中恢复出来，如图9.7所示。

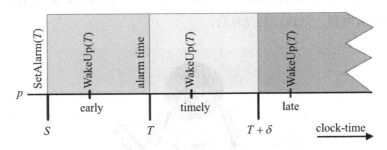

图9.7　进程及时交付或者迟交付

在大多数应用中，处理器错误执行一个进程的程序的可能性是可以忽略的。若不能忽略，可以用低层的冗余来保证协议的崩溃/进程执行故障。例如，考虑到处理器可能遭受相对独立的故障。在这种情况下，可以使用处理器对来分步执行进程。如果两个处理器对某些指令的结果有异议，可停止执行，这样处理器故障可以转化为崩溃故障。这种双处理器处理的方法对进程而言是透明的。因此，进程崩溃/执行故障的假设是合理的。

9.3.3　定时异步分布式系统扩展

定时异步分布式系统的核心包括数据报服务、进程管理服务和本地硬件时钟。

下面介绍两个可选的模型：稳定存储和演进假设。然而，并不是所有的系统都可能需要或者实际需要获得稳定的存储。演进假设指出，在一个限定的时间范围内往往大部分过程是"稳定的"（即像一个同步系统）。虽然演进假设对于大部分以本地局域网为基础的网络系统是有效的，但是它们不一定对连接到广域网的大规模系统有效。此外，大部分的服务规范在定时异步分布式系统中不需要演进假设来执行，有时会使用"核心模型"和"扩展模型"来区分包含关于稳定存储假设的模型和在"核心"假设基础上添加了关于数据报服务、进程管理服务和本地硬件时钟的演进假设。

1. 稳定存储

当遇到崩溃时，进程会丢失它们的记忆状态。为了使得崩溃进程之间存储信息，本书引进了定时异步分布式系统的一个扩展——本地稳定存储服务。该服务提供以两个基本要素：

- store(addr, val)：p 请求存储值 val 到地址 addr；
- reda(addr, val)：p 请求读取存储在地址 addr 最近的值。如果 p 还没有在地址 addr 存储值，则返回值为 $\perp$。

在实时时刻 t 调用以上基本要素分别表示为：$\text{store}_p^t(\text{addr}, \text{val})$ 和 $\text{read}_p^t(\text{addr}, \text{val})$。

稳定存储服务保证进程 p 读取的地址 a，则返回地址 a 中的最近值。即 s：

$$\text{read}_p^t(a, \text{val}) \Rightarrow \forall u \leqslant t, v : \neg\text{store}_p^u(a, v) \wedge \text{val} = \perp$$
$$\vee \exists s < t : \text{store}_p^s(a, \text{val}) \wedge \forall u \in (s, t], v : \neg\text{store}_p^u(a, v) \tag{9.14}$$

2. 稳定性和演进假设

在为定时异步分布式系统设计的协议规范里遇到的及时性要求通常是有条件的，只有在当一些"系统稳定性"判断是真的时候，系统必须完成 "something good"。这种有条件的及时性要求表示当一些 SP ⊆ P 的进程集合时"稳定的"（即"行为表现就像一个同步系统"）；也就是说，影响 SP 和通信的故障发生的频率是有一个界限的，SP 中的服务必须保证进度在有限的时间内完成。本书称集合 SP 为一个稳定的分区，当且仅当：

- SP 中的所有进程都是及时的；

- 所有的消息（总数是有限制的）发送和抵达也是及时的；
- 从其他分区没有消息或者只有"迟到的"消息抵达。

稳定的分区的概念由稳定性判断来正式定义，该判断规定了进程集合 SP 是否在给定的时间间隔$[s,t]$内组成了一个稳定的分区。关于稳定性判断有大量的合理规定。在此，本书正式定义了稳定判据 Δ-F-Partition。为了做到这一点，本书首先归纳了连接和断开的概念。

（1）Δ-F-Partition。

两个进程 p 和 q 在时间间隔$[s,t]$内是 F-connected，当且仅当：①p 和 q 在$[s,t]$内是及时的；②两个进程在$[s,t]$内发送的消息（最多只能是 F 个）抵达的时间最多是 δ 个时间单位。本书使用 F-connected(p,q,s,t) 来代表 p 和 q 在$[s,t]$内是 F-connected 的：

$$F\text{-connected}(p,q,s,t) \triangleq \exists M \subseteq \text{Msg} : |M| \leqslant F \wedge \forall u \in [s,t]\text{timely}_p^u$$
$$\wedge \forall < \text{Msg} - M, \forall r \in \{p,q\} : \text{st}(m) \in [s,t] \qquad (9.15)$$
$$\wedge Sender(m) \in \{p,q\} \wedge r \in Dest(m \Rightarrow)\text{td}_r(m \leqslant \delta)$$

进程 p 与 q 在$[s,t]$内是 Δ-disconnected，当且仅当任何在时间间隔$[s,t]$内到达 p 且来自 q 的消息 m 有一个 $\Delta > \delta$ 的传输延迟。两个进程为 Δ-disconnected 的一般情况是网络是超负荷的或者至少有一个进程是慢的。可以使用 failaware 数据报服务来检测所有传输延迟超过 Δ 的信息，同时保证没有消息（传输延迟最多为 δ）被错误地认为传输延迟超过了 Δ。这里用 Δ-disconnected(p,q,s,t) 代表 p 在时间$[s,t]$内与 q 是 Δ-disconnected 的：

$$\Delta\text{-disconnected}(p,q,s,t) \triangleq \forall m, \forall u \in [s,t]:$$
$$\text{deliver}_p^u(m) \wedge \text{sender}(m) = q \Rightarrow \text{td}_p(m) > \Delta \qquad (9.16)$$

这里说一个非空的集合 S 是 Δ-F-partition，当且仅当 S 里的所有进程都是 F-connected，并且 S 里的所有进程与其他的进程都是 Δ-disconnected：

$$\Delta\text{-}F\text{-partition}(S,s,t) \triangleq S \neq \varnothing \wedge \forall p,q \in S : F\text{-connected}(p,q,s,t)$$
$$\wedge \forall p \in S, \forall r \in P - S : \Delta\text{-disconnected}(p,r,s,t) \qquad (9.17)$$

作为上述稳定性判断的实例，考虑设计一个原子广播协议来实现 group agreement，其中所有可能丢失或迟到的消息被重发高达 $F+1$ 次。如果一组进程 S 形成了 Δ-F-partition 有效长的时间，该组能在成功广播消息取得进展。

（2）演进假设 s。

大部分基于本地局域网的分布式系统的特点是长期存在大量稳定的进程。这些稳定的周期可以被短时间的不稳定周期改变。这可以解释为网络通信的突发行为（造成暂时的不稳定性）。例如，通信突发可以造成临时的核心或者文件通过网络转存。因此，本书介绍了由演进假设 s 的概念来表示传统的服务（比如协同一致，最初由没有条件的终端需求来规定）可以在扩展的定时模型中执行。演进假设表示系统在大多数情况下是"稳定的"：存在一个常量 η，在任何时间点 s，存在 $t \geqslant s$，并且 SP 的大多数进程能在 $[t, t+\eta]$ 范围内形成稳定的分区。

9.3.4　按时间通信

在同步系统中，按时间通信（即通过测量时间来完成消息的通信）是非常重要的。例如，如果一个正确的进程不能及时听到来自进程 q 的"I-am-alive"的消息，则 p 知道 q 已经崩溃了。描述定时异步系统的通信的不确定性使得"按时间通信"变得更困难，但是仍然是有可能的（用一种更严格的形式）。举个例子，在定时模型中，如果 p 没有及时听到来自 q 的消息"I-am-alive"，p 不知道 q 已经崩溃，但是 p 知道 q 或者"I-am-alive"遇到了故障。在许多应用中，这是有效的，因为 p 只关心是否能够与 q 及时通信。在领导人选举协议中，进程 p 可能只支持 q 的选举，只要 p 能与 q 及时通信，否则会尝试支持其他进程的选举（可以与它及时通信的进程）。但是，在这个领导人选举的例子中，不需要确定在一个时刻最多只有一个领导人。在同步系统中，执行这个属性是简单的，因为进程完全可以检测当前的领导人是否已经崩溃，并且确定什么时候由一个新的领导人来取代它。在异步系统中，执行这个属性不是那么容易的，因为不能确定当前的领导人 l 是否已经崩溃、变慢，或者与 l 通信变慢。如图 9.8 所示为确定领导人伪代码。

这里阐明了如何使两个进程 p 和 q 按时间通信，并且确定在任何时间最多只有一个领导人。锁定机制可以看作是对没有同步时钟系统的一个契约机制，该机制可以使进程按时间通信，即使在本地时钟没有同步的情况下。

```
const    time Duration, Δ;
boolean Leader?(time now)
    if now < ExpirationTime then
        return true;
    return false;
process p begin
    time ExpirationTime = 0;

    fa−send("you are leader", q);
    T = H()+Duration(1+2*ρ)+Δ(1+ρ);
    SetAlarm(T);
    select event
        when WakeUp(T):
            ExpirationTime = ∞;
    end select
end
process q begin
    time ExpirationTime = 0;

    select event
        when fa−deliver(m, p, fast, RT);
            if fast then
                ExpirationTime = RT+Duration;
            endif
    end select
end
```

图 9.8　确定领导人伪代码

该机制的工作方式如下：

● p 发送消息 m 中的某些消息到 q，并说这些消息只在一定的时间内有效；

● 如果 q 接收到 m，则计算传输 m 的一个上限来决定可以使用 m 多久；

● 通过咨询本地硬件时钟，p 可以决定一个时间，超出这个时间 q 不再使用包含在 m 中的这个消息。

具体来说，就是图 9.8 中的伪代码。在这个例子中，本书使用按时间通信来执行正确的进程 p，同时确保在一个时刻只有一个领导人，即使 q 可能在一定的时间内是领导人。把注意力集中在这个主要方面，即 p 如何检测到 q 是一个领导人，q 只有一个机会能变成两道人，通过 p 发送给 q 一个消息说 q 在一定的时间内是领导人。

进程 p 发送给 q 一个消息 m，通知 q 它可以成为领导人并持续 Duration 个时钟时间单位，如果 m 的传输延迟最多是 Δ 个实时时间单位，则进程 q 必须计算 m

传输延迟的一个上界来决定它是否可以使用 m。当它的传输延迟最大是 Δ 时，把 m 当作 "fast" 来发送。只有当 m 是 "fast" 并设置变量到期时间时，进程 q 使用 m，以便 q 的领导恰好在 Duration 时间单位内过期，在本地时钟时间 RT 的时候接收到 m。

进程 p 需要等待 $(1+2\rho)+\Delta$ $(1+\rho)$ 个时钟时间才能变成领导人，其中 $(1+2\rho)$ 是必须的，因为 p 和 q 的硬件时钟可能产生漂移，最高达到 2ρ；在 "fast" 消息 m 的最大传输延迟是 Δ 的情况下，$(1+\rho)$ 表示 p 的硬件时钟可能与实时时钟的漂移最高达到 $\Delta\rho$。仅当函数 Leader 在时刻 t 调用 r 的硬件时钟的值作为论据来评估是有效的时候，进程 $r \in \{p,q\}$ 在 t 时刻是一个领导人，即

$$\text{leader}_r^t \triangleq \text{Leader}?_r^t[H_r(t)] \tag{9.18}$$

进程 p 和 q 在同一个时间点不能都是领导人，因为：①只有当 m 的传输延迟最大为 Δ，并且在接收到 m 之后它的领导人最多有 Duration 个时钟时间，在这种情况下，q 才能成为领导人；②p 发送 m 之后，要等待至少 Duration$(1+2\rho)+\Delta$ $(1+2\rho)$ 个本地时钟才能成为领导人。

注意，提升本地时钟的同时一个领导人可能被暗中降级。因为一个进程可能在检查它是否是领导人之后被延迟，一个降级的进程不能立即检测到它被降级了。但是，当合理利用 "Leader？" 之后，其他的进程可以通过以下的方式检测到来自降级领导人的信息：

- 进程 r 先读取它的硬件时钟，如果 H_r 显示其值 T；
- r 在时刻 T 通过查询 "Leader？" 决定它是否是领导人；
- 收到 n 的进程会计算 n 在 T 时刻的延迟时间，即把 r 的延迟加到 n 的传输时间上。

举个例子，若果 r 在读取 "Leader？" 之后、送出 n 之前被换出，把交换的延迟添加到 n 的传输延迟上，如果传输延迟太慢，接收者可以拒绝 n。总之，通常把降级领导人的延迟转化为可以被接收者检测到的消息执行故障。

9.4 高压并联电容器组在线监测系统

9.4.1 监测原理

为了能够有效监测电容器故障发展过程，首先必须针对电容器故障找出需要监测的运行参数。电容器故障可以分为以下几类：

（1）按照并联电容器成套装置中发生故障的设备类型，可将故障分为电容器本体类故障、熔断器类故障、开关类故障、串联电抗器类故障、放电线圈类故障等。

电容器本体类故障一般分为内部电容器元件击穿、极对壳击穿、相间短路三种，在发生这三种故障的时候，若工作电压不变，则电容器的工作电流就会发生变化。发生电容器内部击穿时，根据击穿元件个数的不同和电容器类型的不同，电流变化情况也各不相同。因此，电流变化是电容器内部故障的一种表现形式，应以电容器内部元件击穿时的电流变化情况作为监测依据比较科学。

熔断类故障一般表现为误动作、不能开断或及时开断故障电流、发热严重、爆裂等。熔断器保护电容器的方式分为小电流开断和大电流开断两种方式。标准规定熔断器熔丝的额定电流不得小于电容器额定电流的 1.37 倍，设计过程中一般选择其额定电流等于电容器额定电流的 1.5 倍左右。当流过熔断器的电流尚未达到开断电流，而熔断器由于发热问题而发生动作了，则称为熔断电流的误动作。熔断器在小电流开断过程中时间是较长的，这对电容器运行是不利的。若没有在规定的时间内动作和熔断，或者产生了持续电弧，则称为不能开断或不能及时开断故障电流故障。

开关类故障主要分为重燃、弹跳、喷口烧坏、不能熄弧等。由于电容器组的开关设备投切频率高、恢复电压高、投切时涌流大、关合涌流大等，所以其也是故障率较高的设备之一。开关故障基本都发生在分合闸阶段。

另外，由于串联电抗器和放电线圈经常要承受涌流和过电压的冲击，所以也经常发生匝间击穿等事故。

（2）按照导致设备损坏的直接原因，可将故障分为过电压、过电流和谐波。这三种情况可能单独出现也可能同时出现，造成并联电容器成套装置故障。

（3）按照发生时间，可分为和闸、分闸和运行中三个时间段发生的故障。

由上面的分析可知，无论是内熔丝电容器还是无内熔丝电容器，无论是合闸、分闸还是运行中，正常工作状态下，没有内部元件损坏时，各台电容器上电流的有效值是基本相等的。当发生内部电容器单元击穿或外部短路故障时，工作电流都会发生相应的变化，且各种故障形式下的电流变化率不相同。因此，监测电容器的工作电流就可以判断电容器是否发生故障和发生了什么类型的故障。这是最简单也是最可靠的监测方法。

监测装置通过实时比较各台电容器上的电流值来监测它们的工作状况，当有故障发生时，找出故障电容器并报警。另外，定时对电网谐波含量进行分析监测。

但是由于电网的频率、电压、谐波等参数不断变化，所以工作电流也是在不断变化的，只是简单的监测单台电容器的电流，并在监测中设定一个固定值作为判断故障与否的标准是不科学的。考虑到一般并联电容器的台数较多，在同一时刻对各台电容器而言，无论系统如何变化，同组中各台电容器的工作电流的变化是相同的，因此将同组电容器的工作电流信号进行采样并横向比较是比较科学的。据此设计的并联电容器组在线状态监测系统具有故障判断灵敏、抗干扰能力强、准确、可靠、不受系统变化影响的突出特点。

高压并联电容器组在线状态监测系统从功能上分为两个组成部分：高压侧的信号采集发送和低压侧的数据接收处理。系统示意图如图 9.9 所示。

9.4.2 系统设计方案

本系统监测的电容器组在现场安装后，除长时间承受工作负载外，还受到各种内外过电压作用，逐渐老化并引发事故。常规的离线监测方式费时费力，影响生产。因此必须加强对电容器状态的在线实时监测，及时发现电容器存在的问题，并在引发事故之前及时处理，以避免给系统和社会造成巨大经济损失。对电容器在线监测装置有如下具体要求。

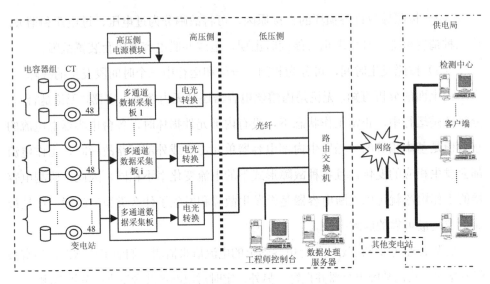

图 9.9　在线状态监测系统示意图

（1）高可用性。

为了保证监测系统的可用性，监测装置应尽可能多地提供电容器状态信息和分析数据。具体功能有：

1）电容器电流值的高速采集。对多路电容器的电流值进行实时数据采集，提供运行状态、参数指示。尤其是合闸、拉闸瞬间电流的变化规律分析，每一路需要至少 1kHz 的采样速率。

2）故障预警、报警。一旦某路电容器运行不正常，系统要给出预警指示，若产生故障，则立即报警。

3）电容器资料管理。对多电容器进行分组编号，记录其各种技术参数、运行情况、维修情况等基本信息。对各电容器的历史状态、历史数据分类管理，供用户随时查询、分析。

（2）高可靠性。

监测装置是一个生产保障系统，它的安全可靠运行也是至关重要的。包括监测装置既能及时可靠地获取电容器的各项运行数据和可靠的传输数据，及时地分析发现可能存在的电容器故障隐患，同时还要监测装置本身不要因为自身故障而瘫痪，进而影响电力生产的安全可靠运行。因此，监测装置应该是一个具有高可靠性的系统。

（3）扩展性好。

配电网的规模多种多样，电容器本身也有接地与不接地之分，同时，监测装置又是变电站、供电区域无功优化系统的一个子系统。因此，本装置必须具有较好的可扩展性能。包括对监测的节点留有充足的接口，对监测对象的信号类型也要有相容性，对接地的方式也能并存，还要具有与其他系统通信的能力。

（4）人机交互友好。

系统必须提供友好的人机界面，操作简单，使用方便。

1. A/D 转换

A/D 转换就是把模拟信号转换为数字信号，因为输入的模拟信号在时间上是连续的，而输出的数字信号是离散的，所以转换只能在一系列选定的瞬间对输入的模拟信号取样，然后再把这些取样值转换成输出的数字量。因此，A/D 转换的过程是首先对输入的模拟信号取样，取样结束后进入保持时间，在这段时间内将取样的电压量化为数字量，并按一定的编码形式给出转换结果，然后再开始下一次取样。

为了能正确无误地用提取信号 V_s 表示模拟信号 V_i，取样信号必须有足够高的频率，即必须满足奈奎斯特采样定理：

$$f_s \geqslant 2f_{i\max} \tag{9.19}$$

式中：f_s 为取样频率；$f_{i\max}$ 为输入模拟信号 V_i 的最高频率分量。

由于本系统数据采集路数多，而且采样频率要求比较高，所以本系统选定的是模数转换的方法（ADC），它一般使用逐次逼近型模数转换。该技术较成熟、精度高、通道多、功耗低，且种类繁多。它的采样转换值是即时值，只要采样率满足采样定律，读取采样值就可以复现原始信号，使频谱分量不失真，从而实现了信号真正意义上的数字量传输。

2. 传感器的选择

高压大电流必须经过电流电压（I/V）变换元件变换成低电压信号，才能输入到电子线路处理。电流取样元件一般使用带铁芯的微型电流互感器，即传感头（CT）。

传感头的主要作用就是按一定的比例关系，将电容器组的大电流的数值降到可以用仪表直接测量的标准数值，以便用仪表直接进行测量。电流互感器是电力系统中进行电能计量和继电保护的重要设备，其精确度及可靠性与电力系统的安全、可靠和经济运行密切相关。

目前，电力系统广泛采用的是传统的电磁式电流互感器，它的工作原理与变压器类似。它的一次绕组串联在电力线路中，二次绕组外部回路接有测量仪器或继电保护及自动控制装置。其结构与变压器相似，在铁芯上绕有一、二次绕组，靠一、二次绕组之间的电磁耦合，将信息从一次侧传到二次侧。在铁芯与绕组间，以及一、二次绕组之间有足够耐电强度的绝缘结构，以保证所有的低压设备与高电压相隔离。电磁式电流互感器的主要优点在于性能比较稳定，适合长期运行，并且有长期的运行经验。但是随着电力系统的发展，由于继电保护、电气设备自动化程度的提高，电力系统绝缘等级的提高，以及超高压输电网络的建设，用于现代电力系统的电流互感器的工作条件变得非常苛刻。经过分析和计算，现有的传统电磁式电流互感器的闭合铁芯会由于电流的非周期分量作用而饱和，因此导磁率急剧降低，从而使电流互感器的误差在过渡过程中增大到不能允许的程度。当电流互感器铁芯中有剩磁通，而且这一剩磁通与激励电流非周期分量的磁通方向一致时，产生的误差将非常大。此外，电磁式电流互感器还存在磁饱和、铁磁谐振、动态范围小、频带窄以及有油易燃易爆炸等缺点。

基于以上传感头的优缺点，再加上由于整个高压侧的电位和高压电流母线相等，即高压侧的电路和电流母线之间不存在绝缘问题。本设计采用可分裂有间隙磁路的电流互感器配合高准确度的采样方法，可使电流测量达到很高的准确度。这种传感器与通用电流互感器最大的差异在于：由于存在气隙，使得电容器放电所产生的直流磁势主要集中在气隙上，避免铁芯被直流磁化，从而保证传感器测量的准确性，彻底解决了传统的电磁式电流互感器的频带窄、动态测量范围小、故障饱和等缺点。同时，利用需要气隙的特殊要求将传感器做成可开合的卡装式互感器，又具有便于安装的优点。

根据所需测量的电容器参数（单台容量为 334kvar，额定电流为 52.55A），经试验和计算，选定传感器的技术参数如下：额定一次电流为 150A，额定二次电流为 5A，额定负载为 5W，绝缘电阻≥100MΩ，准确级为 5 级，并联小电阻为 0.1Ω、

2W 碳膜电阻，精度为 5 级，实物图如图 9.10 所示，误差实验结果见表 9.2。

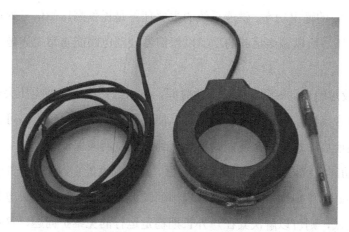

图 9.10　电流互感器外形图

表 9.2　CT 试验结果和理论值对照表

一次电流额定值/A	二次电压/V		误差/%
	理论值/V	实测值/V	
10	0.0333	0.0317	-4.8
20	0.0677	0.0672	-2.25
30	0.1000	0.1092	3.2
40	0.1333	0.1329	-1.05
50	0.1667	0.1657	-3.6
60	0.2000	0.2010	5.5
120	0.4000	0.3956	-2.35

电流互感器的铁芯可拆分为两半，用铁圈固定，便于施工安装。一次侧电流和二次侧电压基本呈线性关系，根据上表结果，大致可以得出 CT 一次电流和二次电压之间的关系满足关系式 $I_1 = 300U_2$，其中 $5 \leqslant I_1 \leqslant 200$。

3. 高压侧电源设计

由于高压侧电路完全是由电子及光电子线路构成的，因此必须具有相应的电源供给电子线路，高压侧电源的稳定性关系到整个系统工作的稳定性。

为了满足整套在线监测系统安全、可靠、稳定地运行，高压侧电源必须满足以下要求：

（1）一定的输出功率。供能系统的主要任务是提供高压侧信号处理电路正常工作所需电压，所以输出足够的功率以使信号处理电路能正常工作是其基本性能指标之一。

（2）较短的启动时间。所谓启动时间，是指当系统电流或电压突降为零，经线路自动重合闸后，电源系统启动到足以使得高压侧信号处理电路可正常工作，供电系统迅速启动是整套在线监测系统达到实时监测的保证。

（3）功能系统应该具有一定的稳定性。对于高性能电源来说，其输出电压的质量应有很好的稳定性，并且应具有较小的纹波系数。此外，如果电源系统的自身功耗比较低，则可以解决其在户外长期稳定运行的免维护问题，这也是对电源系统的基本要求。

（4）极端情况下的防护能力。由于高压母线上的电流会出现瞬时较大的变化，会给功能系统带来一定的冲击，为了保证高压侧信号处理单元可以高度精确地反应出并联电容器组各台电容器的工作电流，要求电源系统自身具有一定的抗冲击能力和足够的防护措施，以保证在一些极端情况下不致于发生损坏等现象。

目前可行的供能方案主要有直接由小 CT 供电（母线电流供电）、激光供电、太阳能供电、蓄电池供电等。

（1）小 CT 供电。

母线电流供电原理如图 9.11 所示，该供电方式是利用电磁感应原理，通过一个环型铁芯线圈（小 CT）从高压母线上感应得到交流电电能，然后经过整流、滤波和稳压电路后变成一定幅值的直流信号，为高压侧电子线路提供工作电源。

这种供能方案成本较低、结构紧凑、绝缘封装简单、使用安全、供电比较可靠。但是在于电力系统负荷变化很大，高压母线上的电流随之也会产生很大的变化（几 A 至几千 A），有时高压母线上的短路瞬时电流可超过十倍额定电流，因此磁感应线圈必须同时兼顾最小、最大两种极限条件。设计供能方案时，一是要尽量降低死区电流，保证在电力系统电流较小时能提供足以驱动处于高压侧电子电路的功率；二是当系统出现短路大电流时，能吸收多余的能量，提供给高压侧电子线路一个稳定的工作电源，其本身也不会因过电压而损坏。虽然通过以上措施，电源输出的稳定性和可靠性有一定的改进，但是仍然存在空载或重合闸时无法正常供电的问题。

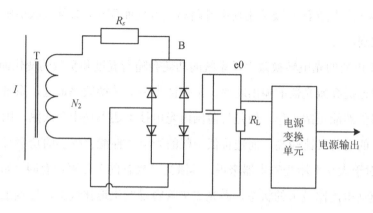

图 9.11　小 CT 供电原理图

（2）激光供电。

目前激光供电主要采用无反馈的功能，激光从低压侧通过光纤将光能量传送到高压侧，再由光电转换器件（光电池）将光能量转换为电能量，经过 DC-DC 变换后提供稳定的电源输出，为高压侧提供工作电源，其工作原理如图 9.12 所示。

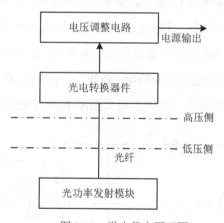

图 9.12　激光供电原理图

由于激光二极管的工作原理可以确保光功率在一定条件下稳定，所以通过光电池转换后得到的电源也相对比较稳定。这种全新的功能方式的突出优点是能量以光的形式通过光纤传输到高压侧，输出电源比较稳定，不受电磁干扰、电网波动的影响；噪声小；可长期安全、可靠地供电，同时有利于电力系统向光纤化、数字化的方向发展。这种方案存在的主要问题如下：

1）激光的发光波长及输出功率都随温度改变而变化，必须采取措施对温度进行自动控制。

2）光电池的光电转换效率及系统的功耗会随着温度和负载的变化而变化，所以只能通过提高激光器的输出功率，来保证光电池转换效率最低、系统负载最大时传感器仍然能正常工作。但是目前国内光电技术还不是十分成熟，国外购买的光电器件的造价又比较高，而造价低一些的光电器件能够提供的功率又有限。

3）对于大功率激光发生器来说，其激光二极管的工作寿命有限，如果长时间工作在驱动电流比较大的状态，激光二极管容易发生退化现象，导致工作寿命迅速降低。

随着光电子技术的迅速发展，高功率的半导体激光器以及光电转换器件将会达到更高的指标，价格也会逐渐降低，激光供能最终将成为高压侧电路理想的供电方式，但目前很难实用化。

（3）太阳能供电。

太阳能供电原理图如图 9.13 所示，整个功能模块由太阳能电池 SB、二次电池 B、防反向二极管 D 组成，以保证在光照变化情况下能提供较稳定的输出电压[42]。由于太阳能电池 SB 的输出易受光强、外界环境温度变化、季节变化等因素的影响，所以为了获得稳定的电源输出，必须与二次电池 B 构成组合电源系统，防反向二极管 D 的作用是防止二次电池对太阳能电池的反向充电。

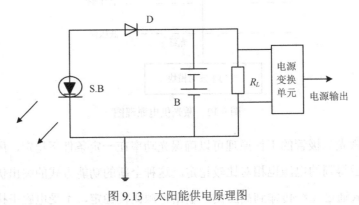

图 9.13　太阳能供电原理图

采用太阳能供电的缺点在于，在不见太阳的阴天和夜晚，硅电池不能向高压侧信号处理电路提供正常工作所需电压。这种方案所提供的电源不稳定是由太阳能电池固有的缺陷决定的；另外由于二次电池容量有限，当受天气影响、碰上连续的阴雨天时，光电池有停止工作的可能，故无法适应长期在线运行的要求。而且太阳能电池是针对太阳光的频谱设计的，对太阳光有最强的能量转换效率，而对人造光源则转换效率很低，因此不可能用其他光照来补充，所以这种方法很难实用化。

（4）蓄电池供电。

蓄电池供电方案中，电池的能量来自高压母线电流，接在母线上的经过特殊设计的电流互感器或电容分压器构成蓄电池的交流充电电源，经过稳压和整流后对电池进行充电。采用这种方法的优点是结构简单、实现起来比较容易，但是蓄电池的寿命比较短，而且由于放在高压侧，更换起来比较困难，因此在实际应用中很少被采用。一般情况下，该供能方式都被用作辅助式电源。

通过对以上几种供电方案的分析和研究，从整个系统的可靠性、安全性和成本出发，本设计综合了母线电流供电和蓄电池（锂离子电池）供电的优势，提出了组合电源的供电方案。

4. 高压侧到低压侧信号信号传输

在电力系统中，电压电流都是 50Hz 的交流信号，但是由于电力系统中存在非线性负荷，使得负荷电流存在丰富的谐波。通过电力系统对谐波的分析，一般取最高 10 次谐波就足够了，也就是 0.5kHz。根据奈奎斯特采样定理，需要至少 1kHz 的采样速率，为了真实还原波形，能分析更高次的谐波，便于以后扩充路数，本书中每路至少 2.5kHz 采样率。

对 48 路的电容器电流值进行采集，每路至少 2.5kHZ 的采样速率，记录谐波含量随时间的变化情况、合闸和分闸时的电流和电压波形，这就要求数据采集系统 A/D 转换速率、光纤传输接口速度满足：

（1）48 路×16Bit×2.5kHZ=1.92Mb/s，系统要满足可扩展性及有一定的盈余，故波特率至少 10M。

（2）A/D 转换速率至少为 4 路×2.5K=10Ks/s。

考虑到波特率至少为 10M，可以使用以太网接口，然后通过光纤传输数据。基于 10M/100M 的以太网接口总体框图如图 9.14 所示。

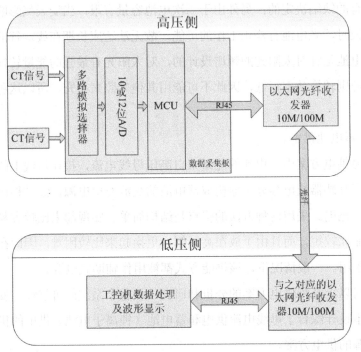

图 9.14　基于 10M/100M 的以太网接口总体框图

根据需求，主要有三个组成部分基于 RJ45 接口的数据采集板、以太网光纤收发器（10M/100M）及下端与之对应的以太网光纤收发器（10M/100M）、工控机。

（1）基于 RJ45 接口的多路数据采集板。为了节省开发时间及成本，用带有网络控制器的网络单片机。目前支持 10M/100M 的嵌入式网络单片机，集成有网络控制芯片。有很多公司生产，如 NEC 的 UPD 型、MICROCHIP 公司的 PIC18F97J60 系列（10M）和 MAXIMDS80C400 系列（10M/100M）、FREESCALE 的 MC9S12NE64 系列（10M/100M）、SUMSUNG 的 S3C4510/S3C2440（10M/100M）、Luminary Micro 的 LM3S8000 和 9000 系列（10M/100M）、NXP 的 MiniARM 工控模块 LPC2300/3000 系列（10M/100M）。

本系统最终采用 LM3S9B90 来开发，如图 9.15 所示。

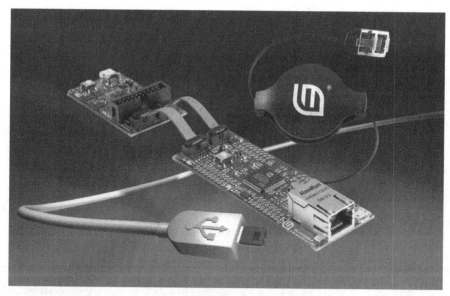

图 9.15　LM3S9B90 Evaluation Kit

LM3S9B90 Evaluation Kit 评估套件外围器件简单，但功能强大：

1）LM3S9B90 高性能的控制器有很大的内存储空间；

①32-bit　ARM Cortex-M3 核；

②256 KB 单周期 Flash 存储器，96KB 单周期 SRAM，23.7KB 单周期 ROM。

2）带有两指示灯的 10/100M 以太网控制器。

3）USB 2.0 全速 OTG 接口。

4）2 个 10 位 A/D 模块，采样速率高达 1Ms/s，16 模拟输入通道，可配置独立和差分输入。

5）3.3V 供电，低功耗，核时钟高达 80M。

（2）以太网光纤收发器（光模块）。这种产品是非常成熟的，市场上有很多厂家生产，如 A-Link、TP-Link、Net-Link 等，如图 9.16 所示。

9.4.3　硬件电路设计

在电容器组高压平台上，为每台电容器加装电流互感器，经屏蔽电缆直接传送到数据采集板进行采集处理，再通过光纤传输方式发送到地面的接收站。监测装置要求完成共 48 台电容器的状态监测，系统的原理图如图 9.17 所示。

图 9.16　Net-Link 公司的光模块

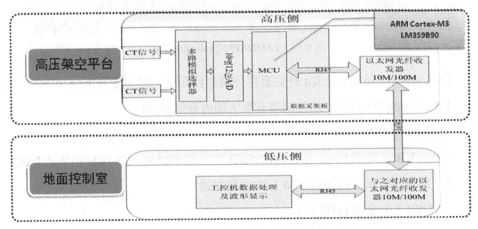

图 9.17　高压并联电容器故障在线监测系统的原理图

本系统的硬件主要是高压侧数据采集板，完成 48 路 CT 信号的调理、A/D 变换，数据打包成以太网数据，通过以太网光纤收发器发送到地面总站，再进行数据处理。根据需求，本书将硬件系统分成信号调理单元、信号采集控制单元、电源单元、高低压侧信号传输单元四个部分，下面分别详细介绍。

1. 信号调理单元

由于电流互感器 CT 出来的信号较小，其 V_{p_p} 范围为-0.25V～+0.25V。因此为了保证一定的精度，首先需要放大信号，另外 AD 能采集的电压范围为 0～3V，因此需要对放大之后的信号进行电平平移。

首先放大信号，运算放大器按比例放大的电路原理图如图 9.18 所示。

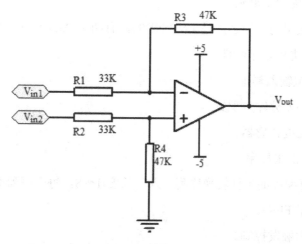

图 9.18　运算放大器按比例放大的电路原理图

根据运算放大器的虚短、虚断，可得上图的 V_{out} = R3/R1(V_{in1}–V_{in2}) = 1.424(V_{in1} – V_{in2})，由此可得 V_{out} 的范围是 -0.356V～+0.356V。

为了节约 AD 通道，将信号平移到正极性。电平平移采用的是正向加法电路，电路图如图 9.19 所示。

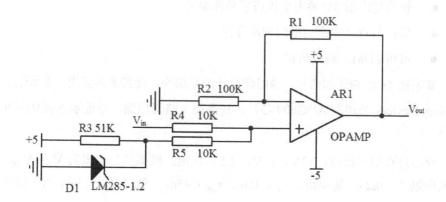

图 9.19　电平平移电路

这里的运算放大器采用 LM358 双运放。LM285-1.2 芯片是基准源，2 脚输出稳定的 1.25V，同样根据虚短、虚断可得 V_{out} = R1/R2(V_{in} + 1.25)，R1 = R2 = 100K，

也就是 $V_{out} = (V_{in} + 1.25)V$。$V_{out}$ 就是最终输入 AD 的信号。

2. 信号采集控制单元

本采集板采用的主控芯片是 LM3S9B90，有两个 A/D 模块，共用 16 个输入通道。该 ADC 提供以下特性：

- 16 模拟输入通道。
- 单端和差分输入配置。
- 内部温度传感器。
- 1Ms/s 的采样率。
- 4 个可编程的采样转换序列，入口长度 1~8，每个序列均带有相应的转换结果 FIFO。
- 灵活的触发控制。
  - ➤ 控制器（软件）。
  - ➤ 定时器。
  - ➤ 模拟比较器。
  - ➤ GPIO。
- 硬件可对多达 64 个采样值进行平均计算，以便提高精度。
- 转换用内部 3V 参考电压或者外部参考。
- 模拟与数字电路的电源和地分开。
- 可用 μDMA 高效传输。

要采集 48 路的外部信号，需用模拟开关来切换，使其多路复用。本系统选用 Analog Devices 公司的 ADG609 芯片，高性能 8 路复用器。功能示意图如图 9.20 所示。

该芯片有如下特点：+3V、+5V、±5V 供电；模拟信号范围为 V_{ss}~V_{dd}；低接入电阻（<30Ω）；切换快，$t_{on} < 75ns$，$t_{off} < 45ns$；低功耗；先断后合，防止输入信号的瞬间短路；TTL、CMOS 兼容。从 CT 出来的信号进入 ADG609 多路复用，电路原理图如图 9.21 所示。通过 CN1、CN2 控制，每次从 11out、12out、13out、14out 选用一个通道到 D1，21out、22out、23out、24out 选用一个通道到 D2。ADG609 的真值表见表 9.3，其中 CN1、CN2 分别接到 LM3S9B90 的 I/O 口 A/D 输入口。

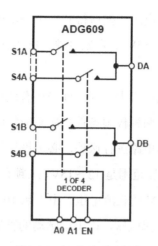

图 9.20　ADG609 示意图

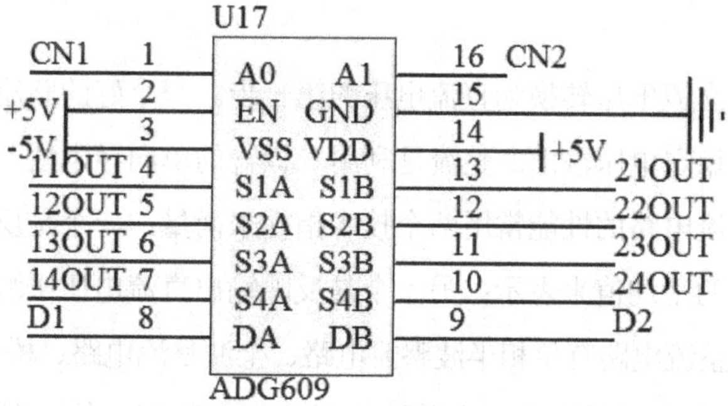

图 9.21　多路复用电路图

表 9.3　ADG609 真值表

A1	A0	EN	选通通道
X	X	0	NONE
0	0	1	1
0	1	1	2
1	0	1	3
1	1	1	4

3. 电源单元

由设计方案可知，本系统采用在线供能方案，从高压母线上获得所需的能量，用一个电流互感器经过电压变换后得到一个小电压的工频交流电压，经过整流滤波、稳压后，获得一个±5V 的直流电源，再通过 5V 转一个 3.3V 的电源，供高压侧的电子线路使用。

由于母线电流变化范围非常大，因而外磁场有效值也随时在改变，电流互感器必须同时兼顾最小、最大两种极限条件，磁感应线圈是设计关键，再者当出现饱和大电流时，必须对后续电路进行保护，必须设计相应的保护电路。

本系统中 CT 的输出电压范围是 12～15V，工频有效值，输出电流 1.5A 以上。因此，要稳压出±5V、+3.3V 的直流电压。由工频 10～13V 的交流电压，通过整流，先转换成单向脉动的直流电压，由于该脉动的直流电压幅度变化太大，不能满足线路对电源的基本要求。所以要在此基础上进行滤波处理，滤波的主要作用就是滤除脉动成分，使直流电得到一定程度的平滑，得到一个相对稳定的直流电压。

整流电路是交流电压转换为直流电压的第一步。一个好的整流电路设计有助于取得更大范围的稳定电压输出。整流是利用二极管的单向导电性，把交流电变成直流电的过程。整流电路的性能常用两个技术指标来衡量：一个是反映转换关系的，用整流输出电压的平均值来表示；另一个是反映输出直流电压平滑程度的，称为纹波系数。常用的整流电路有单相半波整流电路、全波整流电路、桥式整流电路。

单相半波整流电路只需要一个整流二极管作为整流元件。在一个周期内，负载的脉动电压平均值 U_L 可用 $U_L = 0.45U_2$ 来计算，其中 U_2 为电流互感器 PT 次级交流电压的有效值。最基本的半波整流电路和整流波形分别如图 9.22 和图 9.23 所示。

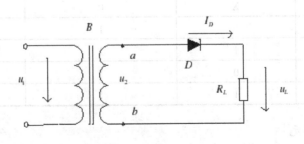

图 9.22　半波整流电路图

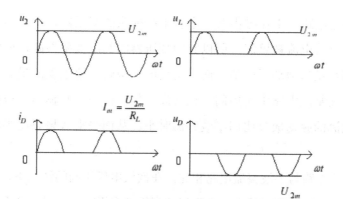

图 9.23　半波整流波形图

半波整流电路简单，需要的元件也少，但它输出直流电压脉动较大，变压器的利用率也低。所以，半波整流电路一般用于供电要求不高的场合。

全波整流电路及其整流波形图分别如图 9.24 和图 9.25 所示。

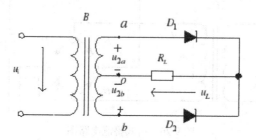

图 9.24　全波整流电路图

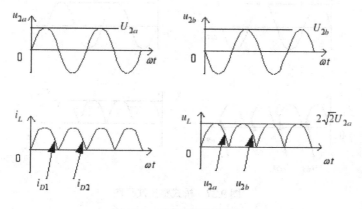

图 9.25　全波整流波形图

　　全波整流电路在工作时需要一个有中心抽头的变压器，变压器的每个次级线圈中只有半波电流被整流，所以它的变压器的利用效率不高，但所需要的整流二极管的数量却增加了一倍，而且所用的二极管所要承受的最高反向工作电压也要比半波整流电路中所用的二极管高一倍，但是，其输出电压的平均值增加一倍，电流的脉动成分比用半波整流时小，从而平滑效果要比半波整流电路的效果好。

　　桥式整流电路与半波整流电路相比，在次级电压相同的情况下，输出的直流电压提高一倍，脉动程度减小，变压器的利用效率提高。但是需要四个二极管，电路稍复杂，与全波整流电路相比多用了两个二极管，但是对二极管的反向耐压要求低了一倍，变压器次级线圈的匝数减少了一半，综合成本低于全波整流电路。电路图和波形分别如图 9.26 和图 9.27 所示。

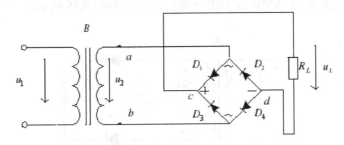

图 9.26　桥式整流电路图

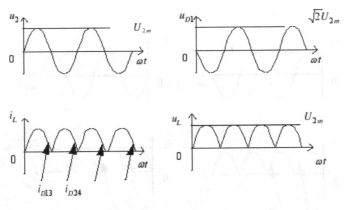

图 9.27　桥式整流波形图

这里选用桥式整流电路，四个整流二极管组成一个桥式整流电路。

滤波电路用于滤去整流输出电压中的纹波。交流电经过整流后，变成了一个方向不变，但是大小随着时间变化的脉动的直流电，如果这样的直流电不经过平滑处理，一般情况下是不能直接应用的，该平滑过程往往是由滤波电路来完成的。滤波一般由电抗元件组成，如电容器 C、电感器 L，利用它们的非线性特性来完成，也就是利用电容的充放电特性和电感的电磁感应原理来进行平滑。

常用的滤波电路有电容滤波电路、电感滤波电路以及由电容和电感组成的各种复式滤波电路，如 Ⅱ 形滤波电路。电容滤波电路就是在整流电路后面用大容量的电解电容器与负载并联，使输出直流电压脉动性减小，利用了电容的充放电特性，输出的电压呈锯齿波形。电阻电感滤波电路的滤波效果比电阻电容滤波效果好，但是电感的体积较大。为了进一步改善滤波效果，可以用 π 型滤波电路，这里不再赘述。

本电源方案利用了电容滤波方式。在稳压模块输入端并联电容，使之能得到含纹波少的优质稳定的电压。并且在稳压模块输出端再并联两个电容，吸收部分谐波，为负载提供更优质的电压。其中一个电解电容器用来滤除低频干扰，另一个小的陶瓷电容器用来滤除高频干扰。

经过滤波的直流电压还随电网电压波动（一般有 10%左右的波动）、负载和温度的变化而变化。因而在整流、滤波电路之后，还需接稳压电路。稳压是为了得到一个相对稳定的单一电压，不随电网电压波动、负载和温度的变化而变化。稳压是指由于各种原因使电路中的电压发生变化的，而使负载两端的电压保持不变的过程。稳压过程都是利用负反馈原理来进行的。稳压电路的种类主要有两种，一种是串联稳压，另一种是并联稳压。通常并联式稳压电路结构简单，但是稳压效果不好；而串联式稳压电路结构相对复杂，但是稳压效果很好，现在电源稳压部分已经是一个相对很成熟的技术了。在这个电路中采用了直流串联稳压，稳压电源是开关电源芯片 LM2596-5.0V，同时还采用了 DC-DC 电源模块 WRA1205，输出±5V 电压，电路简单，效率高，稳定可靠。这种稳压器的最大优点是使用方便、成本很低，稳压效果也很好。能够在所要求的 12V～15V 电压范围内可靠地工作。

最终设计的电路如图 9.28 所示。

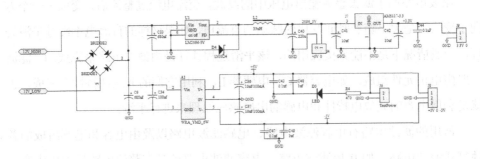

图 9.28　电源电路图

4. 高低压侧信号传输单元

在高压侧将模拟信号处理成数字信号以后，要通过一定的方式传输到低压侧，进行信号数据的处理，同时恢复成模拟波形显示。综合考虑到安全和信号传输两个方面的问题，信号传输的通道要起到两个方面的作用。一方面要能顺利地把数字信号从高压侧传到低压侧，实现高低压侧的高速数据通信；另一方面要把高压侧和低压侧绝缘，本书选用光纤作为传输通道。光纤传输线由 SiO_2 和塑料等绝缘材料制成，具有良好的绝缘性，在通信领域颇受重视。利用它的无电磁感应性，可以沿电力电缆进行通信；利用高绝缘特性，可以在电位差极大的两点之间进行通信；利用光缆截面细小的特点，可以用于坑道通信；利用重量轻的优点，可以用于移动通信。同时光纤还有传输带宽较宽、信号损耗小、抗干扰特性强等优点。特别是当电压的等级升高时，光纤的优点将更加突出。下面简要介绍光纤传输链路中的各个组成部分。

（1）光纤传输系统结构。

根据光纤通信系统的传输速率、传输容量和传输距离等不同，光纤通信系统可以分为数字光纤通信系统和模拟光纤通信系统。数字光纤通信系统具有便于处理、抗干扰强、无噪声累积等优点，所以在长距离和大容量的光纤通信系统中普遍采用数字光纤通信方式。模拟光纤通信系统信号处理简单，是在中、短距离的视频信号广泛采用的传输方式。光纤传输系统链路包括光纤传输介质、光发射器及其相关的接收器。光纤信号传输系统由三个部分组成，包括发射驱动器、光纤和接收驱动器。如图 9.29 所示为最简单的点到点光纤传输链路示意图，一端为光发射器，另一端为光接收器。这种链路对光纤技术提出了最基本的要求。从而为以后研究更为复杂的系统结构打下基础。

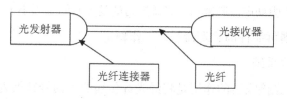

图 9.29 光纤传输链路示意图

图 9.29 的链路传输过程：光发射器把二进制电脉冲信号转换为光信号耦合进光纤，光纤把光信号传递给接收驱动器，同时利用光纤良好的电绝缘特性把高、低电位隔离开来，接收驱动器把光纤传递来的光信号转换为二进制脉冲电信号。为了实现发送器和光纤之间以及光纤与接收器之间的良好耦合，需要用专门的连接器作为它们的接口，如 SC、ST、FC 等接口的光纤连接器。

（2）光发射器。

光发射器的作用是将要传输的电信号转变为适合在光纤中传输的光信号。包括两个部分，一部分是电发送机，把需要传输的信号变成电信号；另一部分是光源，把电信号转变成光信号，称为 E/O。

光发射器的核心部件是光源，光源的材料、结构、工作原理和特性不仅限制着传输系统的性能和质量，而且在一定程度上决定着整个系统的性能和成本。光纤通信系统中常用半导体光源，如发光二极管（LED）、分布式反馈激光二极管（DFBLD）、量子阱激光器（QWL）和垂直腔半导体激光器（VCSEL）。由于激光器（LD）发射功率高（高达 100mW）、相干性好，而发光二极管（LED）发射功率较小（小于 1mW），所以 LD 器件适用于长距离、大容量的数字光纤通信系统中；LED 器件一般用于中短距离、小容量的光纤通信系统。

尽管可以根据各种具体的传输情况选择不同种类的光源、光源驱动电路和偏置电路，但是在光纤通信系统中，光发射器应满足以下基本要求：

1）光源的可工作波长应该等于光纤的低衰减波段 0.85μm、1.31μm、1.55μm 或 1.625μm。

2）可以长时间连续提供稳定的输出光功率。

3）光器件输出的光脉冲幅度不随温度和光源器件的老化而变化。

4）光发射器件的输出光脉冲消光比 EXT≥10。

5）光源加上驱动电流脉冲后，光源发射的延迟时间必须小于每位码元的时间。

6）光发射器可靠性高、寿命长、工作稳定。

（3）光接收系统。

众所周知，光接收器的作用是将经光纤传输的光信号转换为电信号形式，并将其恢复成灾光纤通信系统传输之前的数据。光接收器的核心器件是光电检测器，它能够检测出入射的光功率，将其转换为相应变化的光电流，此处利用的是光电效应。光信号对光检测器的性能要求很高，主要有在所用光源的范围内有较高的光转换效率，系统的附加噪声小，对光的响应速度要快，功率消耗尽可能的低，便于与光纤耦合，对温度适应性好，工作寿命长、稳定、可靠、便宜。在半导体材料的光检测器中，常用的是光电二极管，它体积小、材料合适、灵敏度高、响应速度快，在光纤通信中得到了广泛的应用，常用的光电二极管有 PIN（Positive Intrinsic-Negative Photodiode）光电二极管（简称光电管）和 APD（Avalanche Photo Diode）光电二极管（简称雪崩光电管）。

本系统中使用的光发射器和光接收器是由 Net-Link 公司开发的 HTB-1100 快速以太网转换模块，该模块符合电信级 10M/100M 自适应双纤光纤收发器，有如下特点：

1）符合 IEEE 802.3 以太网、IEEE 802.3u 快速以太网、IEEE 802.3d Spanning Tree 等标准，支持多种组网方式。

2）10M/100M 传输速率自适应，全双工/半双工自动协商，可平滑升级。

3）内置高效交换芯片，高速缓存容量为 1MB，MAC 地址容量为 1KB，减少了广播风暴，流量控制，CRC 差错校验，具备地址过滤、网络分段功能。

4）采用最新方案，设备自身发热量比其他同类产品低，工作稳定性和耐用性更强。

5）标准单模光纤最远传输 120km，标准多模光纤最远传输 2km。

6）SC 标准光纤接口。

7）内、外置电源桌面式和插卡式收发器可选，支持热插拨操作。

8）工作模式及波长多模 850nm、1310nm 和单模 1310nm、1550nm。

9）连接光纤可采用 50/125μm、62.5/125μm、100/140μm 等多模光纤和 8.3/125μm、8.7/125μm、9/125μm、10/125μm 等单模光纤。

10）环境要求：工作温度范围 0℃～70℃，存储温度范围-40℃～85℃，湿度 5%～90%（无凝结）。

11）电源要求：150VAC～275VAC 输入（也可选-48VDC 输入）。

12）物理尺寸：外置电源 90mm×70mm×25mm，内置电源 140mm×110mm ×30mm。

13）平均无故障工作时间在 5 万小时以上，符合电信级运营标准。

该模块用的光纤收发射器是 Agilent Technologies 公司的 QFBR-5241 器件，实物图如图 9.30 所示。该器件符合 ATM Forum UNI SONET OC-3 多模光纤物理层规格，1×9 封装，ATM 155Mb/s。QFBR-5241 原理图如图 9.31 所示，它由驱动 IC、光发射 LED、PIN 光电检测管、量化 IC 组成，可以完成数据的发送和接收。

图 9.30　QFBR-5241 实物图

该模块用的调制解调芯片是 RTL8305SC，10M/100M 自适应，它与光手发射器的连接原理图如图 9.32 所示。其中 100Base-FX 光纤收发器就是 QFBR-5241。RTL8305SC 芯片集成度高，不需要烧写程序，完全由硬件控制。与 QFBR-5241 收发器连接，外围器件少，结构简单。

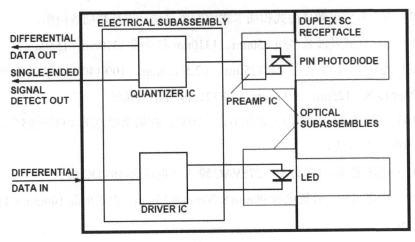

图 9.31　QFBR-5241 原理图

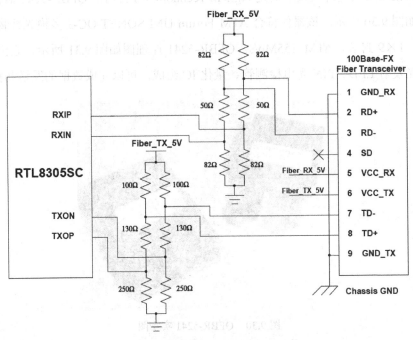

图 9.32　RTL8305SC 光纤传输原理图

9.4.4　软件系统设计

数据传到工控机后，在工控机中进行故障判断及相应处理（包括谐波分析、数据存储显示等）。工控机程序用 LabView 编写。LabView 是一种程序开发环境，由美国国家仪器（National Instruments，NI）公司研制开发，类似于 C 和 Basic 开发环境。LabView 与其他计算机语言的显著区别是：其他计算机语言都是采用基于文本的语言产生代码，而 LabView 使用的是图形化编辑语言 G 编写程序，产生的程序是框图的形式。LabView 是最杰出的虚拟仪器可视化开发工具软件之一，它将通用计算机与功能化模块结合起来，用户可以利用计算机强大的数据处理、存储、图形环境和在线帮助功能，建立图形化界面的虚拟仪器面板，完成对仪器的控制、数据分析、存储和显示，改变了传统仪器的使用方式，提高了仪器性能和效率，使得仪器价格大幅度降低，且用户可以根据自己的需要定义仪器的功能。

启动程序后，用户通过设置界面设置启动参数，控制高压侧数据采集板开始采集。采集转换的数字信号通过通信接口传送到工控机。接收数据时设置了一个缓冲区，最近接收的数据放在缓冲区的最后，每接收一批数据，缓冲区中最前面的一批数据将被冲掉，如此循环，不断读取采集的实时数据。

收到数据后分析数据，取自缓冲区的中部，一旦分析判断出有故障发生，则将整个缓冲区的数据全部存到文件中。这样可将故障发生前后的数据存储下来，供用户提取显示，分析故障原因。数据的处理流程如图 9.33 所示。

LabView 编写的程序主要完成了如下工作：

（1）监测各电容器的工作电流。

（2）分析各电容器上谐波含量随时间变化的情况。

（3）记录电容器组分闸和合闸时的电流波形。

（4）记录电容器的投切次数和投切时间。

（5）记录发生故障的投切次数和投切时间。

该软件界面设计主要有标题栏、菜单栏、主界面、状态栏，包括实时监测、时域测量、频域测量、历史查询、参数设置五个子页面，如图 9.34 至图 9.38 所示。

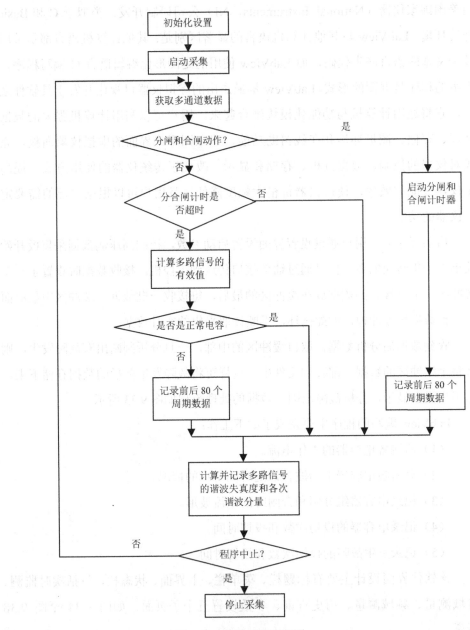

图 9.33　数据处理流程图

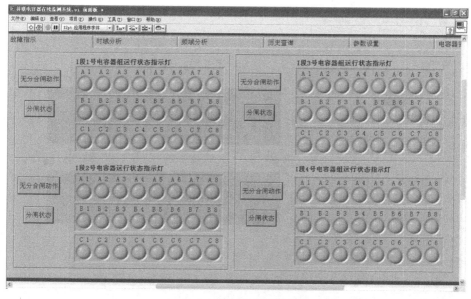

图 9.34　实时监测页面

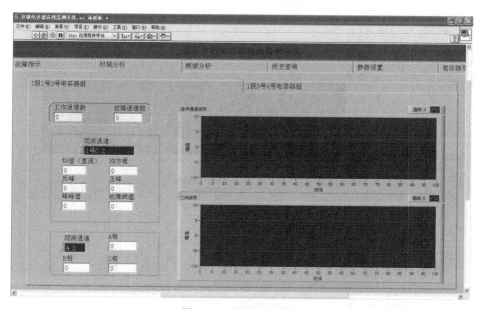

图 9.35　时域测量页面

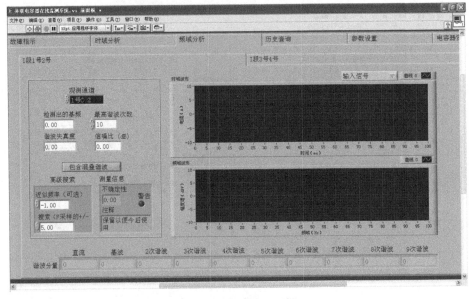

图 9.36　频域测量页面

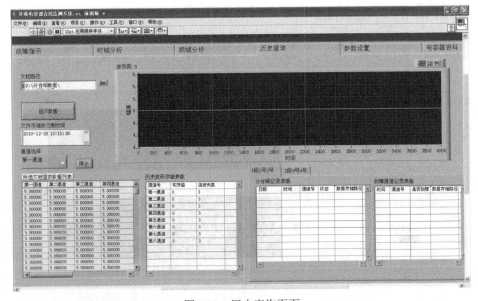

图 9.37　历史查询页面

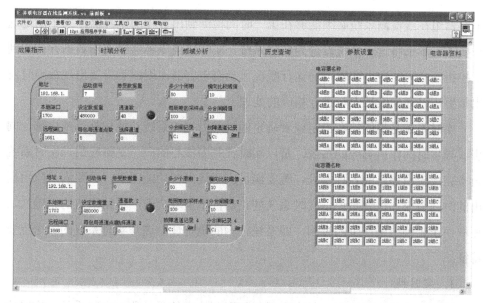

图 9.38　参数设置页面

9.5　高压并联电容器组在线监测系统分析

　　该高压并联电容器组在线监测系统主要包括两大部分：高压侧的信号采集和传输及低压侧的数据接收和处理。高压侧部分以硬件电路为主，围绕上位机的数据采集卡来建立；低压侧主要是 PC 机上的数据接收和处理程序。因此，本节就这两大部分分别进行分析，因为要保持数据采集的实时性和可靠性，所以在高压侧部分是一个同步系统；而低压侧的数据通过网络传输后，不再保持同步特性，变成了一个定时异步分布式模型。

9.5.1　硬件系统模型分析

　　硬件系统完成的主要功能是对高压端电容器组电流数据的采集与传输，由于电容器出现故障带来的后果相当严重，经常发生群爆群伤事故，对系统安全运行和检修人员生命安全都构成了极大的威胁，所以当电容器出现故障的时候或者电容器将要出现故障的时候能及时检测到这一故障并给出报警，因此本书所设计的电容器组在线检测系统必须能够在第一时间检测到出故障的电容器，为了满足这一要求，本书将这一系统设计为实时系统，实时采集电容器组现场数据并传输到工控机，实时监控电容器组的运行状况，当有电容器出现或者将要出现故障时发出报警，以通知维护人员进行相应的处理。

实时系统是指能够在指定或者确定的时间内完成系统功能和外部或内部、同步或异步时间作出响应的系统，是以实时计算为核心的一个完整应用。实时系统负责完成应用提出的各种需求，既要满足应用提出的功能需求，又要满足应用提出的时间需求。也就是说，实时系统的正确性不但取决于产生结果值的正确性，还取决于正确结果产生的时间，即系统行为的确定性，这是实时系统的一个重要特征。

1. 实时性

通常，支持实时应用、具有满足时间限制能力的系统称为实时系统。实时应用通常由一系列互相作用的任务组成。实时应用的内在特征是其任务具有时间要求，并以时限（Deadline）的形式表示。根据时限对任务的影响，实时系统可分为硬实时（Hard Real-time）系统和软实时（Soft Real-time）系统，系统完成任务的时限与系统的有效性（Value）和危害性（Damage）的关系如图 9.39 所示

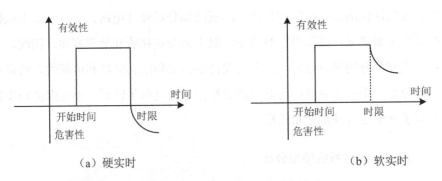

(a) 硬实时　　　　　　　　　　　　(b) 软实时

图 9.39　任务的时限与有效性和危险性的关系

这里，有效性表示任务完成时间对系统目标的贡献；危害性表示任务完成时间对系统的危害程度。而针对不同的时限性质，有两种不同的实时系统：

（1）硬实时系统。如果任务不能在规定的时限之前完成（或规定的时限之前

响应），那么会造成重大的危害，这类系统称为硬实时系统。如用计算机控制的飞机电子系统，如果一系列的响应时间超过了系统设计时所设定的时限，那么就有可能会造成机毁人亡的严重后果。

（2）软实时系统。如果任务在规定的时限之后完成，仍然具有一定的价值，且不会造成致命的后果，这类系统称为软实时系统。比如媒体播放器，即使在观看过程中出现了偶尔时限不满足的情况，也只是短暂的画面停顿，并不会造成重大财产损失。

这里所设计的高压并联电容器组在线监测系统传感器所采集的信号来自于电容器组，由于电网电压的基频信号频率是 50Hz，因此电容器组的工作电压电流信号的基频频率也是 50Hz。但是随着电力电子技术的广泛应用，供电系统中增加了大量的非线性负载，如轧机、电弧炉等非线性负荷，加上各种功率因素较低的装置的应用日益广泛，会引起电网电流、电压波形发生畸变，导致电网的谐波污染。因此为了谐波分析的需要，本书所采集的信号频率不能仅仅是 50Hz，根据奈奎斯特采样定律，在进行模拟/数字信号的转换过程中，当采样频率大于信号中最高频率的 2 倍时，采样之后的数字信号才能完整地保留原始信号中的信息。因此采样的信号频率要高于 50Hz，即当谐波设置为 3 次谐波时，采样频率至少需要设置为 300Hz；当设置为 5 次谐波时，采样频率至少需要设置为 500Hz，设置的谐波次数越高，采样率也越高，数字信号就能还原得越真实，但采样率设置较高的同时会带来一系列问题。采样率越高，A/D 采样器产生噪声的可能性就越大，噪声对信号的影响也越大，造成的信噪比也越低。另外，采样率越高，所带来的网络负载也越大，对网络的要求也越高。一般情况下，谐波次数达到 9 次时就远可以满足谐波分析的需要了。因此，为了能在更好地还原信号的同时，考虑到信号的质量，本书设定谐波次数至少为 20 次，采样率设定为 2.5kHz，此时的采样信号已经足够满足谐波分析的需要了。采集的信号波形如图 9.40 所示。

由于本书一个采集板需要采样 48 路信号，当采样率为 2.5kHz 时，所需要的网络带宽 B = 48 路×16bit×2.5kHz = 1.92Mb/s。当多个采集板同时发送数据时，网络带宽更高，由于系统传输的数据量大，要求实时传输，且本系统不经过路由，直接与工控机相连，而且部分数据丢失不会对信号分析造成影响，故本系统采用

UDP 协议。

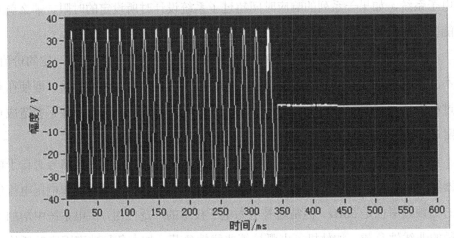

图 9.40   采集的信号波形

由于采用的是 UDP 协议传输数据，不能保证完全避免信号丢失的情况发生。另外，经现场测试证实，当存在少量数据报丢失的时候，对于终端信号的显示以及故障判断谐波分析等均不造成任何影响，因此，本系统是一个软实时系统。

由于工控机对于信号的处理是按批次进行的，即采集板上以每路 5 个采集数据共 5×48=240 个数据进行打包发送，接收端接收到数据之后并不立刻处理，需要等待接收到 100 个 UDP 包之后一次性进行分析。因此，系统具有一定的延时，最先抵达的数据会等待 100×1/2.5kHz=40ms，考虑到在数据的传输过程中可能有一定的延时，本书预估为 10ms，因此该系统的延时最高为 50ms。对于该软实时系统来说，50ms 的延时是可以接受的。

2. 可靠性

可靠性表示的是在任意给定时间段内系统不发生失效的概率。系统在某段时间内不出现故障的概率表示为这段时间的可靠能力，本书所完成的并联电容器组在线监测系统是一个软件与硬件结合的系统，因此不仅要满足应用所提出的功能需求，又要满足产生结果值的正确性。其中，满足应用所提出的功能需求是指系统能够完成对电容器组工作运行状况的实时监控，当出现故障时能准确报告故障电容器，而且该系统在一定的时间内不会出现故障；而结果值的正确性是指传感器采集数据的准确性与数据传输的可靠性。

为了测试该系统的可靠性，即该系统在一定时间见内出现故障的概率，将该系统挂网运行了三个月，除了在初期调试过程中出现了电源模块出现短路故障外，挂网运行三个月都表现良好，没有出现其他运行故障。因此，可以说该系统在三个月内出现故障的概率是很低的。另外，由于 CPU 的存在，为了防止 CPU 死机故障的发生，启用了看门狗电路，使得 CPU 能够长期正确地运行，这些措施的实施加上挂网运行测试结果表明，该系统的系统级可靠性是相当高的。

结果值的正确性决绝于多方面，为了分析影响结果正确性的原因，本书首先要分析总结该系统的误差来源，即哪些地方会带来误差，对分析结果会带来一定的影响。首先是传感器端，即电流互感器采集电流转换出来的电压数据，由于在判断是否出现故障的时候需要横向比较 CT 采集到的电信号，但是各个 CT 在制作的时候都不会完全一样，都会有偏差。本书所使用的 CT 是开启式的，在卡和的时候会出现卡和松紧程度不一致、卡和位置没有完全对准的情况。另外，在使用 CT 的时候需要在输出端并联一个小负载，本书经过实践，最终使用的是 0.1Ω 的小电阻，由于该电阻值太小，按照平时的接线方式会产生较大的误差，为此本书用焊锡将信号引出线焊在 U 型插脚上面，并使 U 型插脚与 CT 输出引脚能够充分接触，减小接触点电阻，即便如此，由于并联电阻太小的缘故，还是不可避免地对采集信号造成了一定的影响，由于本书对信号的引出采取了充分的措施，使得接触点电阻值比较小，经多次测试发现，该接触点电阻基本在 $0.006 \sim 0.01\Omega$ 之间，因此还是对 CT 采集信号造成了比较大的影响。而且 0.1Ω 的小电阻本身也存在一定的误差，因此 CT 采集到的信号与理论值相比还是存在一定的误差，电路互感器现场采集到的信号波形如图 9.41 所示。

经理论计算，CY 两侧的信号电压大小峰峰值应为 $52.5/150 \times 5 \times 0.1 \times 1.414 \times 2 = 494.9\text{mV}$，而现场测试结果显示峰峰值为 560mV，相对误差 $\sigma = (560 - 494.9)/494.9 = 13.15\%$。考虑到接触点电阻的存在，姑且以一个较合理的值 0.009Ω 来计算，则理论峰峰值大小应该为 $52.5/150 \times 5 \times (0.1 + 0.009) \times 1.414 \times 2 = 539.441\text{lmV}$，相对误差 $\sigma = (560 - 539.441)/539.441 = 3.81\%$，这个误差已经是可以接受的水平了，如果预估接触点电阻更大一点，则相对误差更小，而且并联的 0.1Ω 的小电阻

本身也存在一定的误差（采用的是精密电阻，相对误差为 1%）。另外，在信号进入 A/D 采样器之前，还进行了信号的放大、电平平移，这些过程中都会不可避免地引入误差，不过为了减小误差，采用了误差较小的精密元器件，这样可以极大地减小总的信号误差。除此之外，对信号处理电路进行了修改，根据现场调研，电网改造后所使用的无功补偿电容器组绝大多数都是以 24 个电容器组为一个单位组，分为 A、B、C 三相，也就是 A 相 8 个电容器、B 相 8 个电容器、C 相 8 个电容器。判断电容器运行状况的时候，本书选择横向比较相同单位组里相通的电容器，即 A 相的 8 个电容器为一个集合 M_1，B 相的 8 个电容器为一个集合 M_2，C 相的 8 个电容器为一个集合 M_3，同一个集合中的 8 路信号先通过一个 8 选 1 多路选择器（ADG608），再对信号进行放大、电平平移，这样使得横向比较的几个信号除了在采集的时候经过的电路不一样外，后端经过的电路都是一样的，后端电路对同一个集合内的采集信号的影响也是完全一样的，不会横向比较的时候对它们造成任何影响，即电容器运行状态的判断（横向比较）结果只取决于电流互感器采集到的电压信号大小，与后端处理电路无关。在 A/D 转换之前，信号的误差主要来源于传感器侧，而前面已经分析得到，CT 采集到的信号的相对误差为 3.81%，因此，可以说模拟信号总的信号误差为 3.81%，这是一个可以接受的水平。

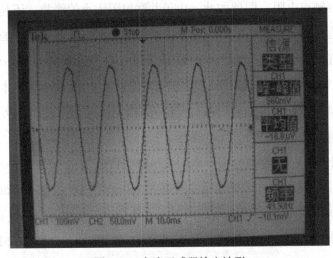

图 9.41   电流互感器输出波形

数字信号与原始的模拟信号相比，误差来源于两个方面：第一，A/D 转换的过程中带来的噪声误差；第二，传输过程中的信号畸变或者丢失。为了得到这两方面的误差，本书进行了多次测试，实验的测试结果如下所示，其中零电平采样时的噪声较大的时候的噪声波形如图 9.42 所示。

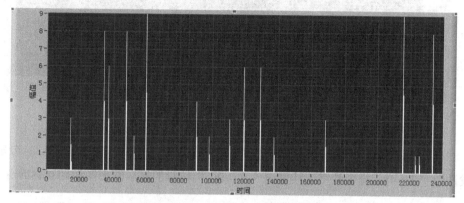

图 9.42　实验室零电平时噪声波形

由图中可以看出，采集 240000 个数据的时候有采集误差的信号仅有几十个而已，按照 100 个误差信号水平来算，误差信号率 $\sigma = 100/240000 \times 100\% = 0.042\%$，维持在一个比较低的水平，而且即使有误差，与原信号相比，误差最大也不超过 10。另外，本书还测试了在变电站现场环境下采集板的噪声信号，即电容器组没有工作时采集到的波形，如图 9.43 所示。滤波之后的波形图如图 9.44 所示。

从图中可以看出，经过处理之后，噪声可以控制在一个相当低的水平，基本不会对系统判断造成任何影响。

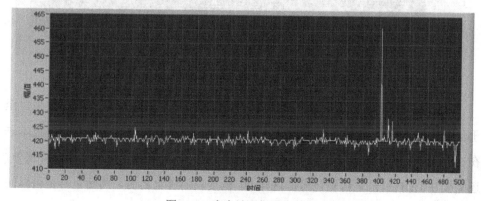

图 9.43　变电站现场噪声波形

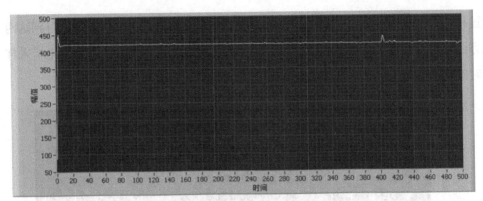

图 9.44　变电站现场滤波之后的噪声波形

另外，为了测试传输过程中信号的畸变或者丢失，本书进行了以下测试：分别发送数字 1~48，每个数字连续发送 5 次，PC 端接收的显示波形图如图 9.45 所示。

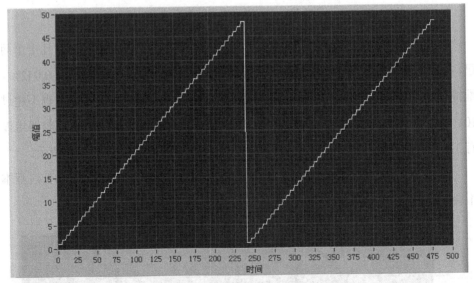

图 9.45　信号畸变测试波形

从图中可以看出，在传输的过程中信号质量良好，没有畸变的情况发生。至于信号丢失（UDP 包丢失）的情况，在波形图上还没有办法观察得到，不过本书在试验的过程中通过程序的方式测试过，每一个 UDP 包除了发送 A/D 采样值外，还需要在 UDP 包末尾传输包号，这样 PC 机接收端解包之后，判断包号是否以间隔值 1 递增。经过一个星期无间断的传输后发现，并没有出现数据丢失的情况。

另外，即使有部分数据丢失，也不会对结果造成影响，因为本书判断电容器运行状况的时候是对一批数据进行均方（24000），丢失少量数据并不会影响结果。

综上所述，该系统的可靠性是比较高的。

9.5.2 软件系统模型分析

高压并联电容器组在线检测系统的软件系统是用 LabView 程序编写的，由现场工程师工作站、数据处理服务器和远端的局检测中心的客户端组成，数据处理服务器负责接收电容器现场传输过来的大量实时数据，并进行处理。数据处理服务器主要具有以下功能：

（1）监测各台电容器的工作电流。

（2）分析各电容器上谐波含量随时间的变化情况。

（3）记录电容器组分闸和合闸时的电流波形。

（4）记录电容器的投切次数和投切时间。

（5）记录发生故障的投切次数和投切时间。

数据处理服务器处理一批数据后，得到处理的结果如图 9.34 所示，绿色指示灯亮表示电容器工作正常，红色指示灯亮表示电容器故障，并及时将处理结果送达现场工程师工作站，即图 9.34 界面显示的情况。工程师工作站通过以太网将各个现场检测到的电容器运行状况发送到局检测中心的各个终端，使得远程终端也可以及时监控到电容器的运行状况。

为了减小以太网的负载，本书设定各个现场的电容器运行画面不需要实时传输给局检测中心，只需定时传输给远程的终端即可，即每隔一段固定时间，工程师工作站将现场的电容器运行情况报告给远程终端。因此，结合前文提到的定时异步分布式系统模型的描述和定义，也可以将该过程抽象为一个定时异步分布式系统模型。而在整个高压并联电容器组在线监测系统运行的过程中，如果考虑到人的因素，所设计的高压并联电容器组在线监测系统可以在两个方面抽象为定时异步分布式系统模型：第一，现场工程师工作站将监控结果发送给远程局检测中心的各个终端；第二，电网工作人员定期查看监控画面显示的结果。

根据前文所述原理，对定时异步分布式系统的分析，需要考虑三个方面的因素：第一，硬件时钟的时钟漂移率；第二，数据报传输延迟及遗漏故障；第三，进程故障。下面对抽象出来的定时异步分布式系统模型的各个因素进行逐一分析：

前文提到，由于晶振的不精确性、温度变化及老龄化，硬件时钟会漂离实时时间。假定存在一个最大漂移率 ρ 且 $\rho << 1$，则一个正确时的钟漂移率为 $[-\rho, +\rho]$，在测量时间间隔 $[s,t]$ 内的误差为 $[-\rho(t-s)-G, +\rho(t-s)+G]$。为了减小时钟漂移率，即减小 ρ 的值，通常都会选择对硬件时钟进行校准，对于由振荡器不精确带来的时钟漂移误差，通常可以在时钟上乘以一个常数来调整；而对于由温度、老龄化造成的漂移误差，需要不间断地定期校准才能减少漂移误差。不过，对于目前的技术来说，晶振的频率普遍都能达到 GHZ 以上，时钟间隔在 ns 级左右，时钟漂移率 ρ 可达到 10^{-6} 或者更低，而且现在的工控机或者 PC 机使用的都是这种高精度的晶振，其硬件时钟的精确度是相当高的，时钟漂移误差也很低，能够保持与实时时间的良好同步，因此，出现时钟故障的概率是很低的，基本可以忽略不计。

对于定时一部分不是系统模型的数据报服务来说，需要考虑两个方面：第一，数据报的延迟；第二，数据报出现遗漏，即数据报丢失。对于数据报的延迟，不妨假定 $\delta_{min} = 0$，由于现场工程师工作站每隔一定的时间向远程终端传输监控结果，设定的间隔时间为 30min，因此，系统能容忍的最大传输延迟 $\delta_{max} = 30\,min$。而在实际过程中，通常情况下传输延迟都是很小的，最长延迟不会超过 1s，因此，即使是网络负载较大的时候，数据报传输延迟达到 30min 的概率微乎其微，除非网络完全崩溃。不过为了留有一定盈余，设定数据包的最大传输延迟 $\delta_{max} = 15\,min$，已经足够满足需要了。现场工程师工作站向远程终端传输的数据报所使用的是 TCP/IP 协议，其一大特点就是能够保证消息准确地送达，当信息发送出现遗漏或者出现故障时，TCP/IP 能校验消息并重发。因此，所完成的高压并联电容器组在线监测系统中的工程师工作站向远程终端传输的数据是能够保证准确有效的。

对于远程终端来说，与现场工程师工作站的连接不需要实时有效，因为现场工程师工作站向远程终端传输消息是定时的，设定每隔 30min 传输一次监控结果，因此，远程终端也只需在这段时间内有效，直至接收到正确的结果。设定在准备接受来自于现场工程师工作站的数据的前 3min，程序被唤醒，进入与工程师工作站的连接过程中，连接成功后即转入等待，等待接收数据；若连接不成功则重新连接，直到连接成功为止。若多次连接均未能成功，则可判断本地进程或者远端进程出现故障，需要重新启动进程，保证数据的有效传输和系统的可靠监控。

9.6 本章小结

本章结合定时异步分布式系统模型的原理，将所设计的高压并联电容器组在线监测系统抽象为一个异步分布式系统，从硬件系统和软件系统两个方面进行了模型抽象，并分别进行了分析。结果表明，开发的系统完全能够满足实际需要。

参考文献

[1] 庞晓艳，唐茂林. 二滩水电厂"10·13"事故分析[J]. 四川电力技术，2001（B12）：24-25.

[2] Donalek P, Farmer R, Hatziargyriou N, et al. Causes of the 2003 major grid blackouts in North America and Europe, and recommended means to improve system dynamic performance [J]. 2005, 20(4): 1922-1928.

[3] Avizienis A. Design of fault-tolerant computers[C]. Anaheim, California: ACM, 1967. 743-766.

[4] Avizienis A, Laprie J C, Randell B. Fundamental Concepts of Dependability[C]. Boston, USA: 2002. 7-12.

[5] Algirdas A, Jean-Claude L, Randell B, et al. Basic concepts and taxonomy of dependable and secure computing[J]. IEEE Transactions on Dependable and Secure Computing, 2004, 1(1): 11-33.

[6] Laprie J. Dependable computing and fault-tolerance[J]. Digest of Papers FTCS-15, 1985: 2-11.

[7] NCSC-TG. Trusted Network Interpretation of the Trusted Computer System Evaluation Criteria[S].

[8] 张焕国，罗捷，金刚. 可信计算研究进展[J]. 武汉大学学报（理学版），2006，52（5）：513-518.

[9] 沈昌祥. 大力发展我国可信计算技术和产业[C]. 保定：第二届中国可信计算与信息安全学术会议，2006.

[10] 林闯. Trustworthy Networks and Evaluation Methods for Network Survivability and Security[C]. 保定：第二届中国可信计算机与信息安全学术会议，2006.

[11] 闵应骅，杨孝宗. 关于dependable computing和trusted computing的翻译[J]. 中

国科技术语，2009（6）：49-51．

[12] 闵应骅．可信系统与网络[J]．计算机工程与科学，2001，23（5）：21-24．

[13] 周明天，谭良．可信计算及其进展[J]．电子科技大学学报，2006，35（4）：
686-697．

[14] 沈昌祥，张焕国，冯登国，等．信息安全综述[J]．中国科学（E 辑：信息
科学），2007，37（2）：129-150．

[15] 陈火旺，王戟，董威．高可信软件工程技术[J]．电子学报，2003，1（12A）：
1933-1938．

[16] Hong M, G H, W T. Towards Self-Healing Systems via Dependable Architecture
and Reflective Middleware[C]. Proceedings of the 10th IEEE International
Workshop on Object-Oriented Real-Time Dependable Systems, 2005. 337-344.

[17] 郭树行，兰雨晴，金茂忠．基于目标的软件可信性需求规约方法研究[J]．计
算机工程，2007(11)：37-38．

[18] 杨仕平，熊光泽，桑楠．高可信软件的防危性评估研究[J]．计算机工程与
设计，2004，25(2)：161-169．

[19] IEC 60870-5-103. Transmission Protocols —— Companion Standard for
Informative Interface of Protection Equipment[S].

[20] 廖泽友，蔡运清．IEC 60870-5-103 和 IEC 60870-5-104 协议应用经验[J]．电
力系统自动化，2003，27（4）：66-68．

[21] 胡明，周全林，柳凤凤，等．变电站自动化系统采用 IEC 60870-5-103、104
协议的优势[J]．继电器，2003（5）：62-64．

[22] IEC 61850-9-2. Communication networks and systems in substation-part 9-2:
Specific Communication Service Mapping SCSM-Sampled analogue values
over ISO 8802-3[S].

[23] IEC 61850-3. Communication networks and systems in substations-Part 3:
General requirements[S].

[24] IEC 61850-4. Communication networks and systems in substations-Part 4:
System and project management[S].

[25]　IEC 61850-5. Communication networks and systems in substations-Part 5: Communication requirements for functions and device models[S].

[26]　IEC 61850-9-1. Communication networks and systems in substations-Part 9-1:Specific Communication Service Mapping(SCSM) - Sampled analogue values over serial unidirectional multidrop point to point link[S].

[27]　IEC 61850-7-1. Communication networks and systems in substations-part7-1: basic communication structure for substation and feeder equipment-principles and models[S].

[28]　IEC 61850-8-1. Communication networks and systems in substations- Part8-1: Specific Communication Service Mapping(SCSM) -Mapping to MMS[S].

[29]　张沛超，高翔. 全数字化保护系统的可靠性及元件重要度分析[J]. 中国电机工程学报，2008（1）：77-82.

[30]　IEC 61850-9-2. Process Bus and Its Impact on Power System protection and Control Reliability[C]. Spokane: proceedings of the 9th Annual Western Power Delivery Automation Conference, 2007.

[31]　Yunus B, Musa A, Ong H S, et al. Reliability and Availability Study on Substation Automation System based on IEC 61850[C]. The 2nd IEEE International Conference on Power and Energy, 2008.

[32]　徐天奇. 基于 IEC 61850 的数字化变电站信息系统构建及可靠性研究[D]. 华中科技大学，2009.

[33]　Premaratne U, Samarabandu J, Sidhu T, et al. Security Analysis and Auditing of IEC 61850 based Automated Substations[J]. IEEE Transactions on Power Delivery, 2010, 25(4): 2346-2355.

[34]　Premaratne U K, Samarabandu J, Sidhu T S, et al. An Intrusion Detection System for IEC 61850 Automated Substations[J]. IEEE Transactions On Power Delivery, 2010, 25(4): 2376-2383.

[35]　伍军,段斌,黄生龙. 基于可信计算方法的变电站自动化远程通信设计[J]. 电力系统自动化，2005，29（24）：60-64.

[36] 李杰君. 变电站自动化 IED 的可信设计与应用[D]. 湘潭大学，2007.

[37] Sidhu T S, Yin Y. Modelling and Simulation for Performance Evaluation of IEC 61850 based Substation Communication System[J]. IEEE Transactions On Power Delivery, 2007, 22(3): 1482-1489.

[38] Hachidaiito, Kaneda K, Hamamatsu K, et al. Improvements in Dependability and Usability for a Substation Automation System with Redundancy[J]. WSEAS Transaction on System, 2008, 7(10): 1104-1116.

[39] Khorashadi-Zadeh H, Li Z, Madani V. Adaptive Dependable and Secure Protection Systems for Electric Power Systems[C]. T&D.IEEE/PES, 2008. 1-6.

[40] Bruno S, De Benedictis M, La Scala M, et al. Adaptive Relaying to Balance Protection Dependability With Power System Security[C]. Irkutst Listvyanka, Russia: 2010 IEEE Region 8 International Conference on, 2010. 482-487.

[41] Ferrarini L, Carneiro J S A, Radaelli S, et al. Dependability Analysis of Power System Protections using Stochastic Hybrid Simulation with Modelica[C]. Robotics and Automation 2007 IEEE International Conference, 2007. 1584-1589.

[42] Fazio V, Firpo P, Savio S. Effect of MTTF and MTTR statistical uncertainty on mission dependability for power electronics equipped systems[C]. IEEE International Symposium on Proceedings ISIE 2001, 2001. 1339-1344.

[43] Dusa A, Deconinck G, Belmans R. Communication system for intelligent residential electrical installations[C]. Power Systems Conference and Exposition, 2004. IEEE PES, 2004. 269-274.

[44] Kinoshita Y, Matsuno Y, Takamura H, et al. Toward User Oriented Dependability Standard for Future Embedded Systems[C]. 2009 Software Technologies for Future Dependable Distributed Systems, 2009. 132-137.

[45] Hanawa T, Boku T, Miura S, et al. Low-Power and High-Performance Communication Mechanism for Dependable Embedded Systems[C]. 2008 International Workshop on Innovative Architecture for Future Generation

High-Performance Processors and Systems, 2008. 67-73.

[46] Bondavalli A, Ceccaralli A, Falai L, et al. A New Approach and a Related Tool for Dependability Measurements on Distributed Systems[J]. IEEE TRANSACTIONS ON INSTRUMENTATION AND MEASUREMENT, 2010, 59(4): 820-831.

[47] Longhurst A C, Parast L, Sandborg I C, et al. Decrease in hospital-wide mortality rate after implementation of a commercially sold computerized physician order entry system[J]. Pediatrics, 2010, 126(1): 14-21.

[48] Rockoff J. Flaws in medical coding can kill: spread of computer creates new dangers[R]. Baltimore Sun: FDA official warn, 2008.

[49] de Recherche En Informatique I N. ARIANE 5 Flight 501 Failure inquiry board report[Z]. 1996.

[50] Kenji W, Takashi M. Designing information system risk management framework based on the past major failures in the Jaapanese financial industry[C]. Proceedings of The second international conference on critical information infrastructures security, 2008. 49-57.

[51] Algirdas A, Jean-Claude L, Randell B, et al. Basic concepts and taxonomy of dependable and secure computing[J]. IEEE Transactions on Dependable and Secure Computing, 2004, 1(1): 11-33.

[52] Al-Kuawiti M, Kyriakopoulos N, Hussein S. A Comparative Analysis of Network Dependability, Fault-tolerance, Reliability, Security, and Survivability[J]. IEEE communications surveys & tutorials, 2009, 11(2): 106-124.

[53] Ivezic D, Tanasijevic M, Ignjatovic D. Fuzzy Approach to Dependability Performance Evaluation[J]. Quality and Reliability Engineering International, 2008(24): 779-792.

[54] Diaz P, Egido M A, Nieuwenhout F. Dependability Analysis of Stand-Alone Photovoltaic System[J]. Progress in Photovoltaics: Research and Applications,

2007(15): 245-264.

[55] Tianhua X, Tao T, Chunhai G, et al. Dependability analysis of the data communication system in train control system [J]. Science in China Series E: Technological Sciences, 2009, 52(9): 2605-2618.

[56] Yuhang Y. Wang Jinchuan[J]. Journal of China Ordnance, 2008, 4(1): 13-17.

[57] 林闯，王元卓，杨扬，等. 基于随机 Petri 网的网络可信赖性分析方法研究 [J]. 电子学报，2006，34（2）：322-332.

[58] Marew T, Lee J, Bae D. Tactics based approach for integrating non-functional requirements in object-oriented analysis and design[J]. The Journal of Systems and Software, 2009(82): 1642-1656.

[59] Xu L, Ziv H, Alspaugh T A, et al. An architectural pattern for non-functional dependability requirements[J]. The Journal of Systems and Software, 2006(79): 1370-1378.

[60] Donzelli P, Basili V. A practical framework for eliciting and modeling system dependability requirements: Experience from the NASA high dependability computing project[J]. The Journal of Systems and Software, 2006(79): 107-119.

[61] 王越，刘春，张伟，等. 知识引导的软件可信性需求的提取[J]. 计算机学报，2011，34（11）：2165-2175.

[62] 刘春，王越，金芝. 基于知识的软件可信性需求获取[J]. 电子学报，2010，38（2A）：188-193.

[63] 郑志明，马世龙，李未，等. 软件可信性动力学特征及其演化复杂性[J]. 中国科学（F 辑：信息科学），2009，39（9）：946-950.

[64] 郑志明，马世龙，李未，等. 软件可信复杂性及其动力学统计分析方法[J]. 中国科学（F 辑：信息科学），2009（10）：1050-1054.

[65] 罗新星，朱名勋，陈晓红. 可信软件中非功能需求 FO-QSIG 冲突权衡模型 [J]. 系统工程，2010，28（2）：101-105.

[66] 叶飞，朱小冬，王毅刚. 基于 XML 的软件非功能需求建模研究[J]. 微计算机信息，2008，24（3）：250-252.

[67] 徐遐龄，查晓明，林涛. 基于可信性理论的电力系统小干扰稳定性分析方法[J]. 电力系统自动化，2010，34（12）：8-13.

[68] 毛安家，何金. 一种基于可信性理论的电网安全性综合评估方法[J]. 电力系统保护与控制，2011，39（18）：80-87.

[69] 冯永青，张伯明，吴文传，等. 基于可信性理论的电力系统运行风险评估（一）运行风险的提出与发展[J]. 电力系统自动化，2006，30（1）：17-23.

[70] 冯永青，吴文传，张伯明，等. 基于可信性理论的电力系统运行风险评估（二）理论基础[J]. 电力系统自动化，2006，30（2）：11-15.

[71] 冯永青，吴文传，张伯明，等. 基于可信性理论的电力系统运行风险评估（三）应用与工程实践[J]. 电力系统自动化，2006，30（3）：11-16.

[72] 包铁，刘淑芬，王晓燕. 电力生产管理系统的可信构造方法研究[J]. 电子学报，2010，38（9）：2166-2171.

[73] Car H. An axiomatic basis for computer programming[J]. Communications of the ACM, 1969, 12(10): 576-580.

[74] Hoare C A R. Communicating Sequential Processes[M]. Englewood Cliffs, N J London: Prentice-Hall International Series in Computing Science, 1985.

[75] Milner R. A Calculus of Communicating Systems[M]. USA: Springer, 1980.

[76] Lynch N, Tuttle M. An introduction to input/output automata[J]. CWI Quarterly, 1989, 2(3): 219-246.

[77] Manna Z, Pnueli A. The Temporal Logic of Reactive and Concurrent Systems: Specification[M]. Berlin: Springer-Verlag, 1992.

[78] Alur R. Timed automata[C]. 11th International Conference on Computer-Aided Verification, Springer-Verlag, 1999. 8-22.

[79] Coronato A, De Pietro G. Formal Specification and Verification of Ubiquitous and Pervasive Systems[J]. ACM Transactions on Autonomous and Adaptive System, 2011, 16(1): 6.

[80] Coronato A, De Pietro G. Formal Specification of Wireless and Pervasive Healthcare Applications[J]. ACM Transactions on Embedded Computing

Systems, 2010, 10(1): 12.

[81] Edwards S, Lavagno L, Lee E A, et al. Design of Embedded Systems: Formal Models, Validation, and Synthesis[J]. Proceedings of the IEEE, 1997, 85(3): 366-390.

[82] 杨捷，毋国庆. 一种嵌入式实时系统软件的形式化开发方法[J]. 计算机工程与应用，2002（13）：26-29.

[83] 郭亮，唐稚松. 基于 XYZ/E 描述和验证容错系统[J]. 软件学报，2002，13（5）：913-920.

[84] 蒋昌俊，郑应平，疏松桂. 并发系统建模与分析研究[J]. 高技术通讯，1996（6）：21-25.

[85] 丁柯，金蓓弘，冯玉琳. 事务工作流的建模和分析[J]. 计算机学报，2003（10）：1304-1311.

[86] 朱军，张高，华庆一，等. 交互式用户界面的形式化描述与性质验证[J]. 软件学报，1999，10（11）：1163-1168.

[87] Troubitsyna E. Formal Specification of Fault Tolerant Distributed Systems in the Action Systems Formalism [C]. 2010 Third International Conference on Communication Theory, Reliability, and Quality of Service, IEEE Computer Society, 2010. 139-143.

[88] Weber D G. Formal Specification of Fault Tolerance and its Relation to Computer Security[C]. International Workshop on Software Specification and Design 1989, ACM SIGSOFT Engineering Notes, 1989. 3.

[89] 柳明，何光宇，卢强. 变电站模型变换的形式化框架[J]. 电网技术，2008，32（6）：8-13.

[90] 张其林，王先培，杜双育，等. 基于 IEC 61850 的智能电子设备交互模型形式化描述与验证[J]. 电力系统自动化，2012（17）：72-76.

[91] Avizienis A, Jean-Claude L, Randell B, et al. Basic Concepts and Taxonomy of Dependable and Secure Computing[J]. IEEE Transactions On Dependable and Secure Computing, 2004, 1(1): 11-33.

[92] Liu C C, Jung J, Heydt G T, et al. The Strategic Power Infrastructure Defense(SPID) System[J]. IEEE Control Systems Magazine, 2000(8): 40-52.

[93] 易俊，周孝信. 考虑系统频率特性以及保护隐藏故障的电网连锁故障模型[J]. 电力系统自动化，2006，30（14）：1-5.

[94] Phadke G A, Thorp S J. Expose hidden failures to prevent cascading outages[J]. IEEE Computer Applications In Power, 1996, 9(3): 20-23.

[95] Tanrounglak S, Horowitz H S, Phadke A G. Anatomy of power system:preventive relaying strategies[J]. IEEE Transactions On Power Delivery, 1996, 11(2): 708-714.

[96] Thorp S J, Phadke G A, Horowitz H S. Anatomy of power system disturbances: importance sampling[J]. Electrical Power&Energy System, 1998, 20(2): 147-152.

[97] Yu X B, Singh C. Power system reliability analysis considering protection failures[Z]. Chicago, USA: IEEE PES Summer Meeting, 2002.

[98] Yu X B, Singh C. Integrated Power system vulnerability analysis considering protection failures[C]. Toronto, Canada: IEEE Power Engineering Society General Meeting, 2003. 706-711.

[99] 陈为化，江全元，曹一家. 考虑继电保护隐性故障的电力系统连锁故障风险评估[J]. 电网技术，2006（13）：14-19.

[100] 孙可，韩祯祥，曹一家. 复杂电网连锁故障模型评述[J]. 电网技术, 2005(13): 1-9.

[101] Per B, Chao T, Kurt W. Self organized criticality[J]. Physical Review A, 1988, 36(1): 364-373.

[102] Bak P, Tang C, Wiesenfeld K. Self-organized criticality[J]. Scientific American, 1991(264): 26-33.

[103] Bak P, Tang C, Wiesenfeld K. Self-organized criticality:an explanation of 1/f noise[J]. Physical Review Letters, 1987, 59(4): 3812384.

[104] Bak P, Tang C, Wiesenfeld K. Self-organized criticality[J]. Physical Review,

1988(38): 364-365.

[105] Carreras B A, Newman D E, Dobson I, et al. Initial evidence for self-organized criticality in electric power system blackout[C]. Hawaii: The 33th Hawaii International Conference on System Science, 2000. 1-6.

[106] Evidence for self-organized criticality in a time series of electric power system blackouts[J]. IEEE Transaction on Circuits and systems, 2004, 51(9): 1733-1740.

[107] Chen J, Thorp J S, Parashar M. Analysis of electric power system disturbance data[C]. Hawaii: Hawaii International Conference on System Science, 2001.

[108] 于群，郭剑波. 中国电网停电事故统计与自组织临界性特征[J]. 电力系统自动化，2006（2）：16-21.

[109] Dobson I, Carreras B A, Lynch V E. An initial model for complex dynamic in electric power system blackouts[C]. Maui, Hawaii: Proceedings of the 34th Hawaii International Conference on System Sciences, 2001. 710-718.

[110] Carreras B A, Lynch V E, Sachtjen M L. Dynamics, criticality and self-organization in a model for blackouts in power transmission systems[C]. Maui, Hawaii: 34th Hawaii International Conference on System Sciences, 2002. 163-169.

[111] Dobson I, Chen J, Throp J S. Examining criticality of blackouts in power systems models with cascading events[C]. Maui, Hawaii: proceedings of the 35th Hawaii International Conference on System Sciences, 2002. 10-18.

[112] 梅生伟，翁晓峰，薛安成，等. 基于最优潮流的停电模型及自组织临界性分析[J]. 电力系统自动化，2006，30（13）：1-5.

[113] 曹一家，丁理杰，江全元，等. 基于协同学原理的电力系统大停电预测模型[J]. 中国电机工程学报，2005，25（18）：13-19.

[114] Watts D J, Strogatz S H. Collective dynamics of 'small world' networks[J]. Nature, 1998(393): 440-442.

[115] Barabasi A, Albert R. Emergence of scaling in random networks[J]. Science,

1999(286): 509-512.

[116] Surdutovich G, Cortez C, Vitilina R. Dynamics of small world networks and vulnerability of the electric power grid[C]. Brazil: VIII Symposium of Specialists in Electric Operational and Expansion Planning, 2002.

[117] 孟仲伟，鲁宗相，宋靖雁. 中美电网的小世界拓扑模型比较分析[J]. 电力系统自动化，2004，28（15）：21-24.

[118] 丁明，韩平平. 小世界电网的连锁故障传播机理分析[J]. 电力系统自动化，2007，31（18）：6-10.

[119] Faloutsos M, Faloutsos P, Faloutsos C. On power-law relationships of the Internet topology[J]. ACM SIGCOMM Computer Communication Review, 1999, 29(4): 251-262.

[120] Siganos G, Faloutsos M, Faloutsos P, et al. Power-Laws and the AS-level Internet topology[J]. IEEE/ACM Trans. on Networking, 2003, 11(4): 514-524.

[121] Albert R, Jeong H, Barabási A. The Internet's Achilles' heel: Error and attack tolerance of complex networks[J]. Nature, 2000, 406(6794): 378-382.

[122] 王健，刘衍珩，张程，等. Internet 级联动力学分析与建模[J]. 软件学报，2010，21（8）：2050-2058.

[123] 王健，刘衍珩，梅芳，等. 基于网络拥塞的 Internet 级联故障建模[J]. 计算机研究与发展，2010，47（5）：772-779.

[124] 王健，刘衍珩，刘雪莲. 复杂软件的级联故障建模[J]. 计算机学报，2011，34（6）：1137-1147.

[125] 姜洪权，高建民，陈富民，等. 基于复杂网络理论的流程工业系统安全性分析[J]. 西安交通大学学报，2007，41（7）：806-810.

[126] Bagheri F, Khaloozaded H, Abbaszadeh K. Stator fault detection in induction machines by parameter estimation using adaptive Kalman filter[C]. Piscataway: IEEE Proc of 2007 Mediterranean conf on Control and Automation, 2007. 1-6.

[127] Li L L, Zhow D H. Fast and robust fault diagnosis for a class of nonlinear system: Detectability analysis[J]. Computers and Chemical Engineering, 2004,

28(12): 2635-2646.

[128] Gertler J. Analytical redundancy methods in fault detection and isolation[C]. Baden-Baden: Pergamon Press, 1991.

[129] Iri M, Aoki K, O'Shima E. An algorithm for diagnosis of system failures in the chemical process[J]. Computers and Chemical Engineering, 1979, 3(1): 489-493.

[130] Wu J D, Wang Y H, Mingsian R B. Development of an expert system for fault diagnosis in scooter engine plat form using fuzzy-logic inference[J]. Expert Systems With Applications, 2007, 33(4): 1063-1075.

[131] Venkatasubramanian V, Rengaswamy R, Yin K. A review of process fault detection and diagnosis[J]. Computers and chemical Engineering, 2003, 27(3): 293-346.

[132] 侯忠生, 许建新. 数据驱动控制理论及方法的回顾和展望[J]. 自动化学报, 2009, 35 (6): 650-667.

[133] Mou C, Chang-Sheng J, Qing-Xian W. Sensor Fault Diagnosis for a Class of Time Delay Uncertain Nonlinear Systems Using Neural Network [J]. INTERNATIONAL JOURNAL OF AUTOMATION AND COMPUTING, 2008, 5(4): 401-405.

[134] 房方, 牛玉广, 孙万云, 等. 控制系统传感器故障的两次预测诊断方法[J]. 中国电机工程学报, 2001, 21 (11): 15-19.

[135] 谷立臣, 张优云, 丘大谋. 基于神经网络的传感器故障监测与诊断方法研究[J]. 西安交通大学学报, 2002 (9): 959-962.

[136] 翟永杰, 尚雪莲, 韩璞, 等. SVR 在传感器故障诊断中的仿真研究[J]. 系统仿真学报, 2004 (6): 1257-1259.

[137] Dunia R, Joe S Q. Joint diagnosis of process and sensor faults using princepal component analysis[J]. Control Engineering Practice, 1998, 6(4): 457-469.

[138] Olufemi A A, Armando B C. Dynamic neural networks partial least squares(DNNPLS) identification of multivariable processes[J]. Computers and

Chemical Engineering, 2003, 27(2): 143-155.

[139] Ku W, Storer R H, Georgakis C. Disturbance detection and isolation by dynamic principal component analysis[J]. Chemometrics And Intelligent Laboratory Systems, 1995, 30(1): 179-196.

[140] Ciang L H, Evan L R, Braatz D R. Fault diagnosis in chemical processes using fisher discriminant analysis, discriminant partial least squares, and principal component analysis[J]. Chemometrics And Intelligent Laboratory Systems, 2000, 50(2): 243-252.

[141] Hamed M D, Benouzza N, Kraloua B. Squirrel cage rotor faults detection in induction motor utilizing stator power spectrum approach[C]. London: IET, Proc of Int Conf on Power Electronics, Machines and Drives, 2002. 133-138.

[142] Nandi S, Toliyat H A. Fault diagnosis of electrical machines- a review[C]. Piscataway: Proc of IEEE Industry Applicatons Conf, 1999. 219-221.

[143] Lopez J E, Tenney R R, Deckert J C. Fault detection and identification using real-time wavelet feature extraction[C]. Piscataway: IEEE Press IEEE-SP Int Symposium on Time-Frequency and Time-Scale Analysis, 1994. 217-220.

[144] Marco F, Bruno B. Pipe system diagnosis and leak detection by unsteady-state tests[J]. Advances in Water Resources, 2003, 26(1): 107-116.

[145] 侯国莲，张怡，张建华. 基于形态学-小波的传感器故障诊断[J]. 中国电机工程学报，2009，29（14）：93-98.

[146] 徐涛，王祁. 基于小波包的多尺度主元分析在传感器故障诊断中的应用[J]. 中国电机工程学报，2007，27（9）：28-32.

[147] 刘柱. 电流互感器多层次故障诊断的研究[D]. 北京：华北电力大学，2011.

[148] 熊小伏，何宁，于军，等. 基于小波变换的数字化变电站电子式互感器突变性故障诊断方法[J]. 电网技术，2010，34（7）：181-185.

[149] Iec I. Information Technology-Open System Interconnection-T Directory Part 8: Authentication Framework[R]. 1990.

[150] Comman Criteria for Information Technology Security Evaluation[S].

[151] Group T C. TCPA Main Specification, Version 1.1b[R]. TCG, 2002.

[152] X S C, G Z H, G F D. Survey of Information Security[J]. Sci China Ser F-Inf Sci, 2007(50): 273-298.

[153] 沈昌祥，张焕国，冯登国，等. 信息安全综述[J]. 中国科学（E 辑：信息科学），2007，37（2）：129-150.

[154] Emscb E M S C. Towards trustworth systems with open standards and trusted computing[Z]. 2006.

[155] 刘振亚. 智能电网知识读本[M]. 北京：中国电力出版社, 2010.

[156] Von Dollen D. Report to NIST on the Smart Grid Interoperability Standards Roadmap[R]. Electric Power Research Institute, 2009.

[157] 国家电网公司 Q\GDW383-2009，智能变电站技术导则（Q\GDW383-2009）[S].

[158] 李永亮，李刚. IEC 61850 第 2 版简介及其在智能电网中的应用展望[J]. 电网技术，2010（4）：11-16.

[159] Mylopoulos J, Chung L, Nixon B. Representing and using nonfunctional requirements: a process-oriented approach[J]. IEEE Trans. Softw. Eng., 1992, 18(6): 483-497.

[160] 朱卫星，王智学，董庆超，等. C4ISR 系统的非功能需求建模与分析[J]. 南京航空航天大学学报，2011，43（6）：774-779.

[161] Lindstrom D R. Five ways to destroy a development project[J]. IEEE Software, 1993, 10(5): 55-58.

[162] Finkelstein A, Dowell J. A comedy of errors: the London ambulance service case study[C]. Proceedings of the 8th International Workshop on Software Specification and Design, 1996. 2-4.

[163] IEC 61850-3. Communication networks and systems in substations-Part 3: General requirements[S].

[164] Bohner S A. Software change impacts: An evolving perspective[C]. Proceedings the International Conference of Software Maintenance, 2002. 263-272.

[165] Hassan A E, Richard C H. Predicting change propagation in software system[C].

Proceedings of the 20th IEEE International Conferences on Software Maintenance, 2004. 284-293.

[166] 王映辉，张世琨，刘瑜，等. 基于可达矩阵的软件体系结构演化波及效应分析[J]. 软件学报，2004，15（8）：1107-1115.

[167] 程平，刘伟，陈艳. 基于矩阵变换的软件可信性演化波及效应[J]. 系统工程理论与实践，2010，30（5）：778-785.

[168] 文杏梓，罗新星. 基于设计结构矩阵的可信软件非功能需求评估模型[J]. 计算机应用研究，2012，29（10）：3787-3790.

[169] 刘伟，程平. 基于相互影响的复杂可信软件产品需求变化传播研究[J]. 中国管理科学，2010，18（4）：124-132.

[170] Browing T R. Applying the design structure matrix to system decomposition and integration problems: A review and new directions[J]. IEEE Transactions on Engineering Management, 2001, 48(3): 292-306.

[171] Lamantia M J, Cai Y F, Maccormack A D. Analyzing the evolution of large-scale software systems using Design Structure Matrices and Design Rule Theory: Two exploratory cases[C]. IEEE/IFIP Conference on Software Architecture, 2008. 83-92.

[172] IEC 61850-5. Communication networks and systems in substations-Part 5: Communication requirements for functions and device models[S].

[173] 朱秀琴，胥布工，王志锟. 基于 IEC 61850 变电站 IED 的研制[J]. 控制工程，2010，17（3）：376-379.

[174] 易永辉，曹一家，张金江，等. 基于 IEC 61850 标准的新型集中式 IED[J]. 电力系统自动化，2008，32（12）：36-40.

[175] 童晓阳，李岗，陈德明，等. 采用 IEC 61850 的变电站间隔层 IED 软件设计方案[J]. 电力系统自动化，2006，30（14）：54-57.

[176] 王丽华，江涛，盛晓红，等. 基于 IEC 61850 标准的保护功能建模分析[J]. 电力系统自动化，2007，31（2）：55-59.

[177] 罗德平. 面向对象的线路电流差动保护 IED 设计[J]. 交通运输工程与信息

学报，2007，5（3）：63-68.

[178] 韦宝泉，林知明. 基于 IEC 61850 的牵引变电站线路保护 IED 设计[J]. 电力自动化设备，2010，30（9）：122-125.

[179] Apostolov A, Tholomier D, Richards S. Simplifying the configuration of multifunctional protection relays[C]. College Station, TX, USA: Proceedings of the 58th Annual Conference for Protective Relay Engineers, 2005. 281-286.

[180] 童晓阳，李映川，章力，等. 基于 IEC 61850 的保护功能交互模型[J]. 电力系统自动化，2008，32（21）：41-45.

[181] Davies J, Schneider S. A Brief History of Timed CSP[J]. Theoretical Computer Science, 1995, 138(1): 243-271.

[182] Pat. PAT: process analysis toolkit[Z].

[183] Kavi K M, Sheldon F T. SPECIFICATION OF STOCHASTIC PROPERTIES WITH CSP[C]. International on Parallel and Distributed Systems, 1994. 288-294.

[184] Kavi K M, Sheldon F T, Reed S. Specification and Analysis of Real-time System Using CSP and Petri Nets[J]. International Journal of Software Engineering and Knowledge Engineering, 1996. 229-248.

[185] Zuberek W M. Performance evaluation using unbound timed Petri nets[C]. Kyoto, Japan: Proc. of the Third International Workshop on Petri Nets and Performance Models, 1989. 180-186.

[186] 林闯. 随机 Petri 网和系统性能评价[M]. 北京：清华大学出版社，2005.

[187] Kavi K M, Buckles B P. Formal methods for the specification and analysis of concurrent systems[C]. Lake Charles: Tutorial Notes Proc. International Conference on Parallel Processing, 1993.

[188] Ciaodo G, Muppala J, Trivedi K S. SPNP: Stochastic Petri net package[C]. Kyoto, Japan: In: Proceedings of the Petri Nets and Performance Models, 1989. 142-151.

[189] 雷宇，李涛. 变电站综合自动化系统可靠性的定量评估[J]. 电力科学与工

程，2009，25（6）：37-40.

[190] Sheldon F T. Stochastic Analysis of CSP Specifications Using a CSP-to-Petri Net Translation Tool: CSPN[J]. IEEE Proc. of MetroCon, 1996(1): 1-23.

[191] Armstrong M J. Reliability-importance and dual failure-mode components[J]. IEEE Transactions on Reliability, 1997, 46(2): 212-221.

[192] Mi J. A unified way of comparing the reliability of coherent systems[J]. IEEE Transactions on Reliability, 2003, 52(1): 38-43.

[193] Borgonovo E. The reliability importance of components and prime implicants in coherent and non-coherent systems including total-order interactions[J]. European Journal of Operational Research, 2010, 204(3): 485-495.

[194] Vahamaki O J, Allen A J, Gaff J T. High speed peer-to-peer communication system for integrated protection and control in distribution networks[Z]. 1997.

[195] 韩玉雄. PROFIBUS 在变电站自动化系统中的应用[J]. 电力自动化设备，2002，22（6）：62-63.

[196] 曹海欧，郑建勇，蔡月明. 基于 CAN 总线变电站综合自动化通信系统的研究[J]. 电力系统及其自动化学报，2002，14（6）：24-26.

[197] 吴在军，胡敏强，郑建勇，等. 变电站过程 CAN 总线时延特性分析[J]. 电力系统自动化，2005，29（11）：34-39.

[198] 季侃，袁浩，施玉祥，等. CAN 总线在变电站自动化系统中的应用[J]. 电力系统自动化，2002，26（10）：48-49.

[199] 杨如锋，伍爱莲，朱华伟. 基于 CAN 总线的变电站监控系统[J]. 电力自动化设备，2005，25（1）：43-45.

[200] 安波，吴志力. 基于 LonWorks 总线技术的变电站自动化系统[J]. 仪器仪表学报，2005，26（s1）：816-817.

[201] 胡国雄，陆玲，黄莉. 基于 LonWorks 技术的变电站综合自动化产品的开发[J]. 电力系统及其自动化学报，2005，17（1）：83-87.

[202] 谷米，贺仁睦. 变电站通信网络性能的仿真研究[J]. 电网技术，2000，24（6）：70-74.

[203] 孙军平，盛万兴，王孙安. 基于以太网的实时发布者/订阅者模型研究与实现[J]. 西安交通大学学报，2002，36（12）：1299-1302.

[204] Scheer G W, Dolezilek D J. COMPARING THE RELIABILITY OF ETHERNET NETWORK TOPOLOGIES IN SUBSTATION CONTROL AND MONITORING NETWORKS[J]. 2002.

[205] Skeie T, Johannessen S, Brunner C. Ethernet in substation automation[J]. IEEE Control Systems, 2002, 22(3): 43-51.

[206] 童晓阳，廖晨淞，周立龙，等. 基于 IEC 61850-9-2 的变电站通信网络仿真[J]. 电力系统自动化，2010，34（2）：69-74.

[207] 沈祖培，黄祥瑞. Go 法原理及应用[M]. 北京：清华大学出版社，2004.

[208] Energy I K W U. GO methodology Volume 1 Overview manual[Z]. United States: 1983.

[209] Matsuoka T, Kobayashi M. GO-FLOW: a new reliability analysis methodology [J]. Nuclear Science and Engineering, 1988, 98(1): 64-78.

[210] Newman M E J, Barabasi A L, Watts D J. The Structure and Dynamics of Networks[M]. Princeton: Princeton University Press, 2006.

[211] Jeong H, Tombor B, Albert R. The large-scale organization of metabolic networks[J]. Nature, 2000(407): 651-654.

[212] Newman M E J. The structure and function of complex networks[J]. SIAM Review, 2003(45): 167-256.

[213] Zongxiang L, Zhongwei M, Shuangxi Z. Cascading failure analysis of bulk power system using small-world network model[C]. Iowa State University, Ames Iowa: Proceedings of the 8th International Conference on Probabilistic Methods Applied to Power Systems, 2004. 635-640.

[214] Albert R, Albert I, Nakarado G L. Structural vulnerability of the North American power grid[J]. Phys. Rev E, 2004(69): 25103.

[215] Kinney R, Crucitti P, Albert R. Modeling cascading failures in the North American power grid[J]. Eur. Phys. J B, 2005(46): 101-107.

[216] 胡娟，李智欢，段献忠. 电力调度数据网结构特性分析[J]. 中国电机工程学报，2009(4)：53-59.

[217] Milgram S. The small world problem[J]. Phychology Today, 1967(5): 60-67.

[218] Newman M E J, Watts D J. Scaling and percolation in the small-world network model[J]. Phys. Rev. E, 1999(60): 7332-7342.

[219] Kaneko K. Period-doubling of kink-antikink patterns, quasiperiodicity in antiferro-like structures and spatial intermittency in coupled map lattices[J]. Prog,Theor,Phys, 1984, 72(3): 480-486.

[220] 杨维明. 时空混沌和耦合映象格子[M]. 上海：上海科技教育出版社，1994.

[221] Xu J, Wang X F. Cascading failures in scale-free coupled map lattices[J]. Physica A, 2005（349）: 685-692.

[222] Wang X F, Xu J. Cascading failures in coupled map lattices[J]. Physical Review E, 2004（70）: 56113.

[223] 周宽久，兰文辉，冯金金. 基于耦合映像格子的软件相继故障研究[J]. 计算机科学，2011，38（5）：129-131.

[224] 陈星光，周晶，朱振涛. 基于耦合映像格子的城市交通系统相继故障研究[J]. 数学的实践与认识，2009，39（7）：79-84.

[225] Cui D, Gao Z Y, Zheng J F. Tolerance of edge cascades with coupled map lattices methods[J]. Chinese Physics B, 2009, 18(3): 992-996.

[226] 马秀娟，马福祥，赵海兴. 基于耦合映像格子的有向网络相继故障[J]. 计算机应用，2011，31（7）：1952-1955.

[227] Wang X F, Chen G R. Pinning control of scale-free dynamical networks[J]. Physica A, 2002, 310(3): 521-531.

[228] Chen T, Liu X, Lu W. Pinning complex networks by a single controller[J]. IEEE Transactions on Circuits and Systems, 2007, 54(6): 1317-1326.

[229] Bao Z J, Gang W, Yan W J. Control of cascading failures in coupled map lattices based on adaptive predictive pinning control[J]. Journal of Zhejiang University-Science C (Computer & Electronics), 2011, 12(10): 828-835.

[230] Rawlings J B, Mayne D Q. Model Predictive Control: Theory and Design[M]. Madison: Nob Hill Publishing, 2009.

[231] Apostolov A. Multi-agent Systems and IEC 61850[C]. IEEE PES Multi-agent Systems Taskforce Panel Paper- General Meeting 2006, 2006. 1-6.

[232] 童晓阳，王晓茹，Hopkinson K，等．广域后备保护多代理系统的仿真建模与实现[J]．中国电机工程学报，2008（19）：111-117．

[233] 童晓阳，王晓茹，丁力．采用 IEC 61850 构造变电站广域保护代理的信息模型[J]．电力系统自动化，2008（5）：63-67．

[234] 史继莉，邱晓燕．人工智能在最优潮流中的应用综述[J]．继电器，2005（16）：85-89．

[235] 莫莉，周建中，李清清，等．基于委托代理模型的发电权交易模式[J]．电力系统自动化，2008（2）：30-34．

[236] 张谦，俞集辉，李春燕，等．多 Agent 的短期负荷预测系统[J]．重庆大学学报，2008（4）：421-425．

[237] Dimeas A L, Hatziargyriou N D. Operation of a Multiagent System for Microgrid Control[J]. IEEE Transactions on Power Systems, 2005, 20（3）：1447-1455.

[238] 王汝传，徐小龙，黄海平．智能 Agent 及其在信息网络中的应用[M]．北京：北京邮电大学出版社，2006．

[239] IEC 61850-7-1. Communication networks and systems in substations-part7-1: basic communication structure for substation and feeder equipment - principles and models[S].

[240] 王鹏，张贵新，朱小梅，等．电子式电流互感器温度特性分析[J]．电工技术学报，2007（10）：60-64．

[241] 罗苏南，田朝勃，赵希才．空心线圈电流互感器性能分析[J]．中国电机工程学报，2004（3）：113-118．

[242] 于文斌，高桦，郭志忠．光学电流传感头的可靠性试验和寿命评估问题探讨[J]．电网技术，2005（4）：55-59．

[243] 王鹏，张贵新，朱小梅，等. 基于故障模式与后果分析及故障树法的电子式电流互感器可靠性分析[J]. 电网技术，2006（23）：15-20.

[244] 刘彬，叶国雄，郭克勤，等. 电子式互感器性能检测及问题分析[J]. 高电压技术，2012，38（11）：2972-2980.

[245] 宋森，汪启槐，汪延宗，等. 并联电容器装置技术及应用[M]. 北京：中国电力出版社，2011.

[246] 李东浩. 并联电容器装置的现状及展望[J]. 电力电容器与无功补偿，2001，1（2）：43-48.

[247] Aziz M M A, El-Zahab E E A, Ibrahim A M, et al. Effect of connecting shunt capacitor on nonlinear load terminals[J]. IEEE Transactions on Power Delivery, 2003, 18(4): 1450-1454.

[248] Zulaski J A. Shunt Capacitor Bank Protection Methods[J]. IEEE Transactions on Power Apparatus and Systems, 1982, PAS-101(6): 1305-1312.

[249] 金向朝，黄松波，陆培钧，等. 电容器故障监测系统的应用研究[J]. 电力电容器与无功补偿，2008，29（3）：40-44.

[250] Allan D，Blundell M，Boyd K，et al. New techniques for monitoring the insulation quality of in-service HV apparatus[J]. IEEE Transactions on Electrical Insulation，1992，27(3): 578-585.

[251] 庄兴元. 电力设备在线监测技术现状及实际开发应用前景[J]. 电气应用，2003（5）：19-21.

[252] 贺应华，史海洋，王波. 浅谈系统谐波与并联电容器装置间的相互影响[J]. 电力电容器与无功补偿，2009，30（5）：10-13.

[253] 沈东方，张华. 10 kV 无功自动补偿装置的谐波放大分析[J]. 电力电容器与无功补偿，2009，30（1）：12-15.

[254] 贺满潮，张建平，赵江涛. 温度变化对 CVT 准确度的影响[J]. 电力电容器与无功补偿，2006（1）：13-17.

[255] 沈文琪. 温度、电压、谐波、涌流等对电容器寿命的影响[J]. 电力电容器与无功补偿，2005（2）：6-8.

[256] Sidhu T S, Sagoo G S, Sachdev M S. On-line detection and location of low-level arcing in dry-type transformers[J]. IEEE Transactions on Power Delivery, 2002, 17(1): 135-141.

[257] Gaouda A M. Monitoring capacitor banks interaction in distribution systems[Z]. 2004.

[258] Nagamani H N, Moorching S N, Channakeshava, et al. On-line diagnostic technique for monitoring partial discharges in capacitor banks[Z]. 2001.

[259] 雷红才. 超高压并联电抗器局部放电在线监测研究[D]. 华中科技大学, 2005.

[260] 党晓强, 刘念, 刘靖, 等. 并联电容器在线监测新技术[J]. 电气时代, 2003（3）: 106.

[261] 律方成, 晁红军, 徐志钮, 等. 介质损耗数字化测量方法综述[J]. 华北电力大学学报（自然科学版）, 2008, 35（6）: 21-26.

[262] 韦英华. 110kV 高压线路监测电流的信号引入[D]. 江苏科技大学, 2007.

[263] 李曙英, 郑成增. 基于光纤传输的高压母线温度在线监测仪的设计[J]. 常州工学院学报, 2008, 21（2）: 50-53.

[264] 邱红辉, 段雄英, 邹积岩. Optical fiber-based power and data delivery system for high voltage electronic current transformer[J]. Journal of Shanghai University (English Edition), 2008, 12(3): 268-273.

[265] Fischer M J, Lynch N A, Paterson M S. Impossibility of Distributed Consensus with One Faulty Process[J]. J. ACM, 1985, 32(2): 374-382.

[266] Chandra T D, Toueg S. Unreliable Failure Detectors for Asynchronous Systems (Preliminary Version)[Z]. New York, NY, USA: 1991.

[267] Cristian F. Probabilistic clock synchronization[J]. Distributed computing, 1989, 3(3): 146-158.

[268] Cristian F. Group, majority, and strict agreement in timed asynchronous distributed systems[Z]. IEEE, 1996.

[269] Cristian F, Schmuck F. Agreeing on processor group membership in timed asynchronous distributed systems[J]. Report CSE95-428, UC San Diego, 1995.

[270] Fetzer C, Cristian F. A highly available local leader election service[J]. IEEE Transactions on Software Engineering, 1999, 25(5): 603-618.

[271] Fetzer C, Cristian F. On the possibility of consensus in asynchronous systems[Z]. 1995.